Dr. med. M. O. Bruker
Unsere Nahrung – unser Schicksal

»Aus der Sprechstunde« Band 1

Dr. med. M. O. Bruker

Unsere Nahrung – unser Schicksal

Früher: Schicksal aus der Küche

Bei uns erkrankt der Durchschnitt der Bevölkerung schon etwa 25 Jahre vor dem Tod an einem ernährungsbedingten Zivilisationsleiden, das dann später oft zur Todesursache wird. In diesem Buch erfahren Sie, wie Sie bis ins hohe Alter gesund und vital bleiben – und wie Sie eine verlorene Gesundheit zurückgewinnen können.

bioverlag gesundleben, 8959 Hopferau

ISBN 3-89121-050-7
13. Auflage
123.–172. Tausend

8959 Hopferau-Heimen Nr. 50

Satz: Fotosatzstudio Fischer, 8959 Hopferau-Heimen
Druck und Bindung: Clausen & Bosse, Leck

Inhaltsverzeichnis Seite

Vorwort des Verfassers

"Wenn dieses Buch erscheint, wird es in der Luft zerrissen!" Dies sind die Worte eines bekannten Medizinaljournalisten, mit welchen er einen Verlag dazu bewegte, dieses Werk nicht zu verlegen, obwohl dieser Verlag mich zuvor eigens zur Veröffentlichung meiner ärztlichen Erfahrungen gedrängt hatte. Der Zweck dieser Drohung ist klar: Sie sollte das Erscheinen dieses Werkes verhindern.

Der geneigte Leser mag daraus entnehmen, daß es Leute und Interessengruppen gibt, denen es bisher gelungen ist, ihn in wichtigen, seine Gesundheit betreffenden Fragen irrezuführen - und die ein starkes Interesse daran haben, daß ihm das in diesem Buch vermittelte Wissen auch weiterhin vorenthalten, daß die öffentliche Meinung auch weiterhin im Sinne bestimmter Interessen *manipuliert* wird.

Seit Jahren bitten meine Patienten, dieses Wissen schriftlich niederzulegen und jedermann zugänglich zu machen. Im Bewußtsein der unheimlichen Zunahme der chronischen Krankheiten in den letzten Jahren, der bedrückenden Not der unzähligen Menschen, die ihre Gesundheit verloren haben, und der Flut der von Interessengruppen bewußt gesteuerten Fehlinformationen in Gesundheitsfragen komme ich dieser Bitte nach. Langjährige ärztliche Erfahrungen in Sprechstunde und Klinik haben mich gelehrt, daß einer der wichtigsten Faktoren für einen Heilerfolg bei chronischen Krankheiten die Mitarbeit des Kranken ist. Ob es darum geht, daß der Patient die verordnete Arznei auch tatsächlich einnimmt, oder ob er in bestimmten Punkten seine Lebensführung ändern soll: In jedem Fall ist er zur Befolgung der ärztlichen Ratschläge nur bereit, wenn er ihren Sinn erkennen kann und dadurch Vertrauen zu ihnen faßt.

Bei dieser aufklärenden Beratung der Kranken zeigte sich eine kaum vorstellbare Unwissenheit über die wahren Ursachen ihrer Erkrankungen. Das wenige, was sie zu wissen glauben, ist meist so falsch, daß es nicht verwundert, wenn sie in Krankheit geraten und darin stecken geblieben sind. Es entspricht etwa dem Scheinwissen, das durch tägliche Information durch Presse, Rundfunk, Fernsehen und Werbewirtschaft entsteht.

Auch die vielen "Gesundheitsbücher" für Laien vermochten die wahren Zusammenhänge nicht zu vermitteln. Meist beschäftigten sie sich nur mit einem einzigen Prinzip, z.B. der Naturheilbehandlung, den Kneippverfahren, der

Atmung, der Gymnastik, der Ernährung oder mit seelischen Einflüssen. Es bleibt Zufall, wenn der Kranke ein Buch mit einer für ihn geeigneten Behandlungsmethode in die Hand bekommt. Ein Teil dieser "Gesundheitsliteratur" ist von medizinischen Laien geschrieben, die an sich selbst die Heilung einer sonst unheilbaren Krankheit erlebt haben. Sie neigen zu dem Glauben, daß nun alle Krankheiten mit der bei ihnen wirksamen Methode geheilt werden könnten. Dadurch haftet dieser *Gesundheitsliteratur* teilweise der Geruch des Sektiererhaften an.

Dem Kranken muß daher exaktes und umfangreiches Wissen vermittelt werden. Die Zeit zur mündlichen Unterrichtung steht in der Sprechstunde meist nicht im notwendigen Ausmaß zur Verfügung; darum fing ich an, kleine Broschüren für die Patienten zu schreiben. Außerdem begann ich, die Behandlung im Krankenhaus durch laufende Vorträge zu ergänzen. Diese Vorträge wurden auf Tonbänder aufgenommen, welche den einzelnen Patienten - ausgesucht für ihre Erkrankungen - zum Anhören verordnet werden. Über einzelne Themen wurden Tonkassetten*) angefertigt. Diese Unterweisung wird durch die Lektüre jeweils geeigneter

*) EMU-Verlags-GmbH, Lahnstein

Spezialbücher ergänzt.

So kann die Zeit der Behandlung genutzt werden, dem Kranken Hand in Hand mit der eindrucksvollen Besserung seiner Krankheit die Erkenntnis zu vermitteln, warum er bisher krank war und weshalb die ärztlichen Maßnahmen zu seiner Gesundung führen. Das ist für viele ein Wendepunkt in ihrem Leben und eröffnet ihnen einen vorher nicht für möglich gehaltenen Weg zu geistiger und körperlicher Erneuerung, zur Rückeroberung von Glück und Gesundheit.

Dieser zur Gesundung und Gesunderhaltung notwendige Wissenskomplex wird nunmehr mit meiner Buchreihe "Aus der Sprechstunde" jedermann zugänglich gemacht. Das erscheint mir aus drei Gründen wichtig:

1. Jeder an einer Zivilisationskrankheit Leidende kann so die Ursachen seines Leidens kennenlernen, sie beseitigen, die Ursachen der Gesundheit als Heilmittel einsetzen und so in vielen Fällen seine Gesundheit ganz zurückgewinnen, bei schweren Leiden diese meist zum Stillstand bringen und sein Befinden grundlegend bessern;

2. Jeder Arzt kann die zeitraubenden Beratungen des Kranken verkürzen (und damit mehr Patienten die Rückgewinnung der Gesundheit ermöglichen), indem er dem Kranken die Lektüre

der betreffenden Bände dieser Buchreihe verordnet;

3. und jeder noch gesunde Mensch lernt, schon bevor er selbst von einer der ihn statistisch erwartenden Krankheit befallen wird, deren Ursachen auszuschalten, für sich und seine Familie optimale Voraussetzungen konstitutioneller Gesundheit zu schaffen und so die Gesundheit zu einem zuverlässigen Sicherheitsfaktor in seinen Plänen zu machen.

Möge sich so der Wunsch der vielen Schwerkranken verwirklichen, die im Krankenhaus Eben-Ezer und später im Krankenhaus Lahnhöhe, Lahnstein, den Anfang zu einem neuen Leben gefunden haben, daß die wissenschaftlichen Erkenntnisse, die hier kompromißlos in die Tat umgesetzt werden, über den begrenzten Wirkungskreis einer Klinik und ärztlichen Praxis hinaus der bedrohten, kranken, von mächtigen Interessengruppen irregeführten, unwissenden Menschheit zum Segen gereichen.

Dr. M. O. Bruker
Arzt für innere Medizin
Ärztlicher Leiter des
Krankenhauses Lahnhöhe, Lahnstein

Grundsätzliches

Technischer Fortschritt und Zivilisation

Gewaltig sind die Fortschritte der Technik. Am augenfälligsten sind die Errungenschaften, die uns das tägliche Leben bequemer machen und Annehmlichkeiten verschaffen; die Maschine nimmt uns mühsame körperliche Arbeit ab, Flugzeug und Auto gestatten die rasche Überwindung des Raumes; die drahtlose Übermittlung von Wort und Bild schafft neue Gemeinschaften unter den Menschen. Die moderne wissenschaftliche Forschung ist ohne die hochentwickelte Technik nicht denkbar; das Elektronenmikroskop gibt Einblicke in die feinsten Strukturen der toten und lebendigen Materie; die Rakete läßt uns ferne Gestirne erreichen; die Chemie schafft neue Stoffe und Arzneimittel, und die Physik schuf Wege, um das bisher “Unteilbare”, das Atom, zu spalten und dadurch ungeheure Energien freizusetzen.

Die Unterwerfung der Natur durch diese technischen Errungenschaften bringt uns das, was wir gemeinhin als *Zivilisation* bezeichnen. Schon bei der Atomspaltung und der Erzeugung neuer chemischer Stoffe für vielerlei Zwecke zeigt sich die Zwiespältigkeit und Fragwürdigkeit des *Fortschritts*. Hier werden die möglichen Gefahren so deutlich, daß sie auch dem oberflächlichen Betrachter und dem enthusiastischen Fortschrittsgläubigen erkennbar sind.

Wesentlich versteckter liegen die möglichen Gefahrenquellen für die Gesundheit in den harmloser erscheinenden Errungenschaften wie dem Telefon, dem Auto, den fabrikatorisch veränderten Nahrungsmitteln, den künstlichen Düngungsmitteln, den modernen Arzneimitteln u.a.m.

Ich erinnere mich aus meiner Schulzeit an ein Aufsatzthema: "Segen und Fluch der Maschine".

Schon vor 50 Jahren also, zu einer Zeit, in der es im Vergleich zu heute nur *harmlose* Maschinen gab, wies man die heranwachsenden Menschen auf die Problematik der fortschreitenden Zivilisation hin. Damals sah man vorwiegend die sozialen Probleme, die durch das Maschinenzeitalter entstanden. Man denke an die "Weber" von Gerhart Hauptmann. Heute kommt die Bedrohung der Gesundheit dazu.

An Stelle der großen Seuchen andere Krankheiten

Auch die medizinische Wissenschaft hat teil an den technischen Fortschritten. Die Entdekkung von Krankheitserregern hat die Entstehungsweise mancher Infektionskrankheiten geklärt und zur Verhütung gefährlicher Seuchen geführt. Die pharmazeutische Industrie hat Arzneimittel geschaffen, die zur Beherrschung vieler Infektionskrankheiten beitrugen. So haben die Tuberkulose und manche Tropenkrankheit durch spezifische Heilmittel ihre Schrecken verloren.

Auch die Verbesserung der hygienischen Verhältnisse hat dazu beigetragen, daß die Dezimierung der Völker durch Pest, Typhus, Ruhr, Cholera und Tuberkulose der Vergangenheit angehören und diese Krankheiten in den zivilisierten Völkern bedeutungslos geworden sind.

Höhere Lebenserwartung täuscht bessere Gesundheit vor

Da die Infektionskrankheiten in früheren Zeiten die Haupttodesursache darstellten und da die davon Betroffenen meist in verhältnismäßig jungem Alter starben, hört man heute, vor allem aus medizinalpolitischen Kreisen, der Gesundheitszustand der zivilisierten Völker sei noch nie so gut gewesen wie jetzt. Als statistischer Beweis wird die steigende Lebenserwartung angeführt, d.h. die Tatsache, daß das Durchschnittsalter der Menschen früher viel niedriger lag als heute.

Die aus der *Todesstatistik* gewonnenen Zahlen geben aber keinerlei Aufschluß über die *Krankheitshäufigkeit* und vermitteln daher den irreführenden Eindruck einer zunehmenden Verbesserung der Gesundheit. Wenn z.B. ein Mensch mit 90 Jahren stirbt und zwei Säuglinge bei der Geburt sterben, so ergibt dies für diese drei Menschen ein durchschnittliches Lebensalter von nur 30 Jahren. Daran ist zu erkennen, daß eine höhere Säuglingssterblichkeit statistisch eine niedrige *Lebenserwartung* vortäuscht. Da früher nicht nur die Kinderzahl, sondern auch die Säuglingssterblichkeit wesentlich höher lag als heute, errechnete sich natürlich auch ein erheblich niedrigeres Durchschnittsalter.

Mißt man aber den Gesundheitszustand einer Bevölkerung nicht an der Lebenserwartung und den Statistiken auf Grund der Todesursachen, sondern an der Krankheitsstatistik, so ergibt sich für die zivilisierten Völker heute ein ganz anderes Bild: Noch nie war der Gesundheitszustand der Menschen in den zivilisierten Völkern so schlecht wie heute. Dem Tod gehen langdauernde Gesundheitsschäden voraus.

Trotz medizinischen Fortschritts Zunahme der Krankheiten

Es besteht die groteske Tatsache, daß die Menschen immer häufiger krank werden und daß immer mehr Krankheiten entstehen, die immer weniger beeinflußbar sind, je weiter die medizinische Forschung fortschreitet. An Stelle der großen Infektionskrankheiten haben sich andere Erkrankungen breitgemacht, die uns vor neue Probleme stellen.

Wenn auch dem einzelnen das erschreckende Anwachsen der Krankenziffern nicht deutlich zum Bewußtsein kommt, da er das Kranksein als unabwendbare Tatsache hinnimmt und sich daran als etwas Selbstverständliches, wenn auch Unangenehmes, gewöhnt hat, so sehen doch erfahrene Fachleute mit größter Besorgnis, daß sich eine bedrohliche Entwicklung anbahnt. Man spricht bereits von einem katastrophalen Gesundheitsverfall. Es ist anzunehmen, daß diese zunehmende Verschlechterung des Gesundheitszustandes zivilisierter Völker keine zufällige Entwicklung ist, sondern daß Ursachen dafür vorliegen müssen. Und es ist von vornherein wahrscheinlich, daß diese in den Besonderheiten der Zivilisation zu suchen sind.

Zeichen des Gesundheitsverfalls und steigende soziale Lasten

Ehe wir uns mit den Ursachen näher beschäftigen, erscheint es nötig, an Hand einiger Beispiele und Zahlen zu zeigen, in welchem Umfange die Krankheiten heute ein das Leben beherrschender Faktor geworden sind und wie die sozialen Probleme eng mit dem Anstieg der Erkrankungsziffer (Morbidität) verknüpft sind.

98% der 10jährigen Schüler sind heute von Zahnkaries befallen. Vor 100 Jahren nahmen die 80jährigen noch sämtliche eigenen Zähne mit ins Grab. Heute ist dies eine Ausnahme.

Jeder zweite Erwachsene leidet an einer Erkrankung der Verdauungsorgane. Daß dies früher nicht der Fall war, weiß jeder ältere Arzt ohne Zuhilfenahme der Statistik.

Jeder Dritte stirbt an Herz- und Kreislaufkrankheiten. Bei 40% aller plötzlich verstorbenen Männer ist der Herzinfarkt die Todesursache. Daran läßt sich die Zunahme der Gefäßerkrankungen ablesen.

Von 300 gefallenen amerikanischen Soldaten im Durchschnittsalter von 27 Jahren wiesen 77% Merkmale einer Arteriosklerose auf. Früher fanden sich bei Sektionen Gleichaltriger niemals derartige Veränderungen. Die gesetzlichen Krankenkassen berichteten bereits in den 60er Jahren, daß ihre 11 Millionen Pflichtmitglieder (ohne Rentner) in den letzten Jahren durchschnittlich an 4 500 000 Tagen wegen Rheumatismus arbeitsunfähig waren und darüberhinaus während rund 300 000 Tagen Krankenhausbehandlungen nötig hatten. Die Träger der Rentenversicherung hatte schon 1960 von insgesamt 550 000 abgeschlossenen stationären Heilbehandlungen allein 109 162 wegen rheumatischer Krankheiten gewährt. Von den 1 1/4 Millionen Rheumatikern der versicherten Bevölkerung wurden damals jährlich *nur* etwa 20 000 wegen dieses Leidens vorzeitig berufs- oder erwerbsunfähig. Inzwischen ist die Zahl der Rheumakranken in der BRD 1985 auf 20 Millionen angestiegen.

Nach der von Prof. Bauer angegebenen Krebsstatistik erlag 1900 jeder 30. Tote, 1920 jeder 15., 1950 jeder 6., 1960 jeder 5. Tote dem Krebs. 1984 findet man Angaben, daß bereits jeder 4. Tote an Krebs starb.

Im Jahre 1962 haben die Gesamtausgaben für die soziale Krankenversicherung erstmalig die Milliardengrenze überschritten.

Der Sozialminister von Niedersachsen gab auf einer Tagung 1963 folgende Zahlen an: Die um 6 Jahre vorgeschobene Grenze der Frühinvalidität mindert das Sozialprodukt unseres Volkes um 12%, z.Zt. um 36 Milliarden jährlich. Der hohe Krankenstand bedeutet eine weitere Einbuße von 15 Milliarden, ungerechnet die hohen Krankenhauskosten. Inzwischen ist die Grenze der Frühinvalidität noch weiter vorgerückt. 1984 äußerte der niedersächsische Sozialminister, daß er für 1985 mit Gesundheitskosten von 250 Mrd. DM rechnet, das entspricht einem Bruttosozialprodukt von 13 % und je Kopf über 4 000,– DM.

In allen zivilisierten Staaten treffen wir ähnliche Verhältnisse wie in der Bundesrepublik. So entwarf z.B. 1965 der Präsident der USA in seiner "Botschaft zur Lage" bereits ein bedrückendes Bild: 48 Millionen von den rund 200 Millionen jetzt lebender Amerikaner seien "Krebskandidaten", fast 15 Millionen seien herz- und kreislaufkrank. Herzkrankheiten zusammen mit Schlaganfällen seien bei der Hälfte der Sterbefälle die Todesursache. 12 Millionen hätten bereits Arthritis und 5 1/2 Millionen seien geistig zurückgeblieben. Jeder 10. Amerikaner leide an geistigen Erkrankungen.

Welche Entwicklung die Krankheitsstatistik genommen hat, geht aus einer Aufzeichnung des Statistischen Amtes der EG (1979) hervor:

- drei Millionen Diabetiker
- ca. 350 000 Herz- und Kreislaufkranke pro Jahr = 48 % aller Sterbefälle
- 150 000 Krebstote pro Jahr und 240 000 Neuerkrankungen
- 240 000 Tonnen Übergewicht bei 14,5 Millionen Übergewichtigen

Diese wenigen Beispiele gaben bereits einen

Einblick in die Krankheitsbilanz der heutigen Menschheit. Für die Erkrankungen, deren Zunahme in allen zivilisierten Staaten gleichermaßen beobachtet wird, wurde der zusammenfassende Begriff "Zivilisationskrankheiten" geprägt. An den erwähnten Zahlen wird aber auch deutlich, daß es hier nicht allein um das Schicksal des einzelnen Menschen geht, sondern daß auch tiefgreifende Auswirkungen des Krankseins auf die sozialen Verhältnisse bestehen.

Die Nöte der sozialen Krankenversicherungen sind fast ausschließlich durch den steigenden Krankenstand hervorgerufen. Bei der Gründung der Krankenkassen lag die Erkrankungshäufigkeit unter 1 %. 100 Versicherte hatten damals den Ausfall durch Krankheit von einem Versicherten zu tragen. Heute kommen auf 100 Versicherte etwa 12 Ausfälle durch Krankheit. Da aber seit Jahren ein ständiger Anstieg der Erkrankungsziffer zu beobachten ist und alle Anzeichen dafür sprechen, daß die Krankheitskurve weiter ansteigen wird, wird in absehbarer Zeit ein Punkt erreicht sein, an dem das Problem nicht durch ständige Erhöhung der sozialen Abgaben zu lösen sein wird. Sie wird unausbleibliche Rückwirkungen auf die wirtschaftliche Rentabilität haben.

Bei dieser Entwicklung spielt auch das Versicherungswesen eine nachteilige Rolle, indem der

Bürger nicht (genügend) informiert wird, selbst Verantwortung für seine Gesundheit zu tragen nach dem Motto, ist ja nicht schlimm, wenn ich krank werde, das trägt ja die Krankenkasse. Bei den privaten Krankenversicherungen ist dieses unsoziale System besonders eklatant: Alles Geld, das der Versicherte einzahlt, ist für immer verloren, es sei denn, er hat das "Glück" und wird krank. Nur dann hat er den Vorteil, daß er von dem eingezahlten Geld etwas wiederbekommt, was aber häufig mit bürokratischen Erschwerungen verbunden ist. Dieses System bedeutet eine Prämierung der Krankheit.

Demgegenüber ist eine Gesundheitskasse*) in Planung, bei der im Gegensatz dazu die Gesundheit prämiert wird. Der Versicherte behält sein Geld auf eigenem Konto und kann im Fall einer Krankheit die entstehenden Kosten begleichen (wenn er will). Es ist logisch, daß diese Versicherungsart automatisch mit laufender Aufklärung über eine gesunde Lebensführung verbunden ist. Raucher, Trinker und Drogensüchtige wären z. B. in der Gesundheitskasse fehl am Platz.

Der Arzt ist aber nicht auf statistische Erhebungen angewiesen, um zu erkennen, daß wir auf

---

*) Gesundheitskasse e. V., 8959 Hopferau-Heimen Nr. 50

dem Gesundheitsgebiet einer Krise zusteuern, die man als Teilerscheinung der bestehenden Kulturkrise ansehen kann. Seine berufliche Tätigkeit führt ihm dies deutlich vor Augen.

Schließlich kommen zu den an sich schon lästigen Beschwerden der Krankheit die seelischen Belastungen, die das Kranksein für die Angehörigen des Kranken und die Umgebung mit sich bringt, ganz abgesehen davon, daß der Kranke selbst durch die Herabsetzung seiner Leistungsfähigkeit in seiner Handlungsfreiheit eingeengt wird. Diese Auswirkungen jeder Krankheit sind für den Kranken oft das schwerer zu Tragende als die Beschwerden der Krankheit selbst, und oft behindern diese Folgen und ihre negativen Rückwirkungen die Heilung der Krankheit mehr als die ursprünglichen Ursachen.

Außer der erwähnten Verschiebung in der Art der Krankheiten, die im Laufe des letzten Jahrhunderts stattgefunden hat, haben die einzelnen Krankheiten auch an Häufigkeit erheblich zugenommen. Zudem werden jährlich neue Krankheiten beschrieben, die es früher überhaupt nicht gab und die meist nach ihrem Entdecker benannt werden. Nur wenigen ist die Zunahme der Krankheiten bekannt; die meisten nehmen an, daß sich die Verhältnisse, was die Krankheitshäufigkeit betrifft, seit altersher nicht geändert haben, obwohl sie sich oft wundern, daß man jetzt so viel von Gallen- und Lebererkrankungen, Herzinfarkt und Thrombosen hört.

Die Liste der ernährungsbedingten Zivilisationskrankheiten

Zu den ernährungsbedingten Zivilisationskrankheiten gehören *der Gebißverfall, die Darmträgheit, Gallensteine, Stoffwechselstörungen, Erkrankungen des Bewegungsapparates (Rheuma), Arteriosklerose, Thrombose, der Herzinfarkt, der Krebs* und bestimmte *Erkrankungen des Nervensystems.*

Da die einzelnen Krankheiten, ihre Behandlung, Heilung und Vorbeugung im Rahmen der Buchreihe "Aus der Sprechstunde" jeweils in gesonderten Bänden ausführlich besprochen werden, wird hier nur das Grundsätzliche erörtert.

Der Gebißverfall als untrüglicher Gradmesser des Zivilisationsschadens

Der untrügliche Maßstab für den Grad zivilisatorischer Schädigung des einzelnen und ganzer Völker ist der Gebißverfall. Er äußert sich in zwei Formen, als Zahnkaries am Zahn selbst und am umgebenden Gewebe als Parodontose. Für beide Formen sind die Ursachen geklärt. Sie liegen in fehlerhafter Ernährung.

Bei der Parodontose sind langfristige Einwirkungen nötig, da die krankhaften Veränderungen von innen her über den Umweg des Stoffwechsels entstehen. Bei der Zahnkaries spielen auch örtliche Einwirkungen am Zahn direkt eine Rolle. Dadurch ist das Gebiß das beste Studienobjekt, an dem die Zusammenhänge zwischen Ernährung und Gesund- bzw. Krankheit sicher und einfach ablesbar sind. Ein Blick in den Mund genügt, daß jeder an sich selbst feststellen kann, in welchem Maß er sich an den Fehlern der zivilisatorischen Ernährung beteiligt hat. Sogar die Art der Ernährung der vorigen Generation ist am Gebiß nachweisbar. Die Zahl der jungen Menschen, die schön geformte Zahnbögen und regelmäßig stehende Zähne vorweisen können, wird immer kleiner. Die Unregelmäßigkeiten in der Kieferentwicklung, die in zu engen Zahnbögen und Schiefstellung der Zähne zum Ausdruck kommen, sind die Folgen von Ernährungsfehlern der Eltern und Großeltern. Der sehr geringe Prozentsatz Zahngesunder in der Bevölkerung entspricht etwa dem ebenfalls sehr kleinen Anteil von Menschen, die über die Ursachen des Gebißverfalls Bescheid wissen und danach handeln.

Stuhlverstopfung – ein klassisches Symptom der Zivilisation *)

Es ist heute für etwa 80 % der Frauen über 50

*) Band 4, »Stuhlverstopfung in 3 Tagen heilbar« erschienen im bioverlag gesundleben, 8959 Hopferau-Heimen

Jahren in den zivilisierten Völkern selbstverständlich, daß sie ohne *Abführmittel* keinen Stuhlgang haben. Man könnte sich darüber streiten, ob die Häufigkeit der *Stuhlverstopfung* das schlimmere Zeichen ist oder die Selbstverständlichkeit, mit der der moderne Mensch diese Tatsache hinnimmt.

Noch erstaunlicher ist die tägliche Beobachtung in der ärztlichen Sprechstunde, daß nicht einem einzigen dieser Kranken die Ursache bekannt ist. Er nimmt es als natürlich hin, daß die Menschen heute verstopft sind und ein großer Teil ohne Abführmittel nicht mehr auskommt. Man tröstet sich damit, daß dies eben der Tribut ist, den man an die "Zivilisation" zu zahlen habe, ohne sich Gedanken über die speziellen Ursachen zu machen oder sich gar um die Abstellung des Übels zu bemühen.

Es sind auch nur wenige, die wirklich erkennen, daß das tägliche Abführmittel keine echte Hilfe und kein Heilmittel ist, sondern daß sogar das Abführmittel der Grund ist, weshalb die Menschen sich um eine Abstellung der eigentlichen Ursache nicht zu bemühen brauchen. Die tägliche Unterdrückung des Krankheitssymptoms Verstopfung und die künstliche Herausbeförderung des Darminhalts durch ein Darmreizmittel ermöglicht es dem Kranken überhaupt erst, die eigentliche Ursache unabgestellt bestehen zu lassen.

Das Beispiel der Verstopfung eignet sich wie kein anderes, um die verhängnisvollen Folgen zu zeigen, die in der Verwechslung von Symptomlinderung und Heilung liegt. Natürlich ist die Verstopfung keine Krankheit an sich, sondern das Symptom einer dahintersteckenden Krankheit. Mit der Beseitigung eines Symptoms ohne Beseitigung der Ursachen, die die Krankheit hervorrufen, begeht der Kranke einen gefährlichen Selbstbetrug. Er kann, scheinbar unbeschadet, die verborgene Grundkrankheit unbehandelt lassen, bis sie in einem späteren Stadium als unheilbare Erkrankung in Erscheinung tritt.

Tatsächlich zeigt die Erfahrung, daß ein großer Teil der ernährungsbedingten Zivilisationskrankheiten sich als Frühsymptom mit Stuhlverstopfung ankündigt. Wird dieses Frühsymptom nicht als solches erkannt, so wird es auch nicht als Warnsignal bewertet und keine Maßnahme getroffen, um das Fortschreiten zu verhindern, bis dann später, scheinbar aus heiterem Himmel, eine andere Krankheitserscheinung, die als neue Krankheit oder als Alterskrankheit angesehen wird, zum Vorschein kommt.

Stoffwechselstörungen als Äußerungen des gestörten Chemismus

Eine große Zahl von *Stoffwechselstörungen* gehört zu den Zivilisationskrankheiten. Das Wort Stoffwechsel ist ein sehr allgemeiner und umfassender Begriff. Wir verstehen darunter die Summe aller chemischen Vorgänge, die sich in den lebenden Organismen abspielen. Jede Nahrung, die aus vielfältigen "Stoffen" zusammengesetzt ist, macht eine Umwandlung durch, nicht nur innerhalb des Magendarmkanals, sondern auch jenseits in den inneren Organen, im Gewebe und in jeder einzelnen Zelle.

Jede Verwandlung eines "Stoffes" in einen anderen können wir mit dem Begriff Stoffwechsel bezeichnen. Dabei wird Energie für die Arbeitsleistungen und für die Erwärmung des Körpers freigesetzt, und außerdem werden die verwendeten Nahrungsstoffe als Ersatz für verbrauchte Körpersubstanzen verwendet. Zucker wird z.B. in die Endprodukte Kohlensäure und Wasser abgebaut; dieser Abbau geht aber nicht direkt in einem Arbeitsgang vor sich, sondern läuft über mehrere Zwischenstufen. Diese Vorgänge vom ursprünglichen Ausgangsstoff bis zum Endprodukt werden als intermediärer (Zwischen-)Stoffwechsel bezeichnet.

Da alle lebendigen Vorgänge sich in einem

stetigen Wandel der Stoffe äußern, da die Fähigkeit des richtigen Ablaufes dieser Vorgänge überhaupt eine Voraussetzung des Lebens und des Gesundseins ist und da eine Störung dieser Abläufe gleichbedeutend ist mit Krankheit, können auch die meisten Krankheiten als Störungen des Stoffwechsels erklärt werden. Man kann von Störungen des Zucker-, des Eiweiß- und des Fettstoffwechsels sprechen und diese wieder unterteilen in Störungen des Eisen-, Kalk-, Phosphor-, Kaliumstoffwechsels usw.; auch der Wasserhaushalt kann gestört sein.

So gehören vor allem die Zuckerkrankheit, die Gicht und die Fettsucht hierher; natürlich liegen auch den Ablagerungskrankheiten Stoffwechselstörungen zugrunde, so daß auch die Gefäßerkrankungen, die Arteriosclerose und die Thrombose, die Steinbildung in der Gallenblase, im Nierenbecken und den Ausführungsgängen der Speicheldrüsen hierher gehören. Aber auch die Erkrankungen der Bewegungsorgane sind zu einem Teil Stoffwechselstörungen.

Krankheiten der Bewegungsorgane sind die teuersten

So wird es verständlich, daß die meisten *Krankheiten des Bewegungsapparates* zu den Zivilisationskrankheiten rechnen. Die obengenannten Geldsummen, die die Krankenkassen und Rentenversicherungen durch die rheumatischen Krankheiten aufzubringen haben, sprechen eine beredte Sprache, in welchem Ausmaß das Volk von diesen Leiden befallen ist. Zwischen den Krankheiten des Bewegungsapparates und dem Gebißverfall bestehen sehr enge Beziehungen. Beide Krankheitsformen spielen sich an demselben Gewebe ab, nämlich an den verschiedenen Arten des Bindegewebes. Dazu gehören die Knochen, Muskeln, Sehnen, Bänder und das straffe und lockere Bindegewebe. Da jeder Muskel an seiner Ursprungs- und Ansatzstelle am Gelenk in sehniges Gewebe übergeht, erklärt es sich, daß der Bereich der Gelenke häufig betroffen ist; denn gerade die Ansatzstellen der Sehnen in Gelenknähe sind besonders bevorzugt.

Zu den zivilisatorisch bedingten Krankheiten des Bewegungsapparates gehört vor allem die *Arthrose.* Arthrosis ist ein Sammelbegriff für alle diejenigen Gelenkerkrankungen, denen degenerative Veränderungen durch Störungen des örtlichen und allgemeinen Stoffwechsels zugrundeliegen, im Gegensatz zu den Formen der *Arthritis,* bei denen entzündliche Vorgänge im Vordergrund stehen. Die Endung -ose ist ganz allgemein eine Bezeichnung für degenerative Stoffwechselerkrankungen oder funktionelle Störungen nichtentzündlicher Art, während -itis einen entzündlichen Vorgang andeutet.

Bei 40% der Jugendlichen sind *Haltungsschäden* festgestellt; auch sie gehören zu den Zivilisationsschäden, ebenso wie die Millionen verbildeter Füße, die durch die widernatürlichen Schuhformen entstehen und als Senk-, Knick-, Spreiz- und Plattfüße in Erscheinung treten.

Eine Sonderform der Degeneration des Bänderapparates sind die Abbauerscheinungen im Faserring der *Bandscheiben* zwischen den einzelnen Wirbelkörpern, wodurch die gallertige Innenmasse der Bandscheiben an einer Stelle hervorquillt und auf vorbeiziehende und den Zwischenwirbelkanal durchlaufende Nervenstränge drücken kann.

Man kann alle Erkrankungen, die sich im Bewegungsapparat abspielen, auch mit der anderen gebräuchlichen Bezeichnung *"rheumatische Erkrankungen"* zusammenfassen. In der täglichen Praxis hat es sich aber als vorteilhaft herausgestellt, nicht von rheumatischen Erkrankungen zu sprechen, da sich sonst eine Reihe von Mißverständnissen ergeben können. Der Arzt muß mit den laienhaften Vorstellungen des Kranken rechnen. Durch den Gebrauch eines Begriffes, unter dem der Arzt etwas anderes versteht als der Patient, können Mißverständnisse entstehen, die das Vertrauen untergraben und die Durchführung einer sinnvollen und gezielten Behandlung erschweren oder unmöglich machen.

So habe ich es nicht selten erlebt, daß Patienten mit schweren Hüftgelenksveränderungen es direkt übelnehmen, wenn ihre Erkrankung als rheumatisch bezeichnet wird. Diese Ablehnung wird verschiedenartig begründet: Der eine meint, als rheumatisch dürfe man doch nur das bezeichnen, was bei Wetterwechsel Schmerzen mache; ein anderer hält nur Harnsäureablagerungen für Rheuma, indem er es mit Gicht verwechselt, und ein dritter reagiert auf das Wort Rheuma unfreundlich: Er sei jahrelang auf Rheuma behandelt worden, bis man schließlich eine Arthrosis festgestellt habe.

Er will damit ausdrücken, daß er die Diagnose Rheuma für eine Fehldiagnose hält. Für den Laien ist eben Rheuma kein Sammelbegriff für alle schmerzhaften Erkrankungen im Bewegungsapparat, sondern jeder hat seine eigene Vorstellung von Rheuma. Darum ist es besser, diesen Begriff nicht zu verwenden, es sei denn, man definiert vorher genau, was man darunter versteht. Deshalb werden in der vorliegenden Buchreihe diese Erkrankungen nicht als rheumatische, sondern als Erkrankungen des Bewegungsapparates zusammengefaßt. Band 8:

Rheuma - Ursache und Heilbehandlung*)

Der Herzinfarkt benötigt Jahrzehnte zur Entstehung

Die auffälligste Zivilisationskrankheit ist der *Herzinfarkt* dadurch, daß er häufig dramatisch aus scheinbar voller Gesundheit den Menschen überfällt. Band 5: Leben ohne Herz- und Kreislaufkrankheiten *). Vor ca. 60 Jahren war der Herzinfarkt noch so selten, daß ich während meines Medizinstudiums keinen Krankheitsfall zu Gesicht bekam.

Und heute ist er die häufigste plötzliche Todesursache der Männer im mittleren Alter.

Sicher wurde früher mancher Fall von Herzinfarkt als Herzschlag bezeichnet, was aber an der Tatsache der erschreckenden Zunahme der Gefäßerkrankungen nichts ändert. Man könnte auch einwenden, die Zunahme des Herzinfarktes sei durch die Verbesserung der Diagnostik mit Hilfe des Elektrokardiogramms nur vorgetäuscht, indem heute Fälle als Herzinfarkt festgestellt werden könnten, die früher nicht erkannt worden wären. Aber dieser Einwand ist nicht stichhaltig, da der Infarkt fast ausnahmslos für den Kranken ein dramatisches Geschehen darstellt, das nicht übersehen werden kann.

---

*) bioverlag gesundleben, 8959 Hopferau-Heimen

Das Elektrokardiogramm kann im Gegenteil manchen Schmerzzustand in der Herzgegend als Nichtinfarkt entlarven, was besonders wichtig ist, da heute in Laienkreisen die Neigung besteht, alle plötzlichen schmerzhaften Zustände im Herzbereich mit Herzinfarkt zu bezeichnen. Mit Hilfe der verfeinerten Diagnostik - auch Blutuntersuchungen werden herangezogen - ist im Gegenteil der Mißbrauch des Wortes Herzinfarkt eingeschränkt, so daß an der tatsächlichen Zunahme dieser Erkrankungen kein Zweifel besteht.

Der Herzinfarkt ist strenggenommen keine Herz-, sondern eine Gefäßerkrankung. Er ist lediglich eine Teilerscheinung der Arteriosclerose, bei der es zu Ablagerungen krankhafter Stoffe auf der Innenwand der Blutgefäße kommt. Auch diese krankhaften Veränderungen setzen Stoffwechselstörungen voraus, so daß man den Herzinfarkt ohne weiteres zu den Stoffwechselerkrankungen rechnen kann. Unter Infarkt versteht man den Verschluß eines Gefäßes, das das Herz mit Blut versorgt. Je nachdem, ob nun ein Hauptgefäß oder nur ein Ast ganz oder teilweise verschlossen wird, kommt ein mehr oder weniger schweres klinisches Krankheitsbild zustande. Ein völliger Verschluß eines Hauptgefäßes hat natürlich den sofortigen Tod zur Folge.

Bedeutungsvoll ist, daß diese Gefäßveränderungen sich sehr allmählich im Laufe von Jahrzehnten unbemerkt entwickeln. Und eben darin, daß diese Vorgänge sich durch keinerlei Krankheitserscheinungen bemerkbar machen, liegt das Gefährliche und Heimtückische.

Bei dem plötzlichen Auftreten eines Verschlusses spielt daher meist noch eine zweite Komponente eine wesentliche Rolle, die Bildung eines Blutgerinnsels *(Thrombose)* oder die krampfartige zusätzliche Verengung des Gefäßes durch *seelische Belastung.* Der Thrombose liegt ihrerseits wieder eine fehlerhafte Zusammensetzung des Blutes zugrunde. Schon diese wenigen Daten zeigen, daß die Entstehung eines Infarktes ein kompliziertes Geschehen voraussetzt, das lange Vorbereitung benötigt. Bei der Besprechung der Ursachen wird darauf noch näher eingegangen. Denn es ist klar, daß der Herzinfarkt nur verhütbar ist, wenn die Ursachen bekannt sind und wenn diese Ursachen, deren Einwirkung sich über Jahrzehnte erstreckt, ebenso langfristig vermieden werden.

Auch Krebs kann durch Vorbeugung verhindert werden

Grundsätzlich gilt dies auch für den *Krebs.* Die außerordentlich intensive Krebsforschung hat schon sehr ins Einzelne gehende Befunde erarbeitet, die über die gestörten Stoffwechselvorgänge in der Krebszelle Aufschluß geben. Bei der Besprechung der Ursachen der Zivilisationskrankheiten wird deutlich werden, daß angesichts der bekannten Problematik der Krebsbehandlung gerade bei dieser Erkrankung der Nachdruck auf vorbeugenden Maßnahmen liegt.

Krankheiten des vegetativen Nervensystems als Ausdruck einer "Lebens"störung

Die letzte große Gruppe von Erkrankungen im Gefolge der Zivilisation sind die Störungen des *vegetativen Nervensystems.* Diese Krankheiten hat es schon immer gegeben, aber nicht in dem ungeheuren Ausmaß von heute. Man schätzt, daß ungefähr 80% der Kranken, die die ärztliche Sprechstunde aufsuchen, an vegetativen Störungen leiden. Schon aus dieser Zahl ist zu erkennen, wie eng diese Erkrankungen mit dem modernen Leben verflochten sein müssen. Sie sind der Ausdruck dafür, wieweit die Lebensanschauung, sei es im bewußten oder unbewußten Bereich, den Menschen befähigt, mit den vielfältigen Anforderungen des modernen Lebens fertig zu werden. In dieser Abhandlung werden derartige Krankheiten als "lebensbedingt" bezeichnet. Band 2 dieser Buchreihe "Die lebensbedingten Krankheiten" ist dieser Thematik gewidmet.

Die alte Schulmedizin muß hinzulernen

Eine peinliche Frage: Warum erkranken immer mehr Menschen trotz des Fortschritts der medizinischen Forschung?

Wir haben bisher zwei grundlegende Dinge festgestellt:

1. Der Fortschritt der Technik und Naturwissenschaften hat auch zu großen Errungenschaften der medizinischen Wissenschaft geführt.

2. Im Widerspruch dazu steht eine gewaltige Zunahme bestimmter Erkrankungen, die wir kurz aufgezählt und als Zivilisationskrankheiten bezeichnet haben.

Jedem drängt sich hier sofort die Frage auf: Wie ist das erklärbar? Man sollte doch annehmen, daß mit den zunehmenden wissenschaftlichen Erkenntnissen in der medizinischen Forschung und mit der Herstellung immer wirksamerer Arzneimittel und mit dem hohen Entwicklungsstand der Diagnostik und der operativen Technik eine Verringerung der Zahl der Krankheiten und der Kranken einhergehe.

Angesichts dieser Fortschritte dürften eigentlich allmählich kaum mehr Krankheiten auftreten. Daß dies nicht der Fall ist, sondern im Gegenteil immer mehr Krankheiten auftreten und es immer mehr Menschen gibt, die von diesen modernen Plagen befallen werden, ist ein drängendes Problem ersten Ranges, mit dessen Lösung das zukünftige Schicksal der Menschheit eng verknüpft ist.

Welches sind die Ursachen, daß trotz des hohen Standes der medizinischen Wissenschaft die zivilisierten Menschen einer Gesundheitskatastrophe entgegengehen? Die Beantwortung dieser Frage setzt selbstverständlich die Lösung einer anderen Frage voraus: Wo liegen die Ursachen für die Krankheiten selbst? Sind diese bekannt, wird es vielleicht nicht mehr so schwer sein, die Gründe zu finden, weshalb trotz des Wissens um die Krankheitsursachen diese nicht abgestellt werden.

Hier überstürzen sich dann die Fragen nur so: Sind die Ursachen wirklich nicht bekannt? Wenn sie wirklich nicht genügend erforscht sind, wie kommt es, daß die Wissenschaftler sich nicht energisch daransetzen, um sie zu klären? Wenn sie bekannt sind, warum geschieht nichts, um sie abzustellen? Warum wird die Bevölkerung dann nicht aufgeklärt, um ihr die Möglichkeit zu geben, die Krankheiten zu verhüten? Oder sollte etwa...?

Aber nun drängen sich peinliche Fragen auf,

für die der Leser noch nicht reif ist. Denn schon die Fragestellung würde ihn schockieren. Warten wir also, bis wir mehr Tatsachen beigebracht haben, um selbst die unangenehmsten Fragen beantworten zu können. Wenn es um den Bestand der Völker geht, muß auch der Mut aufgebracht werden, heißeste Eisen anzufassen.

Keine Krankheit ohne Ursachen

Ehe wir zu der zentralen Frage zurückkehren "Sind die Ursachen der Zivilisationskrankheiten bekannt?", erscheint es nötig, eine wichtige Feststellung zu treffen: *Jede Krankheit hat Ursachen.* Oder anders ausgedrückt: Es gibt keine Krankheit, die ohne Ursache, sozusagen durch Zufall, willkürlich oder grundlos auftritt. Es gibt wohl eine Reihe von Krankheiten, deren Ursache dem Kranken oder vielleicht auch dem einzelnen Arzt unbekannt oder deren Ursachen überhaupt noch ungeklärt sind. Wenn aber die Ursachen noch ungeklärt oder dem einzelnen unbekannt sind, so heißt das nicht, daß die Krankheit keine Ursache hat.

Ich habe mich viel mit diesen Fragen beschäftigt und zu diesem Zweck jeden Kranken sowohl in der Sprechstunde wie in der Klinik gefragt, ob er wisse, woher seine Krankheit komme. Dabei hat sich nun das Erstaunliche ergeben, daß kaum ein Kranker die Ursachen seiner Krankheit kannte, auch wenn er schon sehr lange krank war und viele verschiedene Behandlungsarten durchgemacht hat. Was er als Ursache angab, stellte sich meist als Fehldeutung heraus. Meist hält irrtümlicherweise der Kranke sein erkranktes Organ für die "Ursache" seiner Beschwerden.

Es ist vielleicht am einfachsten, an einem alltäglichen Fall aus der Praxis die Verhältnisse zu schildern und daran die Problematik auseinanderzusetzen, wie sie sich mit einer fast schablonenartigen Regelmäßigkeit bei jedem Kranken wiederfindet, obwohl doch jeder seine ganz persönliche und einmalige Krankheitsgeschichte hat.

Ein Krankheitsfall zur Erläuterung von Grundsätzlichem

Es kommt eine Patientin in die Sprechstunde, bei der sich folgendes ergibt: Sie ist seit 3 Jahren krank. Seit einem Jahr ist sie in ständiger fachärztlicher Behandlung wegen - wie sie sagt - "der Galle". Aber der Magen sei wohl auch nicht in Ordnung. Die Beschwerden bestehen in Druckgefühl im Oberbauch, Völlegefühl, Aufstoßen und geringem Appetit. Seit Weihnachten, d.h. seit etwa 4 Monaten, müsse sie ständig strenge Diät einhalten, aber es sei mit den Beschwerden eigentlich nicht besser, sondern eher schlechter geworden. Außerdem klagt die Patientin über heftige Kopfschmerzen, Druckgefühl am Hals und Anfälle von Migräne. Besonders aufgefallen ist ihr, daß nach Bohnenkaffee und Kuchen die Bauchbeschwerden wesentlich schlimmer werden.

Der Magen war durchleuchtet, und es waren Röntgenaufnahmen von der Gallenblase gemacht worden, auch die üblichen anderen klinischen Untersuchungsmethoden waren vorgenommen worden. Als Resultat habe man ihr mitgeteilt, es liege nichts Organisches vor, alles sei nur nervös.

Es wurde ihr daraufhin eine strenge Diät verordnet, die aus Brötchen, Zwieback, Weißbrot und etwas Graubrot bestand, von Gemüsen waren Hülsenfrüchte und Kohlarten verboten, das Fett wurde aufs äußerste eingeschränkt, Kartoffeln nahm sie nur in Breiform zu sich; sie aß nur wenig Fleisch, keine Wurst, aber häufig Haferschleim. Außer dieser einseitigen Schonkost, die zu erheblicher Stuhlträgheit geführt hatte, nahm sie Abführmittel und verschiedene "Gallenmittel". Aber alles half nichts, sie fühlte sich immer elender.

Beschäftigen wir uns mit dieser fast alltäglichen Krankengeschichte etwas genauer, so liefert sie uns eine Fülle von Tatsachen, an denen schon ein wesentlicher Teil der Problematik der heutigen Medizin zu erkennen ist. Vielerlei Überlegungen drängen sich auf. Zunächst erweckt die Tatsache, daß die bisherige Behandlung keinen Erfolg gebracht hat, den Verdacht, daß entweder eine krebsartige oder anderweitig bösartige Erkrankung in einem nicht mehr heilbaren Stadium vorliegt oder daß der wahre Charakter der Erkrankung bisher nicht erkannt und demzufolge auch die Behandlung nicht angemessen war.

Die erste Annahme der bösartigen Erkrankung ist leicht auszuschließen, da gründliche ärztliche Untersuchungen sogar mehrmals stattgefunden hatten. Im übrigen sprachen die Symptomatik und der Krankheitsverlauf dagegen. Da demnach anzunehmen war, daß die Art der Erkrankung und vor allem deren Ursachen nicht klar waren, war meine erste Frage: "Wissen Sie, woher Ihre Krankheit kommt?" Die Antwort war die übliche: "Ja, ich glaube, alles kommt vom Magen und der Galle."

Verwechslung von Krankheit und Krankheitssymptom

Wir stoßen damit auf einen charakteristischen Tatbestand: Fast jeder Kranke verwechselt die Krankheitserscheinungen, seine Beschwerden, seine Veränderung im Befinden, d.h. alles das, was man als Symptom bezeichnet, mit der eigentlichen Krankheit. Wenn er sagt, alles käme vom Magen, so meint er damit, seine Symptome seien ein Hinweis, daß er magenkrank sei.

Wenn man ihn nun darauf aufmerksam macht, daß man gemeint habe, was wohl die Ursache der Magenkrankheit sei, so wird meist prompt ein anderes Organ genannt. Der Kranke sagt dann etwa: "Vielleicht kommt aber auch alles von der Leber oder Bauchspeicheldrüse." Wieder dieselbe Verwechslung. Versucht man, ihm klarzumachen, daß es eine Ursache haben müsse, wenn ein bestimmtes Organ krank geworden sei, und fragt man ihn, ob er sich darüber schon Gedanken gemacht habe oder ob ihm darüber schon etwas gesagt worden sei, so kamen meist Standardantworten, als ob alle Kranken darin einheitlich ausgebildet wären: "Dann weiß ich es nicht; vielleicht kommt es von der Schilddrüse oder vom Herzen oder von den Nerven."

Bedrängt man den Kranken noch weiter, um doch vielleicht etwas über die eigentlichen Ursachen zu erfahren, dann hört dieses "Spiel" meist erst auf, wenn der Kranke alle Organe der Reihe nach durchgeraten hat. Das heißt mit anderen Worten, für den Kranken sind die einzelnen Organe die Ursache seiner Beschwerden, weil er die

Symptome mit der Krankheit, die die Symptome erzeugt, verwechselt.

Diese *Verwechslung von Symptomen und Krankheit* ist einer der Gründe, weshalb der Kranke sich nicht intensiver um die Ursachen seiner Krankheit kümmert, da für ihn der Fall ja geklärt ist, wenn er weiß, welches Organ, bzw. welche Organe erkrankt sind.

Die Erwähnung der "Nerven" allerdings ist so etwas wie eine schüchterne Andeutung, ob nicht vielleicht in irgendwelchen Einflüssen und Belastungen des täglichen Lebens eine Ursache liegen könnte. Diese unheilvolle Verwechslung von "Nerven" mit Seele und Belastungen des täglichen Lebens erschwert die Behandlung mancher lebensbedingten Krankheit.

Jede Heilbehandlung setzt Kenntnis der Krankheitsursachen voraus

Vorerst erscheint zunächst eine weitere Feststellung von grundlegender Bedeutung: *Jede Behandlung, die eine echte Heilung einer Krankheit anstrebt, setzt die Kenntnis ihrer Ursachen voraus.* So selbstverständlich dieser Satz erscheint, so bedarf er doch einer genaueren Erläuterung, da auch hier wieder Mißverständnisse möglich sind. Das erste Mißverständnis beruht auf der Verwechslung von echter Heilung mit einer Linderung der Symptome. Der Kranke nimmt diese Unterschiede, die sehr wesentlich sind, nicht so genau. Von allem, was “hilft”, auch wenn es nur für einen kurzen Augenblick ist, nimmt der Kranke an, daß es auch heilt.

Daß dies aber nicht der Fall zu sein braucht, läßt sich am einfachsten am Beispiel der Stuhlverstopfung erklären. Das Abführmittel, das als Darmreizmittel wirkt, “hilft” nur für einen Tag; wird das Mittel nicht wieder eingenommen, sieht der Kranke, daß die Verstopfung noch besteht. Ein *Abführmittel heilt* also *niemals* eine Verstopfung, sondern bringt lediglich vorübergehend das Symptom, das darin besteht, daß der Darm sich nicht von selbst entleert, zum Verschwinden. Wird der Kranke darauf aufmerksam gemacht, daß es sich bei der Behandlung einer Verstopfung mit Abführmitteln nicht um eine Heilung, sondern nur um eine Symptomunterdrükkung handelt, die große Nachteile hat, da nichts für die Grundkrankheit geschieht, so erwidert er meist: “Aber es hilft ganz gut.”

Er will damit sagen, daß er einigermaßen zufrieden ist, da die Tragweite des Unterschiedes zwischen heilen und helfen ihm nicht gegenwärtig ist. Oft greift der Kranke auch zum Abführmittel, da er wirklich annimmt, es gebe keine Heilbehandlung der Verstopfung. Es dürfte aber jetzt schon klar sein, daß man unter echter Heilung einer Verstopfung verstehen müßte, daß ohne Abführmittel und ohne laufende andere Manipulation der Stuhlgang zeitlebens von selbst erfolgt. Daß dies leicht zu erreichen ist, wenn man die Ursachen kennt, wird in Band 4 "Stuhlverstopfung in 3 Tagen heilbar" gezeigt.

Aber auch die Behandlung eines schmerzhaften Kniegelenks mit einer *Schmerztablette* stellt *keine Heilbehandlung* dar, sondern ist lediglich eine augenblickliche Linderung. Bei der sogenannten symptomatischen Behandlung mit einem Mittel, das augenblickliche Erleichterung bringt, braucht die Krankheit, die die Schmerzen verursacht, nicht berücksichtigt zu werden. Das Schmerzmittel *hilft,* unabhängig davon, ob der Schmerz durch eine Verletzung infolge eines Unfalls, durch eine Entzündung, durch eine Geschwulst oder durch irgend eine andere Erkrankung hervorgerufen ist.

Damit der grundsätzliche und wichtige *Unterschied zwischen Heilbehandlung und symptomatischer Behandlung* eindeutig klar wird, sollen noch weitere Beispiele angeführt werden. Den Mangel an Magensäure durch arzneiliche Zufuhr von Salzsäurepräparaten zu ersetzen, ist ein Verfahren, das nie dazu führen wird, den Magen zu eigener Salzsäureproduktion zu veranlassen. Im Gegenteil, je mehr Säure von außen zugeführt wird, umso *fauler* wird der Magen. Wenn der Magen *merkt,* daß Säure vorhanden ist, warum soll er dann selbst noch zusätzliche absondern?

Diese häufig geübte Behandlungsart, ungenügende Absonderungen von Drüsen durch Zufuhr dieser Substanzen von außen zu ersetzen, ist eine rein symptomatische und keine Heilbehandlung; sie wird als Substitutionstherapie (Ersatzbehandlung) bezeichnet. Um eine Heilbehandlung einzuleiten, müßten zuerst die Ursachen geklärt werden, die zu einer ungenügenden Produktion der Drüsen geführt haben. Häufig ist es der Mangel an bestimmten Aufbaustoffen in der Nahrung, die diesen Defekt hervorrufen. In diesem Falle würde also lediglich die Zufuhr dieser fehlenden Aufbaustoffe die Drüsen instandsetzen, ihre Tätigkeit richtig auszuführen.

Für das Beispiel des Magensaftmangels würde das bedeuten, daß eine Heilung nur durch die Zufuhr einer Nahrung erzielt werden könnte, die alle Aufbaustoffe (z.B. Vitamine) enthält, die der Magen braucht, um wieder selbst Magensaft abzusondern. Fehlen diese Stoffe in der Nahrung, kann keine auch noch so lang durchgeführte Substitutionsbehandlung mit Pepsin–Salzsäure-Präparaten die Störung beseitigen.

Auch der Versuch, einen *Senkfuß* durch starre

Einlagen zu behandeln, führt als symptomatische Linderungsbehandlung nie zu einer Beseitigung des Senkfußes. Hier könnte nur eine Kräftigung der Muskulatur und des Bandapparates durch aktive Übung dieser Gewebe Heilung bringen, während die Abstützung des Fußgewölbes durch starre Einlagen eine weitere Schwächung der bereits zu schwachen Muskulatur bewirkt. Durch die symptomatische Behandlung wird also genau das Gegenteil des Erwünschten erreicht: Statt einer Kräftigung der Gewebe kommt es zu einer weiteren Schwächung durch Nichtgebrauch und damit zu einem weiteren Absinken des Gewölbes.

Warum werden so wenige echte Heilbehandlungen durchgeführt?

Die Durchführung einer Heilbehandlung ist durch mehrere Umstände erschwert. Da der Kranke von einer Heilbehandlung meist noch nichts gehört hat, ist er überzeugt, daß es eine solche überhaupt nicht gibt. Er drückt dies in der Sprechstunde meist mit den Worten aus: *"Wenn es eine Heilbehandlung der Verstopfung gäbe, wären mir doch nicht immer Abführmittel verordnet worden; es wurde mir doch immer gesagt, ohne Abführmittel ginge das bei mir nicht."* Nach dem, was wir bisher gelernt haben, ist dies ein Beweis dafür, daß bei diesem Kranken die Ursachen entweder nicht berücksichtigt oder nicht erkannt oder nicht bekannt waren.

Wir kommen also, um es deutlich auszudrükken, zu der Feststellung, daß nur solche Maßnahmen verordnet werden, die bekannt sind. Da aber Heilmaßnahmen von der Kenntnis der Ursachen abhängig sind, läßt sich logischerweise schließen: Wenn keine Heilmaßnahmen verordnet werden, sondern die Behandlung in der symptomatischen Linderung steckenbleibt, sind die Ursachen unbekannt. Man könnte demnach also Heilbehandlung und ursächliche Behandlung gleichsetzen.

Ein zweiter Einwand gegen die Heilbehandlung ist berechtigt: Kommen wir mit einer Behandlung, die noch eine echte Heilung herbeiführen kann, nicht meistens zu spät? Diese Frage ist bei den Zivilisationskrankheiten meistens zu bejahen, da sie sich langsam und unbemerkt entwickeln und lange Zeit bis zum Auftreten der ersten Krankheitserscheinungen brauchen. Auch dann wird meistens erst längere Zeit symptomatisch behandelt, bis die *Unheilbarkeit* augenfällig geworden ist. Dies ist oft der Zeitpunkt, wo bisher angewendete Linderungsmittel auch keine vorübergehende Erleichterung mehr bringen. Dann allerdings ist es für eine Heilung durch Heilbehandlung zu spät: Der Gallenstein verschwindet dann nicht mehr, der Bänderschaden ist nicht mehr rückgängig zu machen, das durch Thrombose verstopfte Gefäß wird nicht mehr durchgängig, das versteifte Gelenk wird nicht mehr vollbeweglich, der plombierte Zahn wird nicht mehr heil, und der gezogene Zahn wächst nicht mehr nach.

Auf den wichtigen *Zeitfaktor* wird bei der Besprechung der Ursachen ernährungsbedingter Krankheiten noch näher eingegangen.

Schließlich der letzte Einwand gegen die Heilbehandlung: Sie sei unbequem oder zu schwer durchführbar oder nehme zu lange Zeit in Anspruch. Bei oberflächlicher Betrachtung erscheint die symptomatische Behandlung wesentlich einfacher. Es ist bestechend, daß sie sofort einen spürbaren Erfolg zeigt. Aber daß gegen die Krankheit nichts unternommen wird, weil ihre Ursachen nicht beseitigt werden, entzieht sich anfangs der Einsicht des Kranken. Er wird sich über die Art der Hilfe gründlich täuschen, solange er nicht beurteilen kann, wie weit er symptomatisch behandelt wird und in welchem Grade heilende Komponenten vorhanden sind. Erst wenn er von diesen zwei Behandlungsprinzipien weiß, hat er auch die Möglichkeit, zu erkennen, daß Heilbehandlung immer die Berücksichtigung der Ursachen voraussetzt.

Die Ursachen liegen immer in der Lebensführung. Heilung ist kaum denkbar, wenn man die Lebensweise nicht ändert. Das ist es, was die Heilbehandlung unbeliebt macht, und darum kommt die symptomatische Behandlung dem Patienten entgegen; er geht lieber den zunächst bequemer erscheinenden Weg der Linderung, weil er dabei liebgewordene Gewohnheiten nicht zu ändern braucht. Hinzu kommt, daß wir in einer Zeit leben, in der alles schnell gehen muß. Der Mensch glaubt – oft aus falscher Rücksicht –, keine Zeit dafür zu haben, den von der Natur vorgeschriebenen Ablauf etwa eines akuten Infektes geduldig auf sich zu nehmen; er fordert ein Mittel, das die Krankheitssymptome in kürzester Zeit unterdrückt.

Die radikalen Linderungsmittel haben bewirkt, daß die meisten Menschen gar nicht mehr bereit sind, körperliches Unbehagen auch nur vorübergehend zu ertragen. Sie sehen die Aufgabe des Arztes darin, gegen jede Krankheitserscheinung sofort ein Linderungsmittel zu verordnen. Ja, sie halten es für ihr gutes Recht, dies zu fordern. Man könnte deshalb sagen: Die symptomatische Behandlung entspricht dem Zeitgeist.

Unter *Heilbehandlung* wird im folgenden jede Behandlung verstanden, die nicht nur auf Symptomenlinderung bedacht ist, sondern eine Besserung bzw. Heilung der Grundkrankheit durch Berücksichtigung der Ursachen anstrebt, auch wenn keine endgültige und vollständige *Heilung* mehr möglich ist, was bei den ernährungsbedingten Zivilisationsschäden leider fast immer der Fall sein wird.

Symptomatische Behandlung allein wenig sinnvoll

Aus dieser Gegenüberstellung von symptomatischer Linderungsbehandlung und ursächlicher Heilbehandlung soll nun nicht der Schluß gezogen werden, daß jede symptomatische Behandlung abzulehnen oder nachteilig wäre. In der Praxis ist es häufig gar nicht möglich, ohne symptomatische Linderung auszukommen. Bei einer Gallensteinkolik ist die sofortige Linderung des überwältigenden Schmerzes mit einem schmerz- und krampflindernden Mittel eine Selbstverständlichkeit und ein Gebot der Menschlichkeit. Nach der Kolik allerdings wäre es nötig, eine Behandlung einzuleiten, die einen Stillstand der Stoffwechselstörung anstrebt, die zur Gallensteinbildung geführt hat.

Auch die Verhütung neuer Kolikanfälle sollte das Ziel einer Heilbehandlung sein, die aber nicht zu verwechseln ist mit der üblichen symptomatischen Schondiät*). Und noch wichtiger wäre es, bei den frühzeitigen Warnsymptomen, die einer Gallensteinbildung oft viele Jahre vorausgehen, die Lebensführung richtigzustellen und dadurch die Steinbildung zu verhüten.

Selbst innerhalb der symptomatischen Behandlung gibt es noch Abstufungen. Niemand wird etwas dagegen einwenden, wenn ein Zahnschmerz am Sonntag vorübergehend mit einer Schmerztablette gelindert wird, um dann am Montag den Zahn einer Behandlung beim Zahnarzt zuzuführen. Eine monatelange Behandlung des kranken Zahnes mit Schmerztabletten wird aber wohl jeder als unzureichend erkennen. Eine Kombination von Heilbehandlung und symptomatischer Linderung ist also in der täglichen Praxis gar nicht zu umgehen.

Als grobe Regel könnte man den Satz aufstellen: Je mehr die Vorbeugung versäumt wurde und je später eine Heilbehandlung einsetzt, umso mehr muß man sich bei der Behandlung einer zu weit fortgeschrittenen Erkrankung mit Linderung begnügen. Aber auch in Spätstadien ist oft durch eine Heilbehandlung noch größere Linderung der Beschwerden zu erzielen als mit rein

---

*) »Ernährungsbehandlung bei Leber-, Galle-, Magen- und Darmerkrankungen«, bioverlag gesundleben, 8959 Hopferau-Heimen.

symptomatischer Behandlung; in solchen Fällen ist dann eine Kombination von Heilbehandlung und symptomatischer Linderungsbehandlung oft noch segensreich. Wir wollen dabei aber nicht vergessen, daß gerade eine zu lange durchgeführte symptomatische Behandlung der Grund sein kann, daß die Erkrankung überhaupt in ein unheilbares Stadium kommt.

Nachdem wir geklärt haben, daß eine Heilbehandlung die Kenntnis der Krankheitsursachen voraussetzt und daß die Ursache nicht in den einzelnen erkrankten Organen, sondern immer in den besonderen Lebensumständen liegt, und nachdem wir vor der Verwechslung von Symptomen und Krankheit gewarnt und die Begriffe der symptomatischen und Heilbehandlung kurz umrissen haben, kehren wir wieder zu unserer Patientin mit ihren Magen- und Gallenbeschwerden zurück.

Ein Krankheitsfall II (Fortsetzung)

Die Antwort der Patientin, daß sie den Magen bzw. *die Galle* als Krankheitsursache annahm, hat uns gezeigt, daß sie Symptom und Krankheit verwechselte und sich über die eigentlichen Krankheitsursachen nicht im klaren war.

Meine Aufgabe war es nun, durch ein Gespräch mit der Patientin auf die Ursachen zu stoßen. Einen Anhaltspunkt gab der Umstand, daß die Diät nicht nur erfolglos war, sondern sogar eine Verschlechterung gebracht hatte. Entweder war die Diät falsch oder es lag eine Erkrankung vor, die gar keine Diät erforderte, da sie nicht durch falsche Ernährung entstanden war. Möglicherweise traf sogar beides zu.

Auf weitere Fragen gab die Patientin an, sie mache ihren Haushalt und müsse bei ihren Schwiegereltern im Betrieb mitarbeiten. Da sie nicht sagte, sie arbeite bei ihren Schwiegereltern, vielmehr den Ausdruck *"müsse"* gebrauchte, fragte ich sie, ob sie auch bei den Schwiegereltern wohne. Statt einer Antwort begann sie zu weinen.

Es gehört kein großes psychologisches Gespür dazu, um zu erkennen, daß mit dieser Frage ein neuralgischer Punkt berührt worden war und daß die Erkrankung mit den Lebensverhältnissen der Patientin in enger Beziehung stehen mußte. Hier lag keine ernährungsbedingte Krankheit vor, sondern eine *lebens- oder spannungs*-bedingte.

Die Diagnose

Ein bekannter Arzt hat einmal gesagt: "Vor die Therapie (Behandlung) haben die Götter die Diagnose gesetzt." Das soll heißen, ohne richtige Diagnose ist eine sinnvolle Behandlung nicht möglich. Ob dieser Satz Gültigkeit hat, ist wiederum davon abhängig, was wir unter Diagnose verstehen. Das Wort stammt aus dem Griechischen und heißt eigentlich Durchschauen. Wenn wir unter Diagnose verstehen, daß wir den Kranken und sein Kranksein ganz durchschauen, dann gehört auch dazu, daß die Entstehung der Krankheit und ihre Ursachen erkannt werden. Die Krankheit muß aus der Vergangenheit und dem besonderen Leben des Kranken heraus verstehbar sein. So gesehen, hat der Satz "ohne richtige Diagnose ist eine sinnvolle Behandlung nicht möglich" seine Gültigkeit. An jedem Kranken bewahrheitet sich seine Richtigkeit; er ist die beste Richtschnur für jedes therapeutische Vorgehen.

Versteht man aber unter Diagnose lediglich den Namen eines kranken Organs, so reicht diese Bezeichnung keineswegs aus, um daraus eine folgerichtige Behandlung ableiten zu können. Besonders gilt dies für viele veraltete diagnostische Bezeichnungen, die streng genommen falsch und deshalb für den Kranken irreführend sind.

So heißt z.B. Gastritis wörtlich übersetzt Magenschleimhautentzündung. In Wirklichkeit handelt es sich dabei so gut wie nie um eine echte Entzündung. Der fehlerhafte, aus früheren Zeiten stammende Begriff ist vielmehr eine Sammelbezeichnung für verschiedenartigste Funktionsstörungen des Magens. Eine Behandlung gegen "Entzündung" etwa mit antibiotischen Stoffen wie Penicillin wäre demnach sinnlos und wird bei der Gastritis auch nicht angewandt. Ähnlich wie bei der Gastritis liegt es bei vielen anderen fehlerhaften Bezeichnungen, die z.T. aus Ehrfurcht beibehalten werden.

Es wäre natürlich besser, wenn die Krankheitsbezeichnungen so abgefaßt würden, daß sie logischerweise schon einen Hinweis auf die Entstehung und damit auch auf die Behandlung einschlössen. Davon sind wir aber zum Nachteil der Kranken noch weit entfernt. Meist werden die Krankheiten einfach nach den Organen benannt, die betroffen sind. Die Unexaktheit in der Krankheitsbezeichnung und die ungenügende Berücksichtigung der Krankheitsursachen bei der Behandlung hat viel dazu beigetragen, daß das Vertrauen der Bevölkerung in die medizinische Wissenschaft so stark Einbuße erlitten hat. Zudem wird dadurch indirekt den sensationell aufgemachten, mit Halbwahrheiten durchsetzten Darstellungen in der Laien- und Illustriertenpresse Vorschub geleistet. Da halbe Wahrheiten schlimmer sind als Lügen, wird damit den Menschen kein guter Dienst erwiesen.

Auf den konkreten Fall unserer Patientin

angewandt, heißt dies, daß es folgerichtig ist, eine Krankheit, die durch Störungen der zwischenmenschlichen Beziehungen entstanden ist, in erster Linie durch Beratung und Hilfe auf diesem Gebiet zu behandeln. Wenn die Kranke verstanden hat, daß ihre Krankheit mit ihren Lebensumständen zusammenhängt, wird sie vielleicht auch bereit sein, diejenigen Umstände zu ändern, die sie krank machten.

Bei der weiteren Unterhaltung mit unserer Patientin ergab sich noch, daß sie seit 6 Jahren verheiratet ist, aber nur ein Kind im Alter von 5 Jahren hat. Früher hatte sie sich ihr Leben in der Ehe ganz anders vorgestellt. Ihr Mann hat einen geistigen Beruf, sie selbst hat viele geistige Interessen, denen sie aber durch die vorwiegend mechanische Arbeit im Geschäft der Schwiegereltern nicht nachgehen kann. Auch die tägliche Arbeit entspricht nicht ihrem geistigen Niveau.

Wenn sie nicht bei ihren Schwiegereltern wohnen würde, hätte sie auch nicht nur ein Kind. Diese würden es, wie sie angibt, nicht verstehen, wenn noch mehrere Kinder kämen, und so habe sie aus Rücksicht darauf verzichtet. Kurz und gut, sie ist im Innersten unzufrieden. Sie hatte sich einst ihr Leben völig anders vorgestellt. Sie lebt nicht ihr Leben, sondern hat sich in eine Form pressen lassen, die dem Weltbild der Schwiegereltern entspricht.

Diät bei lebensbedingten Krankheiten ist sinnlos

Es kommt in diesem Zusammenhang in erster Linie darauf an, an Hand dieses Falles zu zeigen, wie wichtig es ist, die Ursache der Krankheit zu kennen. Nach Kenntnis der Vorgeschichte dürfte doch wohl jedermann klar sein, daß die Behandlung in einer Lebensberatung und nicht in der Verordnung einer Diät bestehen muß.

Bei Berücksichtigung der Ursachen, die ja die Patientin mit der Erzählung ihrer Lebensgeschichte mittelbar ausgesprochen hat, kann es nicht passieren, daß jahrelang versucht wird, durch eine Diät, die obendrein noch auf veralteten Vorstellungen beruht, eine Wandlung des Krankheitsgeschehens herbeizuführen. Wir werden später sehen, daß diese einseitige Schonungsdiät der Patientin sogar noch zusätzliche Schäden gebracht hat.

Eine vollwertige, richtig zusammengesetzte Kost hätte auch logischerweise keinerlei Einfluß auf die Lösung der Lebensprobleme dieser Frau gehabt, aber eine gesunde Ernährung hätte wenigstens nicht noch zusätzliche Mangelschäden gesetzt. Solche Kranke, die wie unsere Patientin eine einseitige Diät essen, ohne daß sie notwendig und für ihren Fall sinnvoll ist, gibt es eine

Unzahl; man kann annehmen, daß es in den zivilisierten Staaten der Welt 20 bis 30 Millionen sind! An solchen Zahlen kann man erkennen, daß hier wirklich ein ernstes Problem vorliegt, das nur lösbar ist, wenn die psychologischen Hintergründe erkannt sind.

Auf meine Fragen an solche Patienten, warum sie weiter die Diät gegessen hätten, obwohl sie ihnen keine Besserung brachte, und ob sie nicht selbst erkannt hätten, daß ihre Krankheit gar nicht durch falsches Essen entstanden sei, wird meist geantwortet: "Der Arzt hat mir doch diese Diät verordnet." Diese Antwort ist zwar für den im Augenblick behandelnden Arzt peinlich, da sie aus kollegialen Gründen eine offene Erwiderung erschwert. Sie zeigt aber deutlich, daß die Forderung, die Therapie sinnvoll aus den ursächlichen Anlässen abzuleiten, längst nicht in ausreichendem Maße in der Praxis verwirklicht wird. Auf die Gründe dafür werden wir später noch zu sprechen kommen, wenn die eigentlichen Krankheitsursachen besprochen sind. Streben wir aber eine Behandlung an, die noch möglichst viel im Sinne einer Heilung erreichen soll, dann kommen wir nicht daran vorbei, dem Kranken klarzumachen, daß die Diät ihm Schaden bringt, der eventuell nicht wiedergutzumachen ist.

Ein weiterer erschwerender Faktor kommt hinzu. Der Kranke ist in den Dingen, die seine Krankheit betreffen, unlogisch. Er gibt nämlich auf genaues Befragen oft zu, daß er zwar das Sinnlose der Diät in seinem Fall erkannt, daß er aber nicht gewagt habe, gegen die üblichen Gepflogenheiten oder gegen die ärztliche Verordnung zu verstoßen. In der Krankheit wird also häufig der gesunde Menschenverstand autoritären Ansichten untergeordnet. Dies ist eine Beobachtung, die auf diätetischem Gebiet besonders häufig zu machen ist.

Jede Krankheit trifft den ganzen Menschen in seiner Geist-Seele-Leib-Einheit

Ein weiterer Grund, weshalb der Zusammenhang zwischen den Lebensverhältnissen und der Krankheit nicht gesehen wird, liegt in der weit verbreiteten dualistischen Weltanschauung der medizinischen Schule, die Geistiges und Körperliches trennt und die Geist-Seele-Leib-Einheit nicht berücksichtigt.

Es gibt genug Krankheitsfälle, bei denen die körperlichen Krankheitssymptome so offensichtlich und eindeutig unmittelbar nach einem einschneidenden Ereignis im Leben auftraten, daß auch für einen psychologisch Ungeschulten der innere Zusammenhang eigentlich nicht zu übersehen ist. Daß er trotzdem überhaupt nicht auf einen Zusammenhang kommt, geht oft aus der Äußerung hervor: "Was habe ich für Pech, zuerst das Unglück mit meiner Ehe und nun bin ich auch noch krank (manche sagen 'körperlich krank') geworden."

Wenn er keine Beziehung zwischen der geistigen Welt, seinem seelischen Erleben und seinem Körper kennt und auch nichts von den Bindegliedern weiß, ist die Herstellung einer Beziehung zwischen diesen für ihn völlig getrennten Bereichen gleichbedeutend mit "Einbildung" oder mit etwas für ihn nicht Faßbarem, Unwirklichem und Unheimlichem. Da er mit solchen Dingen nichts zu tun haben will, wird instinktiv jeder Zusammenhang zwischen "seelischen Bereichen" und Krankheit in seinem Bewußtsein im Keime erstickt.

Es gibt keine "nervösen" Krankheiten

Auch dieser Gesichtspunkt kommt bei unserer Patientin deutlich zum Ausdruck: Leider wurde sie in ihrer falschen Vorstellung durch den ebenso falschen wie mißverständlichen Ausdruck "es sei alles nur nervös" noch bestärkt. Da das vegetative System ein solches Bindeglied zwischen seelischen und körperlichen Bereichen ist, ist die Kenntnis von seiner Existenz, seinen Aufgaben und Funktionen für das Verständnis mancher Krankheiten unerläßlich. Wir müssen uns daher auch damit noch näher auseinandersetzen (siehe Band 2: Die lebensbedingten Krankheiten*).

Es wird sich dann nicht nur zeigen, daß sich unter dem Wort "nervös" abwegige und heilungsverhindernde Vorstellungen verbergen, sondern es wird auch deutlich werden, in welchem Maße das abwertende Wörtchen "nur" in dem Ausdruck "nur nervös" eine unheilvolle Rolle spielt.

Die Anerkennung der Ursachen ist unbequem, da sie verpflichtet

Wir haben gesehen, daß der Kranke im allgemeinen die Ursachen seiner Krankheit nicht kennt, und wir haben als Begründung dafür gefunden, daß er durch Verwechslung von Symptom und Krankheit die Ursachen (für seine Beschwerden) in den Organen sucht. Zweifellos genügt aber diese Begründung allein nicht, um zu erklären, warum die Kranken nicht von selbst mehr darauf aus sind, den eigentlichen Gründen nachzugehen, weshalb sie krank geworden sind. Auf der Suche nach Erklärung für dieses Verhalten kann man mehrere Momente finden.

---

*) bioverlag gesundleben, 8959 Hopferau-Heimen

Man kann sich des Eindrucks nicht erwehren, daß sowohl Kranke wie auch Gesunde nicht nur aus mangelndem Wissen oder fehlendem Interesse an den Ursachen vorbeigehen, sondern daß sie ein instinktives Gefühl dazu führt, die Augen vor den Ursachen zu verschließen. Da sie sich natürlich im klaren sind, daß die Kenntnis der Ursachen zwangsläufig auch eine Stellungnahme dazu fordert, weichen sie mehr oder weniger bewußt auf eine Vogel-Strauß-Politik aus. Da Wissen Verantwortung mit sich bringt, ist es bequemer, den Dingen gar nicht so tief auf den Grund zu gehen. Nichtwissen bringt den "Vorteil", unbefangener in den Tag hinein leben zu können. Man braucht sich dann allerdings auch nicht zu wundern, wenn später die Rechnung in Form einer Krankheit vorgelegt wird.

Der Mensch kann seine Einstellung zu den Lebensumständen ändern, wenn die Lebensumstände selbst nicht zu ändern sind.

Man begegnet aber noch anderen Umständen, die vor der bewußten Anerkennung der nüchternen Tatsache, daß Krankheiten Ursachen haben müssen, zurückschrecken lassen. Die meisten Menschen haben die (falsche) Vorstellung, daß an Lebensumständen, in die sie nun einmal hineingestellt sind, sich doch nichts ändern lasse, deshalb sei es auch zwecklos, sich um die in besonderen Lebensumständen liegenden Krankheitsursachen zu kümmern. Aber auch in diesen Vorstellungen stecken Irrtümer.

Erstens trifft es nicht zu, daß alle Lebensumstände so unabänderlich sind, wie es der Betreffende annimmt. Wie oft versichert mir eine Patientin, die überfordert ist, daß sie ganz unabkömmlich sei und daß es völlig unmöglich sei, daran etwas zu ändern. Auf meine Frage, was geschehen würde, wenn sie plötzlich durch einen Unfall für ein Jahr aufs Krankenlager geworfen würde, kommt meist die Antwort: "Ja, dann würde sich schon ein Weg finden." Auch mit den Worten, die der Arzt oft zu hören bekommt: "Herr Doktor, wenn Sie unsere Verhältnisse zu Hause kennen würden", will der Kranke andeuten, daß die Verhältnisse bei anderen wohl geändert werden könnten, seine aber nicht. In Wirklichkeit sind aber die Verhältnisse nicht unabänderlich, sondern sie erscheinen nur so in der Vorstellung des Menschen.

Falls aber bestimmte Umstände im Leben wirklich nicht änderbar sind, dann besteht immer noch die Möglichkeit, daß der Mensch seine Einstellung zu dieser Gegebenheit ändert. Die Änderung seiner Einstellung setzt allerdings wiederum voraus, daß er seine bisherigen Anschauungen, die er für richtig hält, als Vorurteil und nicht richtig erkennt. Wo aber findet sich ein Mensch, der in der vollen Erkenntnis lebt, daß das, was er tut, nicht richtig sei, aber trotzdem in diesem Tun verharrt? Denn wenn er die volle Erkenntnis hätte, daß sein Tun falsch ist und falschen Voraussetzungen entspringt, wäre es kaum erklärbar, daß er dann nicht richtig handelte.

Aber sogleich sind neue Einwände zur Stelle: Trägheit, liebe Gewohnheiten und mangelnder Wille seien stärker als alle Einsicht, und das bloße Wissen um die Zusammenhänge zwischen Ursache und Wirkung, d.h. zwischen bestimmten Fehlern im Leben und dem Krankwerden, genüge noch nicht, um den Menschen zur Abstellung seiner Fehler zu bringen.

Dieser Einwand ist durchaus berechtigt. Das *Wissen* allein genügt noch nicht, es ist aber *eine unerläßliche Voraussetzung.* Erst wenn der Kranke von den Zusammenhängen so fest überzeugt ist, daß er *erkennt,* daß ohne Änderung seiner Lebensgewohnheiten eine Heilung, bzw. eine Verhütung von Krankheiten nicht möglich ist, erst dann besteht überhaupt die Möglichkeit, ihm einen Weg zu zeigen, wie er seine Probleme lösen kann. Natürlich fängt dann der Weg zum Glück und zur Gesundheit erst an.

Ob der Mensch dann bereit ist, den ihm gezeigten Weg zu gehen, ist eine andere Sache, die wiederum von manchen anderen Gegebenheiten abhängig ist.

Hier spielt dann z.B. eine Rolle, wie tief die Vorurteile, die ihm die Erziehung beigebracht hat, verwurzelt sind, wie weit sie zur zweiten Person geworden sind, ferner wie stark die formenden Kräfte der Umgebung sind, ob die Persönlichkeit stark genug ist, sich diesen zu entziehen, ob die Einsamkeit ausreicht und ob der Kranke bereit ist, sich das nötige Wissen anzueignen, das für die Lebensmeisterung nötig ist.

Im Band 2 werden diese Fragen näher erörtert.

Ohne Wissen um die Zusammenhänge zwischen Lebensführung und Krankheit wird kein Mensch den Entschluß aufbringen, sein Leben anders zu gestalten.

Meine ärztliche Erfahrung über Jahrzehnte hat gezeigt, daß es nur wenige Menschen gibt, die von selbst zu all den Erkenntnissen gelangen, die zur Führung eines anderen Lebens notwendig sind.

Hier setzt die dringende Aufgabe des Arztes ein, der heilen und nicht nur lindern will, dem Kranken diese Erkenntnis zu vermitteln. Dies soll das Hauptanliegen dieser Buchreihe sein.

Einteilung der Zivilisationskrankheiten nach ihren Ursachen

Wir sahen, daß die Heilbehandlung von Krankheiten und - was noch bedeutungsvoller ist - deren Vorbeugung die Kenntnis ihrer *Ursachen* voraussetzt. Für die Zivilisationskrankheiten gilt dies auf Grund der besonderen Verhältnisse in hervorragendem Maße. Es ist daher die wichtigste Aufgabe, diese *Krankheitsursachen* genau zu studieren. Um eine gewisse Ordnung in die Vielfalt von Ursachen zu bringen, hat sich nach praktischen Gesichtspunkten die Einteilung in zwei große Gruppen bewährt:

1. Die ernährungsbedingten Zivilisationskrankheiten

Zu dieser Gruppe gehören alle diejenigen Krankheiten, die durch die spezifische Veränderung der Nahrung hervorgerufen werden, denen diese durch die Entwicklung der Technik im Laufe der letzten Jahrzehnte unterworfen wurde.

Es sollen auch im weiteren Sinne die Schäden dazugerechnet werden, die durch die chemische und physikalische Veränderung des Wassers und der Luft hervorgerufen werden. Auch die Veränderungen des Bodens durch die Düngung haben einen indirekten Einfluß auf die Zusammensetzung der Nahrung.

Da für die Atmung eine ständige Zufuhr von Sauerstoff nötig ist, kann auch die Luft unter die Nahrungsmittel gerechnet werden. Auch die Gesundheitsschäden durch den Massenkonsum der Genußmittel Alkohol, Tabak, Kaffee und Tee wollen wir in diese Rubrik rechnen; sie sind zwar keine Nahrungsmittel, kommen aber dadurch zur Wirkung, daß sie wie Nahrungsmittel einverleibt werden. Sie gehören zudem zu den typischen Merkmalen der Zivilisation.

II. Die lebens- oder spannungsbedingten Krankheiten

Es hat sich praktisch bewährt, alle anderen Zivilisationskrankheiten, die nicht ernährungsbedingt sind, mit dem weit gefaßten Begriff "lebens"-bedingt zusammenzufassen. Alles, was das tägliche Leben dem Menschen beschert, verlangt laufend von ihm eine Stellungnahme und ruft bestimmte Reaktionen hervor, die man am besten vielleicht mit "Spannung" bezeichnen könnte.

Obwohl der Begriff Spannung nicht genau das trifft und nicht alles umfaßt, was als Antwort auf die Lasten und Freuden des Lebens in Erscheinung treten kann, erscheint der Ausdruck doch geeignet, da er noch keine moralische Abwertung wie Bezeichnungen ähnlicher Art durchgemacht hat. Man könnte manche Krankheiten, die als Reaktion auf bestimmte Lebensumstände auftreten, daher als spannungsbedingt bezeichnen.

Der Begriff "lebensbedingt" erscheint mir jedoch passender, da er noch unverfänglicher und umfassender ist. Er reicht jedenfalls aus, um für praktische Zwecke eine Abtrennung von den ernährungsbedingten Zivilisationskrankheiten zu schaffen und eine rasche und einfache Verständigung zu ermöglichen. Diese Einteilung hat sich praktisch hervorragend bewährt, da sie sowohl den Arzt wie auch den Kranken zwingt, sich über die Ursachen klar zu werden. Sie bietet dadurch weitgehende Gewähr, daß die Heilbehandlung nicht mit untauglichen Mitteln erfolgt.

Die Technik hat auch tief in die gesellschaftliche Ordnung eingegriffen und eine soziale Umschichtung hervorgerufen, woraus sich genug Belastungen im modernen Leben ergeben. Die tieferen Ursachen, weshalb viele Menschen nicht imstande sind, mit den vielfältigen Aufgaben des Lebens entsprechend ihrer Persönlichkeit fertigzuwerden, liegen meist in der Erziehung und in den nivellierenden Einflüssen der Massenmedien Presse, Rundfunk und Fernsehen. Am deutlichsten und häufigsten äußern sie sich in Störungen der zwischenmenschlichen Beziehungen.

So gehören Probleme der Kindererziehung, der Sexualerziehung, der geschlechtlichen Beziehung, der Ehe, Empfängnisverhütung, der Berufswahl und beruflichen Überlastung genauso in diese Gruppe wie der Zweifel am Sinn dieses Lebens. Die mangelnde Religiosität als Hintergrund und der Verlust der einfachen Gläubigkeit der vorigen Jahrhunderte ist ebenfalls eine Auswirkung der Technisierung und der Vorherrschaft der Naturwissenschaften.

Die Maschine nimmt dem Menschen die belastende körperliche Arbeit ab, was zu einem neuen Krankheitsfaktor führt, der *Bewegungsarmut.* Auch die Belästigung durch den *Lärm* gehört zu den zivilisatorischen Auswirkungen der Technik.

Und schließlich bringt die *Atomspaltung* die offensichtlichste Bedrohung nicht nur der Gesundheit, sondern der Existenz alles Lebendigen auf diesem Planeten überhaupt.

Die lebens- und spannungsbedingten Krankheiten werden in Band 2 abgehandelt.

Im Folgenden sollen nun die Ursachen der ernährungsbedingten Zivilisationskrankheiten im einzelnen näher besprochen werden. Dies soll aber nur insoweit geschehen, als es für die Krankheitsvorbeugung und Heilbehandlung notwendig ist. Insbesondere wird bewußt auf die Besprechung all der Faktoren verzichtet, die allgemein bekannt und in den vielen bereits vorhandenen Büchern und Abhandlungen, die sich mit gesunder Lebensführung beschäftigen, ausführlich dargestellt sind.

Um so gründlicher soll auf alle die Punkte eingegangen werden, die schuld daran sind, daß diesen Bemühungen bisher kein Erfolg beschieden war. Es werden also zwangsläufig gerade diejenigen Momente besprochen werden, die bisher entweder überhaupt nicht gesehen wurden, deren Bedeutung noch nicht genügend erkannt wurde oder die aus besonderen Rücksichtnahmen sonst nicht deutlich genug auszusprechen gewagt werden.

Ernährungsbedingte Zivilisationskrankheiten

Die falschen Vorstellungen des Kranken

Jedesmal, wenn ich in der Sprechstunde oder Klinik die Behandlung eines Kranken übernehme, bei dem eine sicher ernährungsbedingte Krankheit vorliegt, muß ich ihm klarmachen, daß seine Krankheit etwas mit der Ernährung zu tun hat. Sobald diese Zusammenhänge auch nur angedeutet werden, bringt jeder Kranke fast immer dieselben Einwände. Zuerst gibt er seiner Verwunderung darüber Ausdruck, daß man in letzter Zeit so oft von falscher Ernährung lese und höre, die an vielen Krankheiten schuld sein soll. Nach seiner Ansicht sei dies aber unwahrscheinlich, da die Menschen doch früher dasselbe gegessen hätten, ohne krank geworden zu sein. Er sei zwar bereit, zuzugeben, daß mancher durch falsches Essen krank werden könne, sonst würden die Wissenschaftler und Ärzte das nicht behaupten; bei ihm aber sei dies ausgeschlossen, denn er lege schon von jeher auf "gesundes" Essen Wert. Er esse auch nicht zuviel; denn man höre doch immer, daß dies ungesund sei. Ein anderer gibt an, er ernähre sich seit einigen Jahren "reformerisch". Woraus er mit Sicherheit schließt, daß seine Krankheit nicht mit seiner Ernährungsweise zusammenhängen kann. Wieder ein anderer bringt als Begründung dafür, daß seine Krankheit nichts mit Ernährung zu tun habe, vor, noch kein Arzt habe ihn auf diese Beziehung hingewiesen, obwohl er schon jahrelang in Behandlung sei.

Alle diese Äußerungen entsprechen der landläufigen Ansicht. Und doch ergibt der Befund einwandfrei, daß eine ernährungsbedingte Krankheit vorliegt. Gehen wir daran, die Widersprüche zu klären und die Irrtümer der Reihe nach richtigzustellen.

Der Wandel der Lebensmittel in den Zeiten

Die Lebensmittel wurden im Laufe der letzten hundert Jahre im Zuge der Technisierung in sehr unterschiedlichem Maße einer industriellen Bearbeitung unterworfen. Vor hundert Jahren haben die Menschen fast ausschließlich natürliche Lebensmittel genossen. Die Produkte der Bauern wurden ohne Zwischenschaltung industrieller Verarbeitung auf den Tisch gebracht. Die wichtigsten Lebensmittel waren ungefähr dieselben wie heute: Brot, Kartoffeln, Gemüse, Obst, Fleisch, Milch, Käse und Eier.

Gehen wir nun diese einzelnen Lebensmittel

der Reihe nach durch, ob und wie weit sie im Laufe des letzten Jahrhunderts eine Veränderung in mechanischer, chemischer oder physikalischer Weise durchgemacht haben!

Was die *Kartoffel* betrifft, so wurde sie im Laufe der letzten hundert Jahre nicht wesentlich von der Technik ergriffen, so daß man kaum annehmen darf, daß die ernährungsbedingten Zivilisationskrankheiten durch die Kartoffel verursacht werden könnten. Sie wird heute noch genauso wie früher in den verschiedensten Zubereitungsarten verzehrt. Dasselbe gilt im Grundsätzlichen für die *Gemüse* und das *Obst*. Man kann hier einwenden, daß inzwischen die Böden, auf denen diese Lebensmittel wachsen, sich insofern verändert haben, als sie durch einseitige Düngung mit Mineralien über Jahrzehnte ebenfalls krank geworden sind. Der Fachkundige weiß, daß der Humusschwund der Böden durch unzureichende und unlebendige Düngung zu ernsten Problemen in der Landwirtschaft geführt hat. Zwar ist erwiesen, daß die auf solchen Böden gewachsenen Pflanzen anfällig gegen Krankheit und Schädlinge sind. Auch als Nahrung für den Menschen sind sie nicht mehr so vollwertig wie die früheren Landprodukte. Aber es ist nicht erwiesen und auch nicht wahrscheinlich, daß die einseitige Mineraldüngung zur Erklärung der ernährungsbedingten Zivilisationskrankheiten ausreicht.

Da die Störung des biologischen Gleichgewichts in den kranken Böden zu einer Zunahme der Pflanzenschädlinge aller Art führte, wurden zu deren Bekämpfung die Insektizide und Pestizide geschaffen. So sicher auch die gesundheitlichen Gefahren und Schäden sind, die durch diese Gifte heraufbeschworen wurden, so gilt auch für diese Schadstoffe dasselbe wie für den "Kunstdünger": Sie reichen als Ursache für die ernährungsbedingten Zivilisationskrankheiten nicht aus; sie stellen lediglich eine Zusatzschädigung dar (siehe auch weiter unten).

Auch bei dem *Fleisch,* der *Wurst,* dem *Käse* und den *Eiern* hat sich in den letzten hundert Jahren nicht so Wesentliches verändert, daß man die Entstehung der ernährungsbedingten Zivilisationskrankheiten damit erklären könnte.

Erheblich anders liegen die Verhältnisse bei den folgenden Nahrungsmitteln. Das *Mehl,* aus dem Brot und Teigwaren hergestellt werden, wird nicht mehr voll ausgemahlen; der Verbrauch an Nahrungsmitteln, die mit *Fabrikzucker* gesüßt werden, ist um das Vielfache gestiegen; die *Milch* und ihre Produkte werden einem Pasteurisierungsprozeß unterworfen; die *Öle* werden auf chemischem Wege gewonnen, und die *fabrikatorisch hergestellten Fette* durchlaufen chemische und physikalische Prozesse. Alle diese Nahrungsmittel haben also erhebliche Veränderungen in ihrer Zusammensetzung erfahren.

Die wissenschaftliche Ernährungslehre

Die Entwicklung der Naturwissenschaften im 19. und 20. Jahrhundert ermöglichte es, auch die Nahrungsmittel unter die Objekte der analytischen Forschung einzureihen. Zunächst war es vom rein wissenschaftlichen Standpunkt aus interessant, die Nahrungsmittel in ihre einzelnen Bestandteile zu zerlegen und durch Experimente zu klären, welche Stoffe für die Ernährung der Pflanzen, Tiere und Menschen nötig sind und welche Wirkung sie in den Organismen hervorrufen.

So entstand eine wissenschaftliche Ernährungslehre. Hierbei ergab sich zunächst, daß drei Grundnährstoffe zur Erhaltung des tierischen und menschlichen Organismus notwendig sind; es sind dies: *Eiweiß, Fett* und *Kohlenhydrate.*

Pflanzliches Eiweiß ist so vollwertig wie tierisches

Die *Eiweiße* sind hochkomplizierte organische Stoffe, die aus verschiedenartigen Aminosäuren aufgebaut sind. Die Zahl der Eiweißarten ist unerschöpflich; sie sind vielgestaltig wie das Leben auf dieser Erde. Diejenigen Eiweißarten, welche die 12 wichtigsten und unentbehrlichen (die sogenannten essentiellen) Aminosäuren enthalten, werden als vollwertig bezeichnet. Im Anfang der Ernährungsforschung glaubte man, daß nur die Eiweißarten, die von Tieren stammen, vollwertig seien, während die Pflanzen minderwertiges Eiweiß enthielten, da sich hier nicht alle essentiellen Aminosäuren fänden. Obwohl sich diese Anfangstheorie, die auf mangelhafte Untersuchungsmethoden zurückzuführen war, schon längst als unhaltbar und falsch herausgestellt hat, gibt es auch heute noch viele Vertreter dieser These, die an den falschen Vorstellungen festhalten. Es trifft bei der Vielfalt der pflanzlichen Nahrungsmittel allerdings zu, daß nicht alle Pflanzenteile alle essentiellen Aminosäuren in demselben Verhältnis enthalten, was übrigens für die tierischen Eiweiße in geringem Maße ebenfalls gilt. Da sich aber im allgemeinen auch die pflanzliche Nahrung aus vielerlei Einzelnahrungsmitteln zusammensetzt - von Notzeiten und notleidenden Gebieten abgesehen -, ist die künstlich gezüchtete Angst, daß der Eiweißbedarf bei Pflanzennahrung nicht gedeckt würde, unberechtigt. Die tägliche Erfahrung in der Sprechstunde zeigt aber bereits an diesem - nicht ausschlaggebenden Punkt -, wie stark erschwert die Ernährungsberatung durch die auch heute noch eisern festsitzenden Vorurteile in der breiten Bevölkerung ist. Welche große Bedeutung dem Eiweißproblem für die Welternährung zukommt, kann weiter unten an dem Beispiel des Getreides besonders gezeigt werden.

Fett ist nicht gleich Fett

Bei den *Fetten* scheinen die Dinge insofern einfacher zu liegen, als jedermann weiß, was man unter Fett versteht. Aber auch hier ergibt die chemische Analyse, daß Fett nicht gleich Fett ist. Man kann pflanzliche und tierische Fette unterscheiden. Da die tierischen Fette Cholesterin enthalten und die pflanzlichen nicht, wurde irrtümlicherweise den tierischen Fetten die Schuld an der Ablagerung von Cholesterin bei der Arteriosklerose zugeschoben. Daß dies jedoch in keiner Weise zutrifft, wird weiter unten noch genauer besprochen. Hier sei nur erwähnt, daß die sogenannten Neutralfette sich aus Glyzerin und Fettsäuren zusammensetzen und daß man unter den zahlreichen Fettsäuren wiederum gesättigte und ungesättigte Verbindungen unterscheidet. Da die ungesättigten Fettsäuren in der modernen Ernährungslehre eine wichtige Rolle spielen, soll der Begriff “ungesättigt” kurz erklärt werden.

Wenn z.B. 2 Wasserstoff-Ionen und 1 Sauerstoff-Ion sich zu dem Stoff Wasser (H_2O) vereinigen, so kann man vom Wasser als einer gesättigten Verbindung sprechen. Wasser hat wenig Neigung, sich chemisch zu verändern oder mit anderen Stoffen Verbindungen einzugehen. Auch Natrium und Chlor haben beide größte Neigung, sich zu einem Molekül Kochsalz zu vereinigen. Diese Chlor-Natrium-Verbindung, eben das Kochsalzmolekül, könnte man als "gesättigt" bezeichnen. Das heißt, die freien Chlor- und Natrium-Ionen sind durch die Verbindung miteinander bei der Entstehung des Kochsalzes abgesättigt.

Gesättigte Verbindungen haben keine Neigung, mit anderen chemischen Stoffen zu reagieren, d.h., neue Verbindungen einzugehen. Demgegenüber gibt es chemische Verbindungen, wie z.B. die ungesättigten Fettsäuren, die noch nicht voll gesättigt sind und dadurch die Fähigkeit besitzen, mit anderen Stoffen neue Verbindungen einzugehen. Man könnte es vereinfacht so ausdrücken, daß die ungesättigten Verbindungen infolge ihrer Reaktionsfähigkeit lebendiger sind als die reaktionsarmen - toten - gesättigten Stoffe. Wenn man einfach, zweifach und mehrfach ungesättigte Fettsäuren unterscheidet, so heißt dies, daß die jeweilige Fettsäure an einer, zwei oder an mehreren Stellen noch frei ist für chemische Reaktionen. An diesen freien Stellen kommt es im Organismus meist zu einer Verbindung mit Eiweißstoffen; es entstehen Lipoproteide (Lipo = Fett, Proteid = Eiweiß), die für den richtigen Ablauf der inneren Stoffwechselvorgänge von Bedeutung sind.

Die Fette sind außerdem Träger von Vitaminen, die nur in fetthaltigen Nahrungsmitteln vorkommen. Wir nennen sie die *fettlöslichen Vitamine* (A,D,E,F), im Gegensatz zu den wasserlöslichen Vitaminen (z.B. Vitamin C).

Dieser Gehalt an fettlöslichen Vitaminen spielt eine wichtige Rolle; so wird z.B. bei der Behandlung der Fettsucht häufig der Fehler gemacht, daß zu wenig Fett und damit zu wenig fettlösliche Vitamine gegessen werden, wodurch sich die Fettsucht immer mehr verschlimmert (siehe Band 3: Idealgewicht ohne Hungerkur*).

Zur Erhaltung der Gesundheit sind "lebendige" Fette unerläßlich, d.h. Fette, die sowohl mehrfach ungesättigte Fettsäuren wie fettlösliche Vitamine enthalten.

---

*) bioverlag gesundleben, 8959 Hopferau-Heimen

Die wichtigsten Kohlenhydrate: Stärke und Zuckerarten

Die dritte Gruppe der Nährstoffe, die *Kohlenhydrate,* haben ihren Namen daher, daß sie aus Kohlenstoff (C) und den Bestandteilen des Wassers (Hydrat), das sind Wasserstoff (H) und Sauerstoff (O) im Verhältnis 2:1, bestehen. Die vielseitigen Arten von Kohlenhydraten werden nach ihrem chemischen Aufbau eingeteilt. Die wichtigsten Vertreter sind die Stärke und die verschiedenen Zuckerarten. Je nachdem, ob das Kohlenhydrat-Molekül aus 1, 2 oder vielen Zukkerbausteinen aufgebaut ist, spricht man von Monosacchariden (Einfachzucker; mono = 1), Disacchariden (Zweifachzucker; di = 2) und Polysacchariden (poly = viel). Bekannte Vertreter der Monosaccharide sind der Traubenzucker und Fruchtzucker. Zu den Disacchariden gehören z.B. der gewöhnliche Verbrauchszucker, der chemisch als Rohrzucker bezeichnet wird, unabhängig davon, ob aus der Zuckerrübe oder aus Zuckerrohr hergestellt. Auch der Milchzucker und der Malzzucker gehören in diese Gruppe. Die pflanzliche und die tierische Stärke und die Zellulose gehören der Gruppe der Polysaccharide an. Bei der Umwandlung dieser Kohlenhydrate im Stoffwechsel des Körpers kommt es zu einer Zerlegung in einfache Zuckerarten, z.B. in Traubenzucker, der wiederum bis zu den Endprodukten Kohlensäure (CO_2) und dem Wasser (H_2O) abgebaut wird. Das Wasser wird mit dem Urin und Schweiß ausgeschieden und die Kohlensäure in gasförmiger Form bei der Atmung über die Lunge ausgeatmet. Wenn der Stoffwechsel in Ordnung ist, bleiben also beim Kohlenhydratabbau keine Schlackenstoffe, d.h. keine schwer ausscheidbaren Stoffe, übrig. Dasselbe gilt auch für die Fette, da auch sie nur aus C-, H- und O-Atomen aufgebaut sind. Anders liegt dies beim Eiweiß, das auch noch Stickstoff-Atome enthält. Seine für den Körper nicht verwertbaren Endprodukte - man könnte auch sie als Schlackenstoffe bezeichnen - sind der Harnstoff und die Harnsäure.

Die Mineralsalze

Die Ernährungsforschung ergab weiterhin, daß dem Organismus außer diesen drei organischen Grundnährstoffen Eiweiß, Fett und Kohlenhydrat, die als Energielieferant dienen, in der Nahrung unbedingt auch noch *unorganische Salze* zugeführt werden müssen. Es gibt überhaupt keine Zellen - die kleinsten organischen Bausteine -, weder in der Pflanzen- noch in der Tierwelt, die nicht irgendwelche Mineralien in Form von Salzen enthalten. Ein Aufbau von Zellsubstanz kann nicht ohne Zulieferung von Mineralsalzen vonstatten gehen. Aber auch der ausgewachsene Organismus ist laufend auf Salzzufuhr angewiesen, weil er ständig, hauptsächlich durch die Ausscheidung mit Stuhl und Urin, Salze verliert. Am wichtigsten sind die Natrium-, Kalium-, Calcium- und Magnesium-Salze. Das Kochsalz kommt in den Zellen und in den Körperflüssigkeiten als 0,9%ige Lösung vor und bildet die stärkste Konzentration unter den Salzen im menschlichen Körper, während die Kalium- und Calciumsalze in viel geringerer Konzentration vorhanden sind.

Die chemische Untersuchung der Gewebe und Gewebesäfte läßt darauf schließen, daß jedes einzelne Salz und jeder Salzbestandteil seine bestimmte Rolle zu spielen hat. Besonders bemerkenswert ist, daß in der Blutflüssigkeit ständig ein ganz bestimmtes Verhältnis der einzelnen Salze untereinander aufrechterhalten wird, obwohl mit der Nahrung dauernd wechselnde Mengen dieser Salze zugeführt werden.

Die Kalorienlehre und ihre Folgen

Nachdem die chemische Zerlegung der Lebensmittel in ihre einzelnen Bestandteile ergeben hatte, daß alle Lebensmittel bestimmte Grundnährstoffe enthalten, die die Energie liefern, und Mineralsalze, die zwar nicht "nahrhaft", aber ebenfalls lebensnotwendig sind, war es folgerichtig, nun weiter zu forschen, welche Mengen der Mensch davon benötigt.

Als Maßstab bot sich die Wärmeeinheit (Kalorie) an. Wie ein Gewicht in Kilogramm und eine Größe in Metern ausgedrückt wird, so wurde nun der Nährwert einer Nahrung in Kalorien ausgedrückt. Dabei verstand man unter einer Kalorie (Cal) die Wärmeeinheit, die benötigt wird, um 1 Liter Wasser um 1 Grad (d.h. von 4 Grad auf 5 Grad) zu erwärmen. Man stellte fest, daß 1 g Fett 9,3, 1 g Kohlenhydrat 4,1 und 1 g Eiweiß ebenfalls 4,1 Kalorien ergab. Aus diesen Beobachtungen wurde dann weiterhin gefolgert, daß alle Nahrungsbestandteile, die nicht aus Eiweiß, Fett und Kohlenhydraten bestehen - von den Salzen abgesehen-, für den Organismus wertlos seien. Sie wurden als Ballast bezeichnet.

In der praktischen Auswertung führte dies dazu, daß eine Wertskala der Nahrungsmittel aufgestellt wurde. Der Wert eines Nahrungsmittels wurde als umso größer angesehen, je mehr Kalorien es enthielt. Nach dieser Lehre galt ein konzentriertes Nahrungsmittel, das auf relativ kleinem Raum viel kalorienreiche Nährstoffe und möglichst keinen Ballast (z.B. Zellulose) enthielt, als das wertvollste. Man glaubte, daß je nach körperlicher Leistung als Tagesbedarf soviel Nahrung nötig sei, daß sie ca. 2000 bis 4000 Kalorien ergab. Es war lediglich darauf zu achten, daß diese Kalorienzahl sich so auf die einzelnen Nährstoffe verteilte, daß das Mindestmaß für Eiweiß nicht unterschritten wurde.

Als Folge dieser Ernährungslehre ging von der Wissenschaft die Weisung aus, nunmehr möglichst konzentrierte Nahrungsmittel zu schaffen. Die Kalorienlehre führte zu einer "quantitativen" Nahrungsauffassung, bei der es mehr auf die Menge - eben nach Wärmeeinheiten berechnet - ankam als auf die Qualität.

Dieser Grundsatz wurde zuerst bei Kranken angewandt. Man stellte sich vor, das natürliche Lebensmittel sei durch den Gehalt an Ballaststoffen für den Kranken zu "schwer". Man müsse dem Kranken bzw. seinem Verdauungsapparat die "Arbeit" abnehmen, die er leisten muß, um aus dem ganzen Lebensmittel die einzelnen Nährstoffe herauszulösen. Nach diesen Gesichtspunkten wurden anstelle der kohlenhydrathaltigen Lebensmittel isolierte Kohlenhydrate geschaffen. Die als wertlos bzw. nachteilig angesehene Zellulose wurde entfernt. Vom Getreide wurde möglichst nur der stärkehaltige Kern verwendet, und als allerreinstes isoliertes Kohlenhydrat wurde der Fabrikzucker geschaffen. Auf

Grund dieses Schonungsprinzips wurden dem Kranken außerdem statt Kartoffeln Kartoffelbrei, statt rohem Obst gekochtes Obst oder Säfte und statt rohem Gemüse nur weichgekochtes empfohlen. Man stellte sich in primitiver Weise vor, die mechanisch grobe Nahrung würde die Schleimhäute "scheuern"; deshalb müsse alles weich sein. Obwohl inzwischen das Unsinnige erkannt ist, begegnet man diesen Gedankengängen immer wieder. Daß die Verhältnisse aber gerade umgekehrt liegen, werden wir bei der Besprechung der Enzyme sehen.

Die Vitalstoffe als Grundlage der neuen Ernährungslehre

Dann kam die große Entdeckung der Vitamine, die eigentlich der alten Ernährungslehre hätte den Todesstoß versetzen müssen. Sie bedeutete, daß die Wertigkeit eines Nahrungsmittels nun nicht mehr, wie es die Ernährungswissenschaft gelehrt hatte, allein nach dem Gehalt an Eiweiß, Fett, Kohlenhydraten, Mineralstoffen und der Kalorienzahl bestimmt war, sondern daß für die Erhaltung der Gesundheit noch zusätzlich Ergänzungsstoffe notwendig waren. In der Folgezeit wurden immer weitere Wirkstoffgruppen entdeckt und in ihrer Bedeutung erkannt. Sie werden heute als *Vitalstoffe* zusammengefaßt.

Außer den Vitaminen gehören dazu die Spurenelemente, die Fermente - auch Enzyme genannt -, die ungesättigten Fettsäuren und die Aromastoffe.

Da ein ausreichendes Verständnis für die richtige Zusammensetzung und Zubereitung einer Nahrung, die sämtliche ernährungsbedingten Zivilisationskrankheiten zu verhüten vermag, nur möglich ist, wenn das nötige Wissen über das *Warum* vorhanden ist, läßt es sich nicht umgehen, einige grundsätzliche Daten über die Vitalstoffe anzugeben. Dies erscheint in der heutigen Zeit umso notwendiger, als die Bevölkerung durch die Halbaufklärung unsicher geworden ist. Fast über jede Ernährungsfrage kann man tagaus tagein widersprüchliche Urteile und Ratschläge hören. Der harmlose Bürger ist dabei keineswegs imstande, die Wahrheit zu erkennen und interessengebundene Reklame von wissenschaftlich erwiesenen Tatsachen zu unterscheiden. Denn die Werbefachleute wissen, daß die Reklame nur "ankommt", wenn sie den Anschein wissenschaftlicher Richtigkeit erweckt. Und daß diese Tarnung aufs trefflichste gelingt, zeigen die täglichen Gespräche in der Sprechstunde. Es bleibt daher nichts anderes übrig, als dem einzelnen Menschen die nötigen Wissensgrundlagen zu verschaffen, damit er sich selbst ein Bild machen kann und in die Lage versetzt wird, interessengelenkte Aufklärung, die in die Form ärztlicher Ratschläge gegossen ist, von einer selbstlosen Aufklärung zu unterscheiden, der es wirklich um die Erhaltung der Gesundheit geht.

Die Vitamine

In Tierversuchen mit Kostformen, die teils künstlich aus reinsten Nährstoffen zusammengesetzt waren und teils durch Extraktion mit Alkohol und Äther von den Lipoiden befreit waren, hatte man bei allen Versuchstieren das gleiche Verhalten festgestellt: Das Wachstum hörte auf, es kam zu Gewichtsstillstand, Gewichtsabnahme, Zerfall und Tod. Wiederzugabe der entzogenen Stoffe zur Nahrung vermochte - selbst in kleinsten Mengen - den Fehler auszugleichen; bereits kranke Tiere erholten sich rasch wieder. Diese Feststellung, daß bis dahin unbekannte Substanzen für Wachstum, Erhaltung und Fortpflanzung der Tiere und des Menschen unentbehrlich sind, war für die Forschung ein Anstoß, in systematischen Ernährungsversuchen die nähere Natur dieser Ergänzungsstoffe zu klären. Insbesondere als sich die Chemiker an der Forschung beteiligten, kam es rasch hintereinander zur Entdeckung immer neuer Wirkstoffe, die den Namen *Vitamine* (Lebensamine) bekamen. Obwohl sich herausstellte, daß viele dieser Stoffe chemisch keine Amine waren, wurde der einmal gegebene Name für die ganze Gruppe dieser neuen Wirkstoffe beibehalten.

Mißbräuchliche Werbung mit Vitaminen

Über die *Vitamine* ist in den letzten Jahrzehnten soviel geschrieben worden, daß Einzelheiten hier übergangen werden können. Leider wird der Begriff oft in unsachlicher Weise angewandt und zu irreführender Werbung benutzt, wodurch so etwas wie ein Vitaminrummel entstanden ist, der zum Teil mehr geschadet als genützt hat. Falls man die Bezeichnung Vitamine als Sammelbegriff für alle notwendigen Wirkstoffe in den Lebensmitteln benützte, träfe es den wirklichen Tatbestand besser. Dafür ist aber heute der Begriff *Vitalstoffe* geprägt.

Obst und Salat decken den Vitaminbedarf nicht

Für die praktische Anwendung ist es vorteilhaft, die Vitamine in drei große Gruppen einzuteilen: Die *wasserlöslichen, die fettlöslichen und den Vitamin-B-Komplex.* Wenn man einem Kranken gegenüber das Wort Vitamine gebraucht, dann hört man häufig sofort als Entgegnung: "Ich esse aber schon jeden Tag rohes Obst und grünen Salat, damit ich meine Vitamine bekomme", oder

“Ich esse täglich eine Zitrone, dann habe ich genug Vitamine”. Daran läßt sich deutlich der Irrtum erkennen, der vorwiegend eine Folge einseitiger Werbung für Vitamin C ist. Das wasserlösliche Vitamin C wird unbewußt für alle Vitamine gesetzt. Mit rohem Obst und grünem Salat werden keineswegs alle notwendigen Vitamine zugeführt, sondern vorwiegend die wasserlöslichen.

Jedes Vitamin hat seinen eigenen Wirkungsbereich und ist nicht durch ein anderes Vitamin ersetzbar. Außerdem ergänzen sich die einzelnen Vitamine in ihrer Wirkung. Für den richtigen und ungestörten Ablauf der komplizierten intermediären Stoffwechselprozesse ist das Vorhandensein aller Vitamine (und Vitalstoffe) nötig. Nehmen wir an, es gäbe insgesamt 50 Wirkstoffe, die zur Erhaltung der Gesundheit nötig wären, und es würde in der Nahrung nur einer dieser Stoffe fehlen, dann könnten die übrigen 49 nicht ihre volle Wirkung entfalten. Daraus geht auch hervor, daß das Verhältnis der einzelnen Vitamine untereinander von wesentlicher Bedeutung ist. Wird nun bei allgemeinem Vitaminmangel *ein* einzelnes Vitamin, etwa Vitamin C, als Arznei zugeführt, so kommt es dadurch zu einem verhältnismäßig noch größeren Mangel an den anderen Vitaminen. Schon aus diesem Grund ist die arzneiliche Zufuhr einzelner Vitamine nicht zu empfehlen, ganz abgesehen davon, daß es praktisch kaum vorkommt, daß in der Nahrung nur *ein* Vitamin fehlt, während alle anderen in ausreichender Menge vorhanden sind. Es gibt keine Lebensmittel, die nur ein einziges Vitamin enthalten, immer sind Gemische vieler Vitamine, allerdings mit sehr verschiedenem Gehalt an Einzelvitaminen, vorhanden. Auf Grund dieser Erkenntnis stellen auch die meisten pharmazeutischen Fabriken heute Vitamingemische her, die in ihrem Verhältnis etwa dem Bedarf an Einzelvitaminen entsprechen. Trotzdem kann der Bedarf an Vitaminen und anderen Vitalstoffen nicht durch Zufuhr künstlicher Präparate, sondern nur durch den Genuß ganzheitlicher Lebensmittel auf die Dauer garantiert werden.

Vitaminpräparate sind kein Ersatz für die richtige Ernährung

Dies ist schon allein deshalb der Fall, weil ein Mensch im Jahre 1967 nur diejenigen Vitalstoffe als künstliche Präparate einnehmen kann, die zu dieser Zeit bekannt und herstellbar sind. Alle Vitalstoffe, die später entdeckt werden, fehlen ihm, obwohl er sie auch schon vor ihrer Entdeckung nötig hat. Hätte sich im Jahre 1930 jemand auf die ausreichende Zufuhr der Vitamine allein durch Präparate verlassen, hätte er einen Mangel an all den Wirkstoffen erlitten, die danach entdeckt wurden. Wir haben aber heute sichere Beweise (siehe Versuche von Bernásek Seite 164), daß es unentbehrliche Vitalstoffe gibt, die noch nicht entdeckt sind und deshalb auch noch nicht isoliert hergestellt werden können.

Wasserlösliche und fettlösliche Vitamine

Die *wasserlöslichen Vitamine* sind in den Lebensmitteln enthalten, die "wäßrig" sind, also vorwiegend in rohem Gemüse und rohem Obst, die *fettlöslichen Vitamine* (A,D,E,F) entsprechend in fetthaltigen Nahrungsmitteln wie in Ölfrüchten, naturbelassenen Ölen, Nüssen, Getreidekeimen, Butter, Lebertran, Speck, Sahne, naturbelassener Milch. Die Vorstufe von Vitamin A (Provitamin A) kommt auch z.B. in Möhren vor.

Die zentrale Bedeutung des Vitamin-B-Komplexes für den Stoffwechsel

Der Vitamin-B-Komplex nimmt wegen seiner zentralen Bedeutung für die Stoffwechselvorgänge eine Sonderstellung ein. Obwohl die Benennung von B 1 bis B 12 reicht, sind doch nicht alle Vitamine des B-Komplexes bekannt. Die wichtigsten sind das Vitamin B 1, das auch Thiamin oder wegen seiner Bedeutung für das Nervensystem Aneurin heißt, das Vitamin B 2 oder Lactoflavin (= Riboflavin), die Pantothensäure, das Nikotinsäureamid (Pellagraschutzstoff), das Biotin, Vitamin B 6 (Pyridoxin), Inosit, Vitamin B 11 (Folsäure) und Vitamin B 12, das als Mittel zur Blutbildung bekannt ist. Auf die besondere Rolle von Vitamin B 1 kommen wir beim Brot und Zukker noch zu sprechen.

An dem Beispiel von Vitamin B 12 läßt sich gut zeigen, wie außerordentlich gering die benötigten Mengen mancher Vitalstoffe sind. Von Vitamin B 12 ist täglich nur ca. 1 millionstel Gramm nötig; fehlt es, ist die Blutbildung gestört. Das Vitamin B 12 enthält das Element Kobalt, das damit als Spurenelement ebenfalls in unvorstellbar kleinen Mengen notwendig und wirksam ist.

Die Zerstörbarkeit der Vitamine

Wichtig ist auch, daß die Vitamine (Vita = Leben) als Lebensstoffe empfindlich gegen Hitze und chemische Stoffe sind. Die Hitzeempfindlichkeit der einzelnen Vitamine ist sehr verschieden und wiederum davon abhängig, in welcher Form das einzelne Vitamin vorliegt. So kann z.B. eine saure Lösung von Vitamin B 1 ohne Wirkverlust eine Stunde auf 100 Grad erhitzt werden, während es in neutralen oder alkalischen Lösungen durch Hitze leicht zerstört wird. Vitamin A kann bei Ausschluß von Sauerstoff z.B. Hitze von

120 Grad vertragen, während es bei Gegenwart von Sauerstoffüberträgern sofort zerstört wird. Vitamin C ist unter Lichtschutz stabil, zersetzt sich jedoch unter Einwirkung von Feuchtigkeit und Luftsauerstoff; gegenüber Oxydationsmitteln ist es sehr empfindlich. Wegen der verschiedenen Beständigkeit in verschiedenem Milieu werden die einzelnen Vitamine bei der Bearbeitung der Nahrungsmittel durch mechanische Einwirkung, durch Erhitzung, Konservierung, Präparierung auch verschieden stark geschädigt. Auf diese Weise kommt es zu einer Verschiebung des Verhältnisses der einzelnen Vitamine untereinander gegenüber der Zusammensetzung im ursprünglichen Lebensmittel. Diese Verschiebung des natürlichen Gleichgewichts spielt bei der Entstehung der ernährungsbedingten Zivilisationskrankheiten eine ebenso wesentliche Rolle wie der Mangel an einzelnen Vitaminen.

Spurenelemente

Als *Spurenelemente* werden Mineralstoffe zusammengefaßt, die nur in winzigen Mengen benötigt werden. Der Tagesbedarf der meisten bewegt sich in einer Größenordnung von etwa 1 millionstel Gramm und weniger. Trotzdem sind sie zur Aufrechterhaltung des Lebens unentbehrlich. Das Fehlen eines nicht austauschfähigen notwendigen Spurenelementes führt nach geraumer Zeit zum Tode, während lang anhaltender Mangel zur Erkrankung der Zellsysteme führt.

Kein Leben ohne Enzyme

Bei den *Enzymen* (Fermenten) handelt es sich um die *wichtigste Gruppe der Vitalstoffe.* Es geht keine chemische Reaktion im organischen Bereich vor sich, ohne daß sie von ihnen eingeleitet, gesteuert und ermöglicht wird. Jedes Ferment hat seine spezifische Wirkung und Aufgabe und ist nur imstande, eine ganz bestimmte chemische Umwandlung zu ermöglichen, so daß im inneren Stoffwechsel für jede chemische Reaktion ein spezifisches Ferment nötig ist. Man könnte die Rolle des Fermentes mit der eines Schlüssels vergleichen, der imstande ist, nur ein bestimmtes Schloß zu öffnen.

Viele Fermente wirken wie Katalysatoren, worunter man Stoffe versteht, welche einer chemischen Reaktion eine merkliche Geschwindigkeit erteilen, ohne sich anscheinend selbst an der Reaktion zu beteiligen. Man kennt diese Eigenschaften von Schwermetallen; so kann z.B. die Oxydation von Alkohol zu Essigsäure sowohl durch einen Pilz als auch durch fein verteiltes

Platin erfolgen. Schon lange bekannte Fermente sind z.B. das Pepsin im Magensaft und das Trypsin im Darmsaft, beides eiweißspaltende Fermente. Das Ptyalin im Speichel vermag die Stärke aufzuschließen. Zu diesen leicht zu überschauenden Reaktionen, die auch außerhalb des Körpers ablaufen können, gehören z.B. auch die alkoholische Gärung und die Essigsäure- und Milchsäuregärung.

Viel kompliziertere Vorgänge spielen sich aber bei der Stoffumsetzung in den Körperzellen ab. Auch sie werden von Enzymen gelenkt. Der sich gewaltig entwickelnden Enzymforschung ist es in den letzten Jahrzehnten gelungen, sehr weit in die chemischen Vorgänge des intermediären Stoffwechsels einzudringen. Dabei hat sich ergeben, daß die meisten Vitamine wie Fermente wirken. Deshalb bezeichnet man auch den Vitamin-B-Komplex als Fermentsystem. Außerdem hat sich gezeigt, daß alle Enzyme hochkomplizierte Eiweißstoffe (Proteine) sind. Eiweiß ist aber als lebendiger Stoff gegen Erhitzung sehr empfindlich. Man bedenke, daß das menschliche Leben bei einer Temperatur über 43 Grad erlischt; es ist die Temperatur, bei der das Eiweiß denaturiert.

Aber nicht nur im menschlichen und tierischen Körper werden die chemischen Prozesse durch Enzyme gesteuert, auch die Pflanzen und damit die pflanzlichen Lebensmittel enthalten Enzyme, die für die Verdauung dieser Nahrungsmittel von Bedeutung sind. So wird verständlich, welch tiefen Eingriff in das lebendige Gefüge die Erhitzung der Lebensmittel infolge der Enzymvernichtung bedeutet. Ein bekannter Enzymchemiker sagte: "Leben ist das geregelte Zusammenwirken enzymatischer Vorgänge."

Die ungesättigten Fettsäuren

Die nächste Gruppe der Vitalstoffe sind die *ungesättigten Fettsäuren.* Ihre chemische Besonderheit ist oben schon beschrieben. Die ungesättigten Fettsäuren, hauptsächlich die Linolsäure, die Linolensäure (früher als Vitamin F bezeichnet), die Arachidonsäure und die Eicosadiensäure sind für den Menschen unentbehrlich.

Auch Butter enthält ausreichend ungesättigte Fettsäuren

Daraus, daß die Bedeutung der mehrfach ungesättigten Fettsäuren erkannt und mit Recht auch betont wurde, darf aber nicht der Schluß gezogen werden, daß alle Fette, die wenig oder gar keine hochungesättigten Fettsäuren enthalten, wertlos oder gar schädlich seien. Dieser Fehlschluß führte zu der Vorstellung, daß das Milchfett, d.h. die Butter, die seit Jahrtausenden einen wichtigen Beitrag zur Fettversorgung der Menschheit geliefert hat, nun plötzlich ein schädliches Lebensmittel geworden sein soll, weil sie nicht so viele ungesättigte Fettsäuren enthalte wie manche pflanzlichen Öle.

Für die Verhütung des Herzinfarktes spielt die Zufuhr naturbelassener Fette zwar eine gewisse Rolle, ist aber keineswegs ausschlaggebend.

Die Aromastoffe

Und schließlich rechnen wir als letzte Gruppe die *Aromastoffe* zu den Vitalstoffen. Die Aromastoffe sind es, die den einzelnen Speisen ihren besonderen und einmaligen Geschmack geben. Sie werden deshalb auch als Geschmacksstoffe bezeichnet. Bisher hat sich die wissenschaftliche Ernährungsforschung noch wenig um diese Stoffgruppe gekümmert, so daß nicht viel Exaktes über sie bekannt ist. Wie bedeutungsvoll die Aromastoffe aber in der täglichen Nahrung sind, geht schon einfach daraus hervor, daß sie zur Erhaltung des Appetits notwendig sind.

Schlecht schmeckende Speisen machen krank

Man stelle sich vor, jemand müßte monatelang eine Nahrung zu sich nehmen, die völlig geschmacklos wäre. Bald würde sich eine solche Abneigung gegen diesen “Tapetenkleister” einstellen, daß die Versuchsperson nicht mehr imstande wäre, ihn zu schlucken. Durch Appetitlosigkeit, Widerwillen und Erbrechen wehrt sich der Körper gegen die längere Fortsetzung einer geschmacklosen Kost. Der besondere Geschmack einer Speise ist es auch, der es erklärt, daß z.B. ein Kind, das satt ist, doch noch imstande ist, einen anders schmeckenden Nachtisch zu essen. Wissen Sie übrigens, daß wir den besonderen "Geschmack" z.B. einer Erdbeere oder einer Himbeere gar nicht mit unserem Geschmacksorgan, der Zunge, festellen und unterscheiden können, sondern daß wir diese Stoffe mit der Nase riechen? Mit der Zunge können wir nur die vier Geschmacksqualitäten süß, sauer, bitter und salzig schmecken, während das, was den besonderen "Geschmack" einer Speise ausmacht, nur durch den *Geruch* wahrgenommen werden kann.

Deshalb schmeckt bei verstopfter Nase während eines Schnupfens alles fade; wir können dann nur unterscheiden, ob etwas salzig, süß, bitter oder sauer ist.

Überhaupt beruht die ganze Kochkunst auf einer geschickten Zusammenstellung der Geschmacksstoffe der einzelnen Nahrungsmittel. Diejenigen Pflanzen, die wir im strengeren Sinne als *Gewürze* bezeichnen, unterscheiden sich von den pflanzlichen Nahrungsmitteln lediglich dadurch, daß sie die Duftstoffe und Aromastoffe in besonders intensivem Maße enthalten. Denn das, was im Geschmack den Unterschied zwischen einer Möhre und einer roten Bete ausmacht, rührt nur von den spezifischen Geschmacksstoffen her. Die Vermeidung von Gewürzen und die Zubereitung einer geschmacklosen Kost bringt niemals einen gesundheitlichen Vorteil. Auf die Bedeutung der Aromastoffe ist deshalb mit ganz besonderem Nachdruck hinzuweisen, weil man immer wieder die Ansicht hört, eine "Diät" müsse "schlecht" schmecken oder langweilig sein oder mindestens nicht gut schmecken. Zu einer gesunden Kost gehört also unabdingbar, daß sie auch gut schmeckt, d.h., daß sie genug Aromastoffe enthält. Eine Kostform, die nicht gut schmeckt, ist in jedem Falle falsch; entweder ist sie von einer schlechten Köchin zubereitet oder auf Grund irriger Vorstellungen zusammengestellt. Persönliche Abneigung gegen den Geschmack bestimmter Nahrungsmittel ("diese Speise mag ich nicht") haben damit natürlich nichts zu tun.

Salz ist kein Gewürz

Häufig werden Gewürze und Salze auf dieselbe Stufe gestellt, obwohl sie verschiedenen Stoffgruppen angehören und auch ganz verschiedene

Wirkungen haben. Es ist daher nicht richtig, Gewürze und Salze in einem Atemzug zu nennen. Wenn z.B. ein Nierenkranker wenig Kochsalz zu sich nehmen soll, so läßt er häufig auch die scharfen Gewürze weg, da fälschlicherweise gesagt wird, er dürfe kein Salz und keine scharfen Gewürze essen. Das Kochsalz als Mineralstoff hat mit der Wirkung von Gewürzen nichts gemeinsam. Gerade bei Nierenkranken, die wenig salzen sollen und dadurch in die Gefahr kommen, eine fade Kost vorgesetzt zu bekommen, muß besonderer Wert auf eine gut gewürzte und damit schmackhafte Nahrung gelegt werden.

So kann man einen schlechten Koch am einfachsten daran erkennen, daß er versucht, durch viel Salz und Zucker - die modernen Geschmacksmittel - seine mangelnde Fähigkeit, schmackhafte Gerichte herzustellen, zu verdekken. Der gute Koch ist an der sparsamen Verwendung von Zucker und Salz zu erkennen, er benutzt den Eigengeschmack der Nahrungsmittel, den er durch passende Gewürze unterstreicht und durch geschickte Zusammenstellung ausnutzt. Im Mittelalter, in dem es noch keinen Fabrikzucker gab und die Beschaffung des Salzes schwierig war, spielten die Gewürze eine große Rolle, wie die Geschichte der Fugger zeigt.

Auch die Aromastoffe sind wie die Fermente

und Vitamine hitzeempfindlich. Der gute Geschmack einer rohen Möhre geht beim Kochen verloren. Der fade Geschmack der gekochten Möhre wird dann meist durch Zusatz von Kochsalz zu bessern versucht. Aus diesem Beispiel läßt sich ableiten, daß eine *kochsalzarme Kost* am einfachsten herzustellen ist, indem der Eigengeschmack der Pflanzen dadurch erhalten wird, daß sie nicht gekocht werden. Durch schmackhafte Zubereitung wird aus rohen Gemüsen unter Verwendung von Gewürzen ein delikates Gericht bereitet.

Nach der Besprechung der einzelnen Vitalstoffgruppen haben wir nun das nötige Rüstzeug, um zu verstehen, in welcher Weise sich die Eingriffe, die bei der Herstellung von Fabriknahrungsmitteln vorgenommen werden, auf die Gesundheit des Menschen auswirken.

Die neue Ernährungslehre

Fassen wir die neue Ernährungslehre zusammen, so besagt sie, daß die Grundnährstoffe Eiweiß, Fett und Kohlenhydrate in kalorisch ausreichender Menge und die Mineralstoffe nicht genügen, um die Gesundheit des Menschen zu garantieren, sondern daß dazu außerdem die eben beschriebenen Vitalstoffe in richtigem Verhältnis nötig sind.

In den natürlichen Lebensmitteln, wie sie die Natur uns bietet, sind die Vitalstoffe in einem harmonischen Verhältnis so enthalten, daß die Gesundheit garantiert ist. Das sehen wir z.B. in ganz einfacher Weise an den im Freien lebenden Tieren. Sie haben keinerlei Möglichkeit, die Nahrung vor dem Fressen durch chemische oder physikalische Eingriffe in ihrem Gefüge grundsätzlich zu verändern. Diese Tiere sind gezwungen, die Nahrung so zu fressen, wie die Natur sie ihnen bietet. Ernährungsbedingte Zivilisationskrankheiten sind daher bei den im Freien lebenden Tieren nicht denkbar; sie kommen auch nicht vor.

Schon bei den Tieren, die wir im Stalle oder im Hause halten, liegt es anders. Sie bekommen bereits eine vom Menschen vorbereitete und veränderte Nahrung vorgesetzt; darunter sind eine Reihe von Nahrungsmitteln, die ein im Freien lebendes Tier niemals in der Natur vorfindet. Dementsprechend hat auch der Tierarzt bei den Haustieren mit ernährungsbedingten Krankheiten zu tun.

Bei der Veränderung, die der Mensch mit der Nahrung vornimmt, ehe er sie ißt, werden, wie wir gesehen haben, die drei Grundnährstoffe Eiweiß, Fett und Kohlenhydrate, was ihren Kaloriengehalt betrifft, nicht geändert. Das bedeutet, daß z.B. ein Liter konservierte oder gekochte

Milch dieselbe Menge Eiweiß, Fett und Kohlenhydrate und demnach auch dieselbe Kalorienzahl enthält wie ein Liter frischer Milch. Und doch ist ein wesentlicher und grundsätzlicher Unterschied zwischen der konservierten und rohen Milch; er liegt im Vitalstoffgehalt. Je intensiver die künstlichen Eingriffe in das natürliche Gefüge eines ursprünglichen Lebensmittels sind, umso größer ist die Gefahr, daß die Vitalstoffe dabei entfernt, zerstört, geschädigt oder in ihrem natürlichen Verhältnis zueinander verändert werden.

Maßstab für biologische Wertigkeit sind die Vitalstoffe

Um einen *Maßstab für die biologische Wertigkeit* eines Nahrungsmittels zu haben, ist daher nicht nur der Nährstoff-, sondern auch der Vitalstoffgehalt zu berücksichtigen. Alle Abhandlungen über Ernährungsfragen in Schrift, Wort und Bild, die nur die Kalorien berücksichtigen, sind ein sicheres Kennzeichen dafür, daß sie von den Vertretern der überholten alten Ernährungslehre stammen. Der Leser und Hörer besitzt also hierin einen untrüglichen Test, mit dem er sofort erkennen kann, ob es sich bei den Ausführungen über Ernährungsfragen um ein veraltetes, unbrauchbares und irreführendes Produkt handelt oder ob er den Darstellungen Vertrauen schenken darf.

Wie die alte Ernährungslehre mit den Kalorien eine Wertskala aufgestellt hatte, an der der *Nährwert* der einzelnen Nahrungsmittel abgelesen werden konnte, so hat die neue Ernährungslehre folgerichtig ebenfalls ein System aufgestellt, an dem der *biologische Wert* eines Nahrungsmittels zu erkennen ist. In klassischer Weise hat Prof. *Kollath* in seinem allgemein verständlichen Buch "Die Ordnung unserer Nahrung"*), diese Einteilung vorgenommen.

Keiner, der an Ernährungsfragen interessiert ist und der beruflich mit der Unterrichtung in Ernährungsfragen zu tun hat, kann an der Lektüre dieses Standardwerkes moderner Ernährung vorbeigehen. Die nebenstehende Tabelle "Die Ordnung unserer Nahrung" ist in stark vereinfachter Form aus diesem Buch entnommen.

Lebensmittel "leben", Nahrungsmittel sind "tot"

Demnach unterscheiden wir *Lebensmittel,* die selbst noch lebendig und notwendige Mittel zum Leben sind, und *Nahrungsmittel,* die durch äußere Einwirkung, wie Erhitzung, Konservierung oder Präparierung "getötet" sind. Gehen wir die Tabelle von links nach rechts durch, so sehen wir,

---

*) Erhältlich bei:
biovertrieb gesundleben, 8959 Hopferau-Heimen

daß der Wert von links nach rechts stetig abnimmt.

Die Ordnung unserer Nahrung nach Prof. Kollath

Die *Lebensmittel* sind lebendige Nahrung, die entweder noch ganz naturbelassen (1.Spalte) oder nur mechanisch verändert (2.Spalte) oder fermentativ verändert ist (3.Spalte). Sie enthalten noch die Vitalstoffe in der von der Natur vorgesehenen Menge und in harmonischem Vehältnis. Sie sind zur Erhaltung der Gesundheit unerläßlich.

Die *Nahrungsmittel* reichen zur Erhaltung der Gesundheit nicht aus; durch Erhitzung (4.Spalte), Konservierung (5.Spalte) und Präparierung (6.Spalte) sind sie in zunehmendem Maße denaturiert. Sie sind als tote Nahrung lediglich Träger von Nährstoffen und sind nur imstande, Teilaufgaben zu erfüllen. Sie enthalten keine Eigenfermente mehr und lassen keine eigenen Stoffwechselvorgänge mehr erkennen.

1. Ganz natürliche Lebensmittel

Am wertvollsten sind die ganz natürlichen Lebensmittel, unter den pflanzlichen Produkten die lebendigen Getreidekörner, die Nüsse, die frischen Gemüse und rohes Obst, aus dem Tier-

Die Ordnung unserer

	Lebensmittel		
	a) natürlich	b) mechanisch verändert	c) fermentativ verändert
Pflanzenreich	1a) Samen I, Nüsse, Mandeln	1b) Öle	1c) Eigenfermente: Hefe, Bakterien
Pflanzenreich	2a) Samen II, Getreide	2b) Mahlprodukte, Vollmehl, Schrote	2c) Breie ungekocht Vollschrot, Vollmehl
Pflanzenreich	3a) Früchte	3b) Salate I, Naturtrübe Säfte	3c) Gärsäfte
Pflanzenreich	4a) Gemüse I	4b) Salate II	4c) Gärgemüse, Sauerkraut
Tierreich	5a) Eier	5b) Blut	5c) Schabefleisch
Tierreich	6a) Milch	6b) Milchprodukte	6c) Gärmilch
Getränke	7a) Quellwasser	7b) Leitungswasser	7c) Gärgetränke, Wein, Bier

Nahrung nach Prof. Kollath

<table>
<tr><th colspan="3">Nahrungsmittel</th></tr>
<tr><th>d) erhitzt</th><th>e) konserviert</th><th>f) präpariert</th></tr>
<tr><td>1d) Gebäcke I, Brot aus Vollmehl- bis Auszugsm.</td><td>1e) Gebäcke II, Konditorwaren, Kuchen</td><td rowspan="2">1-2f) Pflanzliche, Präparate, Kunstfette, Stärke, Eiweiß, Fabrikzucker, Auszugsmehl, Grieß, Makkaroni, Nudeln</td></tr>
<tr><td>2d) Breie gekocht</td><td>2e) Dauer-backwaren, Konfekt, Schokolade</td></tr>
<tr><td>3d) Gemüse II</td><td>3e) Frucht-konserven, Marmeladen</td><td rowspan="2">3-4f) Aromastoffe, Fruchtzucker, Vitamine, Wuchsstoffe, Fermente, Nährsalze</td></tr>
<tr><td>4d) Gemüse III</td><td>4e) Gemüse-konserven</td></tr>
<tr><td>5d) erhitztes Fleisch</td><td>5e) Tierkonserven</td><td>5f) Tierpräparate</td></tr>
<tr><td>6d) gekochte Milch</td><td>6e) Milch-konserven</td><td>6f) Milchkonserven</td></tr>
<tr><td>7d) Extrakte, Teearten, Brühe</td><td>7e) Gemische, Kunstwein Liköre</td><td>7f) Destillate, künstl. Mineralwasser, Branntwein</td></tr>
</table>

reich die rohe Milch und rohe Eier und unter den Getränken das Quellwasser.

2. Mechanisch veränderte Lebensmittel

Die nächste Stufe sind die durch kalte Pressung aus den Ölfrüchten gewonnenen Öle, die Vollkornmehle und -schrote, soweit sie alsbald genossen werden, die aus dem Obst hergestellten naturtrüben frischen Säfte und die Salate aus Frischgemüsen; die Milchprodukte Rahm, Magermilch, Buttermilch, Butter, Quark und Molke gehören hierher, da sie lediglich durch mechanische Eingriffe gewonnene Teilprodukte sind. Sie sind aber deutlich gegenüber der naturbelassenen Vollmilch in biologischem Wert zweitrangig, obwohl sie noch zu den lebendigen Nahrungsprodukten gehören.

Wie *Kollath* bei Tierfütterungen nachgewiesen hat, enthalten die Öle, Säfte und die Butter keine *Auxone* mehr. Darunter hat Kollath eine Gruppe von Vitalstoffen zusammengefaßt, die in ihrer genauen Zusammensetzung noch nicht bekannt sind. Es ist aber auf alle Fälle unabhängig davon, ob diese Stoffgruppe chemisch schon bekannt ist, und gleichgültig, wie sie bezeichnet wird, von entscheidender Wichtigkeit, daß es bestimmte Wirkstoffe gibt, die im frischen Obst, in der Vollmilch und den Ölfrüchten enthalten sind, die sich aber in den frischen Preßsäften nicht finden, da sie in den Rückständen bleiben, d.h. in den Obst-Trestern, in den Ölpreßkuchen und in der Buttermilch. Nun hat Kollath in weiteren grundlegenden Versuchen nachgewiesen, daß die klassischen Vitamine (A,C, D,E,F) ihre volle Wirkung nur entfalten können, wenn gleichzeitig diese als Auxone bezeichnete Wirkstoffgruppe vorhanden ist. Später hat sich herausgestellt, daß es sich bei den Auxonen vorwiegend um Vitamine der B-Gruppe handelt. Daraus geht hervor, daß das ganzheitliche Lebensmittel nicht durch Teile dieses Lebensmittels ersetzt werden kann, auch wenn die Teile für sich betrachtet noch andere Vitalstoffe enthalten. Praktisch heißt dies, daß der frische Obstsaft, der zwar wertvoller ist als gekochtes oder eingedünstetes Obst, nicht das frische Obst voll ersetzen kann, da die auxonhaltigen Rückstände nicht mitgenossen werden. Dasselbe gilt für die Öle, während die auxonfreie Butter durch auxonhaltige Buttermilch ergänzt und dadurch wieder zu einem ganzheitlichen Komplex zusammengefügt werden kann. Damit soll der Wert des kaltgeschlagenen Öls durch seinen Gehalt an hochungesättigten Fettsäuren und fettlöslichen Vitaminen etwa gegenüber den durch chemische Extraktion gewonnenen Ölen nicht gemindert werden; es kommt in diesem Zusammenhang nur darauf an, zu zeigen, daß es innerhalb der Nahrungsprodukte eine Rangordnung gibt.

Auf dem Gebiet der *Getränke* ergibt sich aus der Tabelle, daß das Leitungswasser gegenüber dem Quellwasser ein mechanisch verändertes Produkt ist. Neuerdings ist es bekanntlich auch noch durch den Zusatz von Chlor verändert, und es droht der Zusatz von Fluor*).

3. Fermentativ veränderte Lebensmittel

In der nächsten Gruppe der *Lebensmittel* finden wir die *fermentativ veränderten.* Hierzu gehören die durch Eigenfermente, Hefe und Bakterien umgewandelten Nahrungsmittel wie die Vollkornschrot-Breie, die Gärsäfte, die milchsauren Gärgemüse (z.B. Sauerkraut), das Schabefleisch, die Gärmilch und die alkoholischen Gärgetränke Wein und Bier. Die Minderung der Wertigkeit der fermentativ veränderten Lebensmittel beruht auf dem Verlust an Vitaminen durch die Oxydation; denn die Abbauvorgänge in Nahrungsmitteln durch Eigenfermente oder durch bakterielle Umsetzung stellen einen langsamen Verbrennungs- (= Oxydations)prozeß dar. Diesem Nachteil stehen aber Vorteile gegen-

*) siehe auch »Vorsicht Fluor«, Dr. M. O. Bruker, bioverlag gesundleben

über, indem der Geschmack durch Bildung von neuen Aromastoffen bereichert wird und andererseits Stoffe entstehen, die krankheitsverhütende Wirkung haben, wie z.B. die Milchsäure, die in der Krebsverhütung eine Rolle spielt. - Außerdem sind z.B. die Hefen imstande, Vitamine (z.B. Vitamin B 1) zu produzieren; so kann durch Hefe aus minderwertigem entkeimtem Grau- oder Weißmehl ein aufgewertetes Brot entstehen. Der Genuß von lebendiger Hefe selbst ist allerdings zur Vitaminzufuhr nicht geeignet, da die lebendigen Hefezellen den menschlichen Verdauungssäften widerstehen und unversehrt den Darm verlassen können, so daß keine Ausnutzung ihres Vitamingehalts stattfindet. Anders liegt dies bei toten Hefepräparaten, die als Vitamin-B-Spender in Frage kommen.

4. Durch Erhitzung veränderte Nahrungsmittel

Betrachten wir nun kurz, um einen Überblick zu gewinnen, die drei Gruppen der "toten Nahrung", der sogenannten *Nahrungsmittel* im Sinne Kollaths, so sehen wir eine zunehmende Entwertung von den erhitzten über die konservierten Nahrungsmittel zu den Präparaten. Wir stellen aber auch mit Besorgnis fest, daß die täglichen Gerichte des zivilisierten Durchschnittsbürgers sich vorwiegend aus diesen toten Nahrungsmitteln zusammensetzen. Wie wir schon bei der Besprechung der Vitalstoffe erwähnt haben, werden durch die Erhitzung die nahrungseigenen Fermente und die Aroma- und Duftstoffe vernichtet, der Vitamingehalt wird herabgesetzt, und das Verhältnis der einzelnen Vitamine untereinander wird wegen der unterschiedlichen Hitzeempfindlichkeit verschoben. Die Mineralsalze werden ausgelaugt, und auch hier wird infolge der unterschiedlichen Löslichkeit der einzelnen Salze das ursprüngliche Verhältnis der Mineralien zueinander verändert.

Hier taucht die Frage auf, ob das Kochen im Drucktopf zu empfehlen sei. Zur Klärung dieser Frage wurden in den verschiedensten Instituten des In- und Auslandes, in Deutschland vor allem in der Bundesforschungsanstalt für Hauswirtschaft, Stuttgart-Hohenheim, Versuche angestellt. Es ergab sich dabei die grobe Faustregel, daß eine Erhitzung auf hohe Temperaturen die Vitamine weniger schädigt als langdauernde Erhitzung auf weniger hohe Grade. In diesem Sinne spricht auch die Beobachtung, daß das Aroma der Speisen bei kurzer Hocherhitzung, wie es im Drucktopf geschieht, besser erhalten bleibt als bei langer, aber niedriger Erhitzung. Da das Wasser bei normalem Druck bei 100 Grad verdampft, ist es in einem gewöhnlichen Kochtopf nicht möglich, Temperaturen zu erzeugen, die über 100 Grad Celsius liegen. Bei niedrigerem Druck kocht das Wasser schon bei niedrigeren Temperaturen, bei höherem Druck erst bei höheren Graden. Im abgeschlossenen System des Drucktopfes entsteht ein erhöhter Druck; dadurch sind hohe Temperaturen erzielbar, die eine erhebliche Verkürzung der Kochdauer gestatten. Die Schonung der Vitamine und Aromastoffe durch die kurze Kochzeit ist größer als der Verlust durch die höhere Temperatur. Allerdings muß die Anleitung beim Drucktopf äußerst genau beachtet werden. Wird die Kochzeit um Sekunden überzogen, entspricht dies bereits einem üblichen Kochvorgang von mehreren Minuten. Wenn überhaupt gekocht werden soll, ist es am besten, das Gemüse so kurz wie möglich und nur bißfest zu garen. Die Art des Topfes spielt dabei eine untergeordnete Rolle.

Aus den genannten Gründen ist die Langzeitverwahrung gekochter heißer Speisen in der früher viel verwendeten Kochkiste auf keinen Fall empfehlenswert.

Man darf jedoch nicht übersehen, daß durch die höhere Hitze wiederum andere wichtige Stoffe stärker geschädigt werden können als beim bloßen Kochen. Wie Prof. Kollath durch Versuche festgestellt hat, werden die für die Erhaltung der Gesundheit wichtigsten Stoffe im Vollgetreide ab 160 °C so vollständig zerstört, daß sie nicht mehr wirksam sind. Man weiß auch, daß die Vollgetreide und die in ihnen enthaltenen gesundheitlich wirksamen Substanzen relativ unempfindlich gegen die Hitze bis gegen 100 °C sind, während andere Lebensmittel, zum Beispiel die Gemüse und die Milch, durch die gleiche Erhitzung eine weitaus größere Schädigung erfahren.

Beachten wir also, daß das Brot, das beim Backprozeß erhitzt wird (mit Ausnahme der Rinde allerdings nur auf ca. 95 °C), nicht zu den Lebensmitteln, sondern nur zu den Nahrungsmitteln gehört und daß dies auch für die Vollkornbrote gilt. Der Unterschied in der biologischen Wirkung wird daran deutlich, daß sich bei Tierfütterungen mit 2 g des Ausgangsmehls (Vollkorn) dieselbe Wachstumsförderung bei Jungtieren erzielen läßt wie mit 6 g Vollkornbrot. Dieser Unterschied ist durch den Vitalstoffverlust beim Backen bedingt. Trotzdem ist das Vollkornbrot aufgrund der einmalig idealen Wirkstoffzusammensetzung der Vollgetreide, ihrer relativen Hitzeunempfindlichkeit und praktischen Verwendbarkeit die wichtigste Grundlage einer gesunden Ernährung und ist es bei vielen gesunden Völkern im Laufe der Geschichte jahrhundertelang schon gewesen. Eine Voraussetzung muß allerdings unbedingt zusätzlich erfüllt sein: Ein kleiner Teil Vollgetreide muß täglich frisch gemahlen unerhitzt in Form des Frischkornbreies genossen werden. Hierüber Näheres noch weiter unten.

Die Pottenger'schen Katzenversuche

Interessant sind in dieser Hinsicht die berühmten Versuche *Pottengers,* der bereits zu einer Zeit, da noch keine Vitamine, Auxone, Vitalstoffe, oder wie die verschiedenen Wirkstoffgruppen auch bezeichnet werden mögen, entdeckt waren, bei Tierfütterungen den unzweideutigen Nachweis erbrachte, daß durch den Kochprozeß eine Veränderung der Nahrung vor sich geht, die nachteilige Wirkungen auf das Gedeihen der Tiere hat. In langjährigen Versuchen an Katzen über 8 Generationen konnte er die degenerative Wirkung einer Kost nachweisen, in der das Fleisch durch Erhitzung zubereitet wurde. Die auftretenden degenerativen Veränderungen verstärkten sich von Generation zu Generation; in der dritten Generation traten sie besonders kraß auf. Um von Katzen aus der zweiten "defekten" Generation wieder normale Nachkommen zu erhalten, ist vier Generationen lang wieder rohe Nahrung notwendig. Wenn ein weibliches Tier 12 bis 18

Monate lang die gekochte Diät erhalten hat, kann es nie wieder normal entwickelte Junge gebären. Noch nach 4 Jahren haben seine Jungen Gesichts- und Kiefermißbildungen.

5. Durch Konservierung veränderte Nahrungsmittel

Eine noch weitere Verschlechterung erleidet die Nahrung bei der nächsten (5.) Gruppe der Nahrunsmittel, den *Konserven.* Spricht man von Konserven, denkt jeder zunächst an Nahrungsmittel in Büchsen. Dabei wird es kaum jemandem bewußt, daß auch Gebäcke, Torten, Kuchen und Dauerbackwaren zu den Konserven rechnen. Die Konservierung geschieht durch Erhitzung, Trocknung und durch chemische Verfahren. Bei der chemischen Konservierung kommt es zusätzlich noch zu gesundheitlichen Schäden durch den Konservierungsstoff. Ein großer Teil der besonders schädlichen Stoffe wie Benzoesäure, Hexamethylentetramin, Borsäure wurden durch das neue Lebensmittelgesetz erheblich beschränkt und nur noch bei bestimmten Nahrungsmitteln mit Deklarationspflicht erlaubt.

Die Tiefkühlung

Die in letzter Zeit aufkommende Tiefkühlung bringt die geringsten Verluste an Vitalstoffen.

Die Einbuße ist bei der Konservierung *durch Kälte* umso geringer, je tiefer die Temperaturen sind. Bei Temperaturen von minus 40 Grad ist auch nach einem Jahr kein Vitaminverlust nachweisbar. Bei den in Tiefkühlschränken üblichen Temperaturen von minus 18 Grad ist der Vitaminverlust so gering, daß er praktisch nicht ins Gewicht fällt.

Da aber die meisten Gemüse vor der Gefrierung blanchiert, d.h. mit heißem Wasser abgebrüht werden, kommt es doch zu Einbußen, vor allem zu erheblichen Mineralverlusten.

Man kann die Tiefkühlung als die Konservierung der Natur bezeichnen, wie sie es uns im Winter vormacht. Wichtig ist, daß sowohl die Einfrierung wie die Auftauung rasch vor sich geht. Die aufgetauten Nahrungsmittel müssen sofort verwendet werden.

Leider eignen sich nicht alle Lebensmittel zur Tiefkühlung; sonst wäre dies die einfachste Lösung des Konservierungsproblems. Wenn bereits erhitzte Speisen tiefgekühlt aufbewahrt werden, so handelt es sich dabei natürlich nicht mehr um Tiefkühlkost im eigentlichen Sinne. Dieser Unterschied ist besonders zu beachten, da heute fertige Menüs als Tiefkühlkost angeboten werden, die bei vorheriger Erhitzung oder anderweitiger Konservierung selbstverständlich nicht mehr zu den “lebendigen” Lebensmitteln zu rechnen sind.

6. Durch Präparierung veränderte Nahrungsmittel

Die biologisch minderwertigen Nahrungsstoffe finden wir in der letzten (6.) Rubrik, bei den sogenannten *Präparaten.* Alle Produkte, die in diese Gruppe gehören, sind durch technische Prozesse gewonnen; z.T. sind sie aus Lebensmitteln hergestellt, indem bestimmte Nährstoffe isoliert herausgezogen werden. Die dabei entstehenden Nährstoffe haben völlig andere Wirkungen als ihre Ausgangsprodukte. Wenn man einen strengen Maßstab an das Wort Nahrungsmittel anlegt, dürften eigentlich die Nährpräparate gar nicht unter die Nahrungsmittel gerechnet und müßten von einer Nahrungsmitteltabelle gestrichen werden. Besehen wir die Tabelle aber genauer, so stellen wir fest, daß gerade unter den Präparaten sich diejenigen Nahrungsmittel finden, die für die meisten Menschen die tägliche Nahrung ausmachen. Dabei kommt niemandem der Gedanke, daß auch die Auszugsmehle, die fast unbegrenzt haltbar sind, zu den Präparaten, also zu einer noch unter den Konserven stehenden Gruppe, zählen. Damit gehören auch das Brot aus Auszugsmehl, also das Weißbrot und Graubrot, und Teigwaren zu den minderwertigsten Nahrungsmitteln. Dasselbe gilt für die Kunstfette, die Margarinen und die chemisch gewonnenen Öle, die Stärkepräparate und den Fabrikzukker. Sie enthalten zwar Grundnährstoffe (Fette, Kohlenhydrate) in konzentrierter Form und entsprechen damit den Vorstellungen der alten Ernährungslehre, sind aber praktisch frei von Vitaminen, Spurenelementen, Fermenten, Aromastoffen und hochungesättigten Fettsäuren.

Bei *Milchpräparaten* gilt es zu bedenken, daß gerade die Säuglinge, die eine besonders vollwertige Kost aus der Rubrik der natürlichen Lebensmittel nötig hätten, mit den wertärmsten Präparaten aufgezogen werden. Zu den Milchpräparaten kommen Auszugsmehlpräparate und der Fabrikzucker. Wir brauchen uns daher nicht zu wundern, wenn es mit den Krankheiten schon bei den Säuglingen beginnt und wenn sich so viele Eltern ständige Sorgen um den Gesundheitszustand ihrer Kinder machen müssen. Denn gerade in der Entwicklungs- und Aufbauzeit, das ist in den ersten Lebensjahren, sind die Aufbaustoffe besonders nötig; vielfach machen sich die Folgen ihres Fehlens aber erst im späteren Leben bemerkbar.

Wenn in der Liste der toten Präparate auch die Vitamine, Aromastoffe, Fermente, Nährsalze, Wuchsstoffe und Fruchtzucker aufgezählt sind, so soll damit auf den grundsätzlichen Unterschied hingewiesen werden, der zwischen den isolierten, durch technische Eingriffe gewonnenen Vitaminpräparaten und den in naturbelassenen Lebensmitteln vorkommenden Vitaminen besteht.

Ist Vollwertnahrung teuer?

Die technische Verarbeitung bringt selbstverständlich eine Verteuerung dieser Präparate mit sich. Damit ergibt sich der Tatbestand, daß die Präparate, die den geringsten biologischen Wert haben, am teuersten sind, während das ganz unveränderte Naturprodukt in der Rangordnung am wertvollsten ist und im Preis am billigsten. Dies muß besonders betont werden, da man oft die falsche Meinung vertreten hört, daß eine gesunde Vollwertkost teurer sei als die übliche denaturierte Zivilisationskost. Einfachste kaufmännische Überlegungen ergeben, daß ein durch Bearbeitung hergestellter Stoff immer teurer sein muß als das Ausgangsmaterial, denn die Fabrikationseinrichtungen kosten Geld, die Löhne müssen bezahlt werden, dazu kommen die Transportkosten, der Verdienst des Fabrikanten und des Groß-, Zwischen- und Kleinhandels. Nur durch die Reklame, die letzten Endes der Verbraucher außerdem bezahlen muß, wird dieser Tatbestand geschickt verschleiert und dem Bewußtsein entzogen.

Selbstverständlich kann man auch eine Kalkulation aufstellen, aus der hervorgeht, daß eine Nahrung, die vorwiegend aus Fabriknahrungsmitteln besteht, billiger ist als eine vitalstoffreiche Vollwertkost. In diesem Fall werden aber 2 Dinge miteinander verglichen, die so verschieden sind, daß ein Vergleich unzulässig ist. Wollte man aber eine vollwertige Kost zusammenstellen, die nur aus fabrikatorisch veränderten Nahrungsmitteln besteht - was möglich ist -, so wäre sie aus den angegebenen Gründen erheblich teurer; denn auch die Vitalstoffe müßten dann als Präparate zugeführt werden. Nur bei einem Verzicht auf vollwertige Ernährung kann eine billige, aber entsprechend minderwertige Kost zusammengestellt werden.

Meine Behauptung, daß es durchaus möglich ist, eine vitalstoffreiche Vollwertkost zusammenzustellen, die billiger ist als die übliche Zivilisationskost, beruht nicht nur auf theoretischen Überlegungen, sondern sie ist durch praktische Erprobung erhärtet. In der homöopathisch-biologischen Klinik der Krankenanstalten Bremen (Leitung Dr. Schlütz) wurden über längere Zeit, ohne daß dies vorher bekannt war, die Kosten der dort verabreichten Vollwertkost mit den Kosten der in anderen Kliniken verabreichten Zivilisationskost verglichen. Dabei ergab sich, daß die Vollwertkost im Preis etwas niedriger lag.

Auch jede Hausfrau kann durch geschickten Einkauf, wohlüberlegte Planung und sinnvolle Zusammenstellung der Lebensmittel eine vollwertige Kost bereiten, die trotz ihres hohen Wertes billiger ist als die übliche. Natürlich kann sie auch teurer einkaufen, wenn sie bestimmte Regeln nicht beachtet. Kalkuliert man auch die Kosten für die Krankheiten ein, die durch Ernährung mit Präparaten entstehen, so wird deren Unrentabilität noch offensichtlicher.

Nach dieser kurzen Übersicht über die Rangordnung der Nahrungsmittel in bezug auf ihre biologische Wertigkeit müssen wir uns mit einzelnen Nahrungsmitteln noch besonders beschäftigen.

Die Pasteurisierung der Milch

Betrachten wir zuerst die *Milch.* Die Milch wird seit Jahrzehnten der Pasteurisierung unterworfen. Wieder war es der amerikanische Forscher *Pottenger,* der durch interessante Versuchsreihen den Beweis erbrachte, daß die Fütterung von Katzen mit pasteurisierter, pulverisierter und Kondensmilch schwere Degenerationserscheinungen hervorruft. Im wesentlichen waren es dieselben Schäden wie bei der Fütterung mit gekochtem Fleisch. Die ersten Mängel, die auftraten, betrafen jeweils die Zähne, die kümmerliche Entwicklung, unregelmäßige Stellungen und parodontotische Veränderungen zeigten; die langen Röhrenknochen der mit erhitzter Kost ernährten Tiere wurden länger und dünner, Erscheinungen, die an das auffallende Längenwachstum unserer heutigen Jugend erinnern. Andere Degenerationsmerkmale waren u.a. Unfruchtbarkeit, mangelnde Entwicklung der Geschlechtsorgane, schwerer Verlauf der Geburten und häufige Totgeburten.

Wie weitreichend die Folgen der Kochkost sind, geht aus weiteren interessanten Versuchen Pottengers hervor, in denen er den Einfluß der Ausscheidungen der Tiere auf die Bodenqualität nachwies. Vier Katzengruppen hatten getrennte Ausläufe. Als die Versuche nach ca. 10 Jahren abgebrochen wurden, beobachtete Pottenger, daß das Unkraut sich im nächsten Jahr auf den 4 Auslaufflächen ganz verschieden verhielt. Wo die mit Rohfleisch und roher Milch ernährten Katzen sich aufgehalten hatten, wuchs das Unkraut tadellos. Wo die mit pasteurisierter statt frischer Milch ernährten Katzen gehalten wurden, wuchs das Unkraut schlecht. In den dritten Auslauf waren die Katzen gekommen, die Milchpulver bei sonst gleicher Ernährung wie die Gruppe 1, 2 und 4 erhalten hatten. Dort wuchs das Unkraut äußerst kümmerlich; und wo die Katzen als Haupteiweißquelle Kondensmilch erhalten hatten, wuchs überhaupt kein Unkraut. Die übrige Nahrung war bei allen 4 Katzengruppen genau die gleiche. Sie bestand aus rohem Fleisch, Hautteilen, Knochenteilen und Lebertran.

Auch *Kollath* wies bei Tierfütterungen nach, daß die übliche Extraktion des Kaseins (Milcheiweiß) mit Alkohol bei 74 Grad Celsius zu einer solchen Denaturierung des Eiweißes führt, daß die Versuchstiere nach 4 - 6 Wochen starben, während sie bei der Fütterung mit Kasein, das durch schonende Ätherbehandlung bei niedriger Temperatur gewonnen wurde, bei sonst gleicher Diätzusammensetzung jahrelang am Leben erhalten werden konnten.

Diese erwiesene Gesundheitsschädigung durch erhitzte und präparierte Milch reicht sicher nicht aus, um allein das starke Anwachsen der ernährungsbedingten Zivilisationskrankheiten in den letzten Jahrzehnten zu erklären. Denn auch schon früher wurde ein Teil der Milch in gekochtem Zustand genossen.

Schädigung des Säuglings durch erhitzte Milch und Milchpräparate

Ganz anders und erheblich bedenklicher liegen allerdings die Verhältnisse beim Säugling und Kleinkind. Da beim Säugling die Milch anfangs die einzige Nahrung und später noch längere Zeit das Hauptnahrungsmittel ist, werden die Nachteile, die durch den Kochprozeß bzw. die Pasteurisierung entstehen, nicht durch andere Nahrungsmittel ausgeglichen. Nach den Pottenger'schen Versuchen ist daher anzunehmen, daß für den Säugling das Pasteurisieren und Kochen der Milch sicher gesundheitliche Nachteile bringt. Entsprechende klinische Beobachtungen an menschlichen Säuglingen sprechen dafür.

Das tägliche Brot:
Die wichtigste Krankheitsursache

Kommen wir nun zum *Brot.* Die Wandlungen, die das Brot im letzten Jahrhundert durchgemacht hat, sind ganz erheblicher Natur. Der Anbau von Getreide stand am Beginn der Kulturgeschichte der Menschheit. Jahrtausende hat die Getreidenahrung eine zentrale Rolle in der Ernährung der Völker gespielt, anfangs als unerhitzter Brei aus zerriebenen Körnern oder als getrocknetes Fladenbrot. Erst später ist das Laibbrot dazugekommen. Die Bitte um das tägliche

Brot im Gebet zeigt, wie sehr das Getreide zum Inbegriff der Nahrung des Menschen überhaupt geworden ist. Jede Getreidenahrung auf der ganzen Welt, gleichgültig ob sie aus Hirse, Gerste, Hafer, Roggen, Weizen oder Reis gewonnen war und in welcher Zubereitung sie auch genossen wurde, hat man bis zum 19. Jahrhundert ausschließlich aus dem vollen Korn hergestellt.

Brot aus Auszugsmehl ist eine Konserve

Die Tatsache, daß das aus dem vollen Korn hergestellte Mehl durch den hohen Fettgehalt des Keims nicht haltbar ist, da es in wenigen Wochen ranzig wird, brachte im Zuge der Entstehung der Großstädte ernste Versorgungsprobleme. Der Wunsch, ein Mehl herzustellen, das unbegrenzt haltbar war, führte schließlich zu der revolutionären Entdeckung. Die Beseitigung des ölhaltigen Keims brachte die Lösung des Problems: Das haltbare Mehl, die *Mehlkonserve,* war geschaffen.

Voraussetzung für diese Mehlherstellung war die Entwicklung der Technik, die es durch entsprechende Maschinen ermöglichte, den Keim vor dem eigentlichen Mahlprozeß zu entfernen. Diese Entdeckung fiel ungefähr in dieselbe Zeit, in der noch andere Verfahren zur Konservierung von Nahrungsmitteln wie z.B. das Eindünsten und Einwecken erfunden wurden.

Diese Entwicklung, die zur Schaffung eines entkeimten Mehles führte, wurde unterstützt durch die damals herrschende Ernährungslehre. Wir haben bereits erfahren, daß diese den Wert der Nahrungsmittel lediglich nach ihrem Gehalt an Eiweiß, Fett und Kohlenhydraten beurteilte und in Kalorien berechnete.

Da sie auf Grund dieser Vorstellung den Grundsatz vertrat, daß ein Nahrungsmittel um so wertvoller ist, je konzentrierter es die drei Grundnährstoffe enthält, war es logisch und folgerichtig, auch die Entfernung der äußeren, für wertlos gehaltenen Randschichten des Getreidekorns und des Keims nicht nur vom wirtschaftlichen, sondern auch vom ernährungsphysiologischen Standpunkt aus für einen großen Fortschritt zu halten.

Der kohlenhydrathaltige Stärkekern wurde für das Wesentliche am Korn gehalten, während die Randschichten als zellulosehaltiger Ballast angesehen wurden. Die kleinen Mengen Fett, die bei der Herstellung der Auszugsmehle verlorengingen, waren - so glaubte man - wohl zu verschmerzen; sie konnten leicht durch andere Fette ersetzt werden.

Ohne Vollkornbrot und Vollkornprodukte keine ausreichende Versorgung mit Vitamin B 1

Diese zunächst ganz harmlos erscheinende Ausmerzung des Getreidekeims bei der Mehl- und Brotherstellung bekam ein ganz neues Gesicht, als sich herausstellte, daß der Keim und die Randschichten wertvolle Vitalstoffe enthalten, die für die Erhaltung der Gesundheit absolut unentbehrlich sind.

Zunächst brachte die Vitaminforschung die Erkenntnis, daß der Getreidekeim außerordentlich reich an Vitamin B 1 ist. Kein anderes Lebensmittel enthält auf so kleinem Raum so viel Vitamin B 1 wie der Getreidekeim. Das heißt mit anderen Worten, daß der Getreidekeim der Hauptlieferant für Vitamin B 1 in der menschlichen Nahrung ist und daß es kaum gelingt, den Bedarf an diesem Vitamin in der menschlichen Nahrung ohne Vollgetreide ausreichend zu decken.

Die Weltgesundheitsorganisation hat den täglichen Mindestbedarf des Menschen an Vitamin B 1 mit 1,5 mg angegeben; russische Forscher nennen 3 mg; bei der Errechnung des Durchschnitts-Vitamin-B1-Gehalts in der Nahrung der Menschen vor 100 Jahren und früher kommt man auf Werte bis zu 5 mg. Dem stehen Durchschnittszahlen, die an der westdeutschen Bevölkerung gewonnen wurden, mit 0,8 mg Vitamin B 1 gegenüber. Ähnliche Zahlen werden auch von anderen Völkern genannt. Das bedeutet, daß der Mensch in zivilisierten Staaten an einer ständigen Unterversorgung mit Vitamin B 1 leidet.

Wenn man nun außerdem weiß, daß das Vitamin B 1 im Stoffwechselgeschehen eine so zentrale und wichtige Stellung einnimmt, daß eine nicht ausreichende Versorgung mit diesem Vitamin zwangsläufig Stoffwechselstörungen mit sich bringen *muß* (nicht kann), so wird deutlich, welche entscheidende Bedeutung dem Brot- und Mehlproblem zukommt. Um diese besondere Wichtigkeit für die Gesunderhaltung der Menschen in ihrer ganzen Tragweite verstehen zu können, erscheint es unvermeidlich, noch auf einige wichtige Ergebnisse aus der modernen Ernährungserforschung hinzuweisen. Bei der Kompliziertheit der chemischen Vorgänge ist es allerdings nötig, die Zusammenhänge etwas vereinfacht darzustellen.

Kohlenhydrathaltige Lebensmittel und isolierte Kohlenhydrate sind nicht dasselbe

Das Vitamin B 1 ist für den normalen Ablauf des Kohlenhydratstoffwechsels unentbehrlich. Da das Nervengewebe unter allen Zellsystemen den intensivsten Kohlenhydratumsatz hat, benötigt es besonders viel Vitamin B 1. Je mehr Kohlenhydrate der Organismus verarbeitet, umso größer ist sein Vitamin B 1-Bedarf. Wir haben bereits gesehen, daß alle Kohlenhydrate wie Stärke und die verschiedenen Zuckerarten bei ihrem Abbau im menschlichen Organismus zu Kohlensäure und Wasser die Traubenzuckerstufe durchlaufen müssen. Der Kern des Getreidekorns besteht aber vorwiegend aus Stärke, weshalb das Getreide, bzw. das Brot und das Mehl zu der Gruppe der Kohlenhydrate gerechnet wird. Man muß aber dabei bereits berücksichtigen, daß es nicht statthaft ist, deshalb Getreide, Mehl und Brot mit Kohlenhydraten gleichzusetzen, was leider bisher in der gesamten üblichen Ernährungsliteratur geschieht. Getreide, Mehl und Brot enthalten zwar vorwiegend Kohlenhydrate; man kann sie deshalb als Vertreter der Kohlenhydratgruppe ansehen; da sie aber noch andere Stoffe enthalten, ist es nicht angängig, diese zu unterschlagen. Es muß deshalb im Hinblick auf die wissenschaftliche Exaktheit gefordert werden, daß streng unterschieden wird zwischen Lebensmitteln, die Kohlenhydrate (und Fett und Eiweiß) enthalten, und den isolierten Kohlenhydraten selbst.

Nachdem die Bedeutung z.B. der Vitamine bekannt ist, wird es jedem einleuchten, daß die

Wirkung eines Lebensmittels, das etwa neben Kohlenhydraten auch noch Vitamine enthält, eine ganz andere sein muß als die eines isolierten Kohlenhydrats. Man darf daher bei der Aufstellung eines Ernährungsplanes niemals sagen, dieser Mensch muß so und so viel "Kohlenhydrate" essen, sondern er muß das und jenes Lebens- oder Nahrungsmittel essen, das u.a. eine bestimmte Menge Kohlenhydrate enthält.

Denn was den Kohlenhydratgehalt betrifft, ist es ziemlich gleichgültig, ob jemand 200 g Graumehl oder Vollkornmehl zu sich nimmt, da in dieser Beziehung kaum ein Unterschied besteht. Berücksichtigen wir aber den zusätzlichen Gehalt an Vitalstoffen, so besteht ein gewaltiger Unterschied.

Dadurch daß in fast allen "wissenschaftlichen" Abhandlungen über Ernährungsfragen immer nur von Kohlenhydraten die Rede ist, ohne im einzelnen anzugeben, welches kohlenhydrathaltige Lebensmittel gemeint ist, wird beim Laien und Ratsuchenden der falsche Eindruck erweckt, als sei es gleichgültig, ob er sich die bestimmte Menge Kohlenhydrate als Kartoffel oder als reines Stärkemehl, als Vollkornmehl oder als Graubrot, als süßes Obst oder als chemisch reinen Zucker zuführe!

Das Rechnen mit Kohlenhydraten ist unwissenschaftlich und gefährlich

Dieser Unfug, statt Brot, Kartoffeln oder Obst Kohlenhydrat zu sagen, nur weil diese Nahrungsmittel u.a. Kohlenhydrate enthalten, stammt aus der überholten Denkart der alten Kalorienlehre. Diese Ausdrucksweise erweckt zwar beim Laien den Eindruck der Wissenschaftlichkeit, ist aber in Wirklichkeit das Gegenteil. Die Verwendung des Sammelbegriffs Kohlenhydrate, der so verschiedenartige Nahrungsmittel einschließt, ist sehr unexakt und läßt gefährliche Mißverständnisse aufkommen. Würde man z.B. sagen, ein Leberkranker soll reichlich Kohlenhydrate essen, so könnte jemand daraus den Schluß ziehen, daß er viel Auszugsmehl (Weißmehl und Graumehl) und Traubenzucker zu sich nehmen müsse. Man könnte diesen Rat aber genauso gut so auslegen, daß der Betreffende rohes Obst und Vollkornbrot genießen müsse. Und welch ein Unterschied in der Auswirkung! Der erste Fall führt zu einer Gesundheitsschädigung, im anderen Fall wird die Heilung rasch gefördert. Wenn es um so ernste Gesundheitsfragen geht, ist es gefährlich, einen Ausdruck zu benutzen, aus dem sich schädliche und nützliche Ratschläge in gleicher Weise ableiten lassen. Aber leider begegnet man auf Schritt und Tritt einer mißbräuchlichen Auslegung dieses Sammelbegriffs, der zur Irreführung der Massen in der Reklame ausgiebig benützt wird. Bei dem Zuckerproblem kommen wir hierauf noch näher zu sprechen. Es ist also irreführend und im wissenschaftlich exakten Sinn falsch, zu sagen: “Obst ist ein Kohlenhydrat”; es muß richtig heißen: “Obst enthält (u.a.) Kohlenhydrate.” Es wäre auch genauso falsch zu sagen: “Obst ist ein Vitaminstoff”, statt “Obst enthält Vitamine.”

Wie kann man falsche von richtigen Ernährungsratschlägen unterscheiden?

Ich erlebe in der Sprechstunde täglich, daß Patienten, die sich ernstlich um Ernährungsfragen bemühen und Schriften über Ernährung aus verschiedensten Richtungen lesen, ganz verzweifelt sind über die Fülle der widersprechenden Angaben. Sie sind meist nicht imstande, Falsches vom Richtigen zu unterscheiden, da ihnen die nötigen Einzelkenntnisse fehlen. Es ist deshalb von großem Wert für den Leser, wenn er einen einfachen Anhaltspunkt an die Hand bekommt, wie er falsche und gesundheitsschädliche Ernährungsratschläge sofort von richtigen, gesundheitsfördernden unterscheiden kann. Es wurde bereits darauf hingewiesen, daß die Wertbestimmung der Nahrung nach Kalorien ein untrügliches Zeichen ist, daß die Ratschläge aus der alten Ernährungslehre stammen und daher wertlos bzw. gefährlich sind. Genau dasselbe gilt für Ernährungsabhandlungen, in denen der Wert einer Nahrung allein nach Eiweiß-, Fett- und Kohlenhydratgehalt beurteilt wird. Auch diese Ratschläge sind veraltet, irreführend und falsch; oft sind sie von Interessengruppen gelenkt. Jede Ernährungsabhandlung, in der z.B. zu lesen steht, der Fettsüchtige müsse Kohlenhydrate oder Fett einschränken, ohne zu sagen, welche kohlenhydrathaltigen Lebens- oder Nahrungsmittel gemeint sind, ist nicht nur wertlos, sondern gefährlich, da der Patient damit freie Hand hat, gerade den falschen Weg zu wählen.

Wirkstoffgehalt des Vollkornbrotes

Auf das Brot angewandt, heißt dies, daß es ein grundsätzlicher Unterschied ist, ob ein Mensch das "Kohlenhydrat" Graubrot oder das "Kohlenhydrat" Vollkornbrot ißt. Im Vollkornbrot ist das Vitamin B 1 mitgeliefert, das zur Verwandlung der Zuckerstoffe, die beim Abbau der Stärke entstehen, notwendig ist. Im Graubrot, das im Süden Deutschlands Schwarzbrot heißt, ist durch Fehlen des Keims nicht genügend Vitamin B 1 vorhanden, so daß der Abbau im Körper nicht ordnungsgemäß vor sich gehen kann. Denn jedes Kohlenhydrat, also auch die Stärke des Getreidekorns, durchläuft im Abbau die Traubenzuckerstufe. Aber auch die Umwandlung des Traubenzuckers in die verschiedenen Abbaustufen kann nur erfolgen, wenn genügend Vitamin B 1 vorhanden ist.

Der Getreidekeim enthält aber nicht nur Vitamin B 1, sondern noch andere Vitamine des B-Komplexes: B 2, B 6, Pantothensäure, Nikotinsäureamid, Folsäure und Biotin; außerdem finden sich noch Vitamin E, Vitamin K, Inosit, an Mineralien Phosphate, Kalium, Calcium, Magnesium, an Spurenelementen Kieselsäure, Eisen, Zink, Mangan, Kupfer, Bor, Aluminium, Selen, Molybdän, Nickel, Arsen, Fluor, Jod, Kobalt, Chrom, Blei, Brom, Zinn, Titan und Silber. Mehl, das nur zu einem niedrigen Prozentsatz (70%) ausgemahlen ist, das also den Keim und die Randschichten nicht enthält, erleidet dadurch eine erhebliche Einbuße an Vitalstoffen.

Niederig ausgemahlenes Mehl (Auszugsmehl, Kunstmehl) aus Weizen heißt Weißmehl, niedrig ausgemahlenes aus Roggen heißt Graumehl. Besonders wichtig ist es, nun zu wissen, daß zwischen Auszugsmehl aus Weizen und Auszugsmehl aus Roggen kein wesentlicher Unterschied besteht, was den Vitalstoffgehalt betrifft. Da beide den Keim und die Randschichten nicht enthalten, sind sie gleichermaßen vitalstoffarm. Natürlich gilt dasselbe für Auszugsmehle aus Hafer, Gerste und Hirse. Die Menschen befinden sich also in einem erheblichen Irrtum, wenn sie glauben, sie tun etwas Gutes für ihre Gesundheit, indem sie Weißbrot meiden und dafür Graubrot bzw. Schwarzbrot essen. Daß in der biologischen Wertigkeit oder besser gesagt Minderwertigkeit zwischen Weißmehl und Graumehl kein wesentlicher Unterschied besteht, ist leider zu wenig bekannt, weshalb man selbst in Vorschriften moderner Ernährungssachverständiger das Verbot von Weißmehl und Weißbrot findet, während kein Wort gegen das Grau- bzw. Schwarzbrot gesagt wird. Die Verwirrung wird noch dadurch verstärkt, daß die Bezeichnung für die verschiedenen Brote in den einzelnen Ländern sehr verschieden ist. Die Einwohner von Württemberg, Baden und Bayern sagen zu dem Graubrot der Norddeutschen Schwarzbrot, während die Westfalen unter Schwarzbrot Pumpernickel verstehen.

Farbe des Brotes ist kein Gütemaßstab

Besonders verhängnisvoll ist die Verwechslung von Schwarzbrot mit Vollkornbrot, die sich ein ernährungswissenschaftliches Institut leistete, dessen Leiter eine Abhandlung über "Weißbrot und Schwarzbrot" schrieb.

Durch solche Gegenüberstellung wird im Volk der irreführende Eindruck erweckt, als sei die Farbe eines Brotes für seine Wertigkeit und seinen Gehalt von Bedeutung. Ein dunkles Brot, das die wertvollen Randschichten und den Keim nicht enthält, ist, wie wir sahen, nicht wertvoller als Graubrot oder Weißbrot. Ein helles Brot kann aber den Keim enthalten, z.B. manches Weizenschrotbrot, und ist dadurch als Vollkornbrot wertvoller als ein entkeimtes Schwarzbrot. Die Farbe des Brotes kann allein schon durch die Backtemperatur und -dauer bestimmt werden. Pumpernickel z.B. wird bei relativ niedriger Temperatur lange (12-14 Stunden) gebacken. Bei hoher Temperatur und kurzer Backdauer kommt es nur an der Oberfläche des Brotes zur Dextrinisierung, die die dunkle Farbe bewirkt, während bei langer Backzeit auch das Innere des Brotes durch Dextrinisierung dunkel wird. Wichtig ist in diesem Zusammenhang aber nur, daß die Farbe des Brotes keinerlei Maßstab für den Wert des Brotes ist.

Es kommt nicht auf den Feinheitsgrad der Mahlung an

Man kann auch einem Brot mit bloßem Auge nicht sicher ansehen, ob es ein Vollkornbrot ist oder nicht. Wenn vor der Schrotung der Keim entfernt wird, hat das Brot zwar grobe Struktur, ist aber kein Vollkornbrot. Wird aber das ganze Korn zu feinstem Mehl vermahlen, ist es trotz der Feinheit ein Vollkornmehl. Die tägliche Erfahrung in der Ernährungsberatung zeigt, daß über diese grundsätzlichen Dinge leider keinerlei Kenntnisse vorhanden sind. Eine Unterrichtung darüber erscheint daher sehr notwendig, damit eine Fehlaufklärung durch Verwirrung stiftende Interessengruppen und deren Helfer erschwert wird.

Vitamin-B-arme Auszugsmehle erzeugen tiefgreifende Stoffwechselstörungen

Um den Stärkekern des Getreidekorns ungestört verarbeiten zu können, benötigt der Organismus mehrere Vitamine des B-Komplexes. Der Traubenzucker durchläuft bei seinem Abbau zu Kohlensäure die Zwischenstufen der Brenztraubensäure, der Phosphoressigsäure, der Oxalessigsäure, der Oxalbernsteinsäure, der Zitronensäure, der Alphaketoglutarsäure und der Bernsteinsäure; als Nebenstufen entstehen Acetoin und Acetessigsäure. Der Abbau von Stufe zu Stufe kann nur bei Anwesenheit verschiedener Vitamine erfolgen; außer Vitamin B 1 sind dabei B 2, Nikotinsäureamid, Pantothensäure und Biotin beteiligt. Auf allen Teilgebieten des Kohlenhydratumsatzes wirkt das Vitamin B 1 eng mit den anderen Vitaminen des B-Komplexes zusammen. Diese chemischen Einzelheiten sollen zeigen, daß zum richtigen Funktionieren der chemischen Abläufe im menschlichen Körper ein unverändertes Lebensmittel nötig ist, das von Natur aus *alle* Wirkstoffe in Form von Vitaminen und anderen Vitalstoffen mitgeliefert bekommen hat. Auf der andern Seite soll klar werden, welche Schädigungsmöglichkeiten dadurch entstehen, daß ein Lebensmittel durch technische (chemische oder physikalische) Einwirkungen seine Vitalstoffe ganz oder teilweise einbüßt. So wird auch verständlich, daß der Mangel an *einem* Vitamin, z.B. an Vitamin B 1, imstande ist, die verschiedenartigsten Störungen im Stoffwechselgeschehen hervorzurufen, da eine Kette nicht in Ordnung ist, wenn nur ein Glied der Kette gestört ist.

Ein genauer Einblick in das komplizierte Geschehen dieser Stoffwechselvorgänge, der hier nicht im einzelnen gegeben werden kann, läßt erkennen, warum die Behauptung, daß die Verarmung an Vitamin B 1 allein schon imstande wäre, alle ernährungsbedingten Zivilisationskrankheiten hervorzurufen, keine unzulässige Verallgemeinerung oder Übertreibung ist, wie von seiten der alten Ernährungslehre manchmal behauptet wird, obwohl sie selbst das Rüstzeug geliefert hat, aus dem die zentrale Stellung des Vitamin B 1 hervorgeht. Da aber in Wirklichkeit bei einem Nahrungsmittel, das durch Konservierung oder Präparierung in der Küche oder in der Fabrik denaturiert wird, niemals nur *ein* Vitalstoff verändert, vermindert oder beseitigt wird, sondern da diese Eingriffe immer gleichzeitig mehrere Vitalstoffe treffen, gilt der Satz in noch stärkerem Maße, daß ein Mangel an Vitalstoffen, den man an *einem* Vitamin erkennen kann, imstande ist, *alle* ernährungsbedingten Zivilisationskrankheiten hervorzurufen. Der Verlust an Vitalstoffen bei der Herstellung der Auszugsmehle ist aus der beigefügten Tabelle deutlich zu erkennen:

	Weißmehl oder Graumehl	Vollkornmehl
	mg je kg	mg je kg
Provitamin A	–	3,3
Vitamin B 1	0,7	5,1
Nicotinsäureamid	7,7	57,0
Pantothensäure	23,0	50,0
Vitamin E	–	24,0
Kalium	1150,0	4730,0
Calcium	60,0	120,0
Eisen	7,0	44,0

Man ersieht aus der Tabelle, daß die fettlöslichen Vitamine A und E im Auszugsmehl vollständig fehlen, weil sie nur im fetthaltigen Keim enthalten sind. Deutlich kommt auch der Verlust an Vitamin B 1 zum Ausdruck, im Auszugsmehl 0,7 mg/kg, im Vollkornmehl 5,1 mg/kg, aber auch die anderen Vitamine des B-Komplexes, Pantothensäure und Nicotinsäureamid, sind im Auszugsmehl erheblich herabgesetzt. Auch im Mineralgehalt gibt es durch die Entfernung des Keimes erhebliche Verluste; es ist aber mindestens ebenso nachteilig, daß sich das Verhältnis der Mineralstoffe untereinander verschiebt.

Weißmehl tötet Ratten

Ratten, die nur mit Weißmehl gefüttert werden, sterben nach wenigen Wochen, während sie bei Vollkornmehl gesund bleiben. Einen besseren Test und Beweis für die biologische Minderwertigkeit der Auszugsmehle gibt es nicht. Daß die Menschen durch den Auszugsmehlgenuß nicht rasch sterben, sondern nur krank werden, hängt damit zusammen, daß sie außer Brot noch andere Nahrungsmittel zu sich nehmen. Man bedenke aber, wie gefährlich es werden kann, wenn Schwerkranke, die über längere Zeit appetitlos sind, ausschließlich mit Weißbrot oder Zwieback ernährt werden.

Die Forschungen Kollaths

Prof. Kollath hat sich dieser Fragen in besonderem Maße angenommen. Es gelang ihm, eine synthetische Kost zusammenzustellen, mit welcher bei Versuchsratten eine unverkürzte Lebensdauer erzielt wurde, aber Gesundheitsschäden zu erreichen waren, die große Ähnlichkeit mit den Krankheitszuständen beim modernen, zivilisierten Menschen aufwiesen. Wie bereits erwähnt, ist diese künstliche Kost durch einen Mangel an einer bestimmten Wirkstoffgruppe, den sogenannten Auxonen, gekennzeichnet. Die Verteilung der Auxone in den einzelnen Nahrungsbestandteilen ist aus der beigefügten Tabelle zu ersehen. Sie ist dem Werk Kollaths "Der Vollwert der Nahrung und seine Bedeutung für Wachstum und Zellersatz", Wissenschaftliche Verlagsgesellschaft Stuttgart, entnommen.

auxonhaltig	auxonhaltig	auxonfrei
Getreide	keimhaltige Kleie	Feinmehl
Kartoffel	Schlempe	Stärke
Zuckerrübe	Schnitzel	Zucker
Ölfrüchte	Preßkuchen	Öle
Obst	Trester	Säfte
Vollmilch	Buttermilch	Butter
Eier	Gelbei	Weißei

Wie aus der Tabelle hervorgeht, sind Getreide, Kartoffeln, Zuckerrübe, Ölfrüchte, Obst, Vollmilch und Eier auxonhaltig, während das Auszugsmehl, die Kartoffelstärke, der Fabrikzucker, die Öle, Säfte, die Butter und das Weißei auxonfrei sind.

Die Mesotrophie

Die Krankheitserscheinungen, die Kollath mit auxonfreier Kost erzielte, nannte er *Mesotrophie* (= Halbernährung). Dabei entstanden bei allen Ratten bei den verschiedensten Versuchen Zahn- und Kieferveränderungen, hohe Zahnkariesanfälligkeit, Kalkablagerungen in fast allen Geweben, ferner Degeneration der Muskulatur, Kennzeichen verfrühten Alterns, Blutveränderungen und Vergrößerung der Thymusdrüse. Bei vielen Tieren traten außerdem Lungenblutungen, wassersüchtige Anschwellungen, Flüssigkeitserguß in der Bauchhöhle, Gelbsucht, Cysten, Geschwülste (Sarkome), Trübung der Augenlinse (grauer Star) und eine Veränderung der Darmflora im Sinne einer "Dysbakterie" auf. Die Nieren zeigten Kalkzylinder und hyaline Zylinder als Zeichen von Nierenschädigung. Narben in der Nierenrinde bis zur Ausbildung von Schrumpfniere. Im Herzmuskel fanden sich Granulombildungen mit Riesenzellen und Verkalkungen, in den Skelettmuskeln wachsartige Degeneration; die Leberschädigung zeigte sich als Verfettung und Stauung.

Parallele zwischen Mesotrophie der Ratten und ernährungsbedingten Zivilisationskrankheiten des Menschen

Das Bemerkenswerteste an diesen krankhaften Veränderungen, die durch auxonfreie Kost erzielt wurden, ist die große Ähnlichkeit mit den Zivilisationskrankheiten beim Menschen. Der Gebißverfall, die Skelettveränderungen, die Arthrosen und die Degenerationen des Bandapparates (z.B. Bandscheibenschäden an der Wirbelsäule) der zivilisatorisch ernährten Menschen finden in entsprechenden Veränderungen der mesotrophischen Ratten eine auffallende Parallele, die weit über die Möglichkeit des Zufälligen hinausgeht. Das starke Betroffensein der Bewegungsorgane erklärt Kollath damit, daß das Skelett als Mineralreserve für den übrigen Körper dient. Droht den wichtigen, inneren Organen Mangel an Mineralien, so wird der nötige Bedarf durch Mobilisierung aus dem Skelett gedeckt. Die Steuerung erfolgt hormonell durch die inneren Drüsen. So erklärt es sich, daß die Erkrankungen des Bindegewebe- und Stützapparates den Hauptanteil der ernährungsbedingten Zivilisationskrankheiten ausmachen.

Auch der Verlust der Alkaleszenz des Speichels findet sich gleichermaßen bei mesotrophischen Ratten wie beim Menschen mit Zahnkaries. Der Speichel ist beim vollwertig ernährten Menschen alkalisch, bei Zivilisationskost verschiebt sich die Reaktion zur sauren Seite. Die enge Beziehung zur Zahnfäule zeigt sich daran, daß die Kariesanfälligkeit im sauren Speichel zunimmt.

Eine weitere Parallele zeigt sich in der veränderten Bakterienflora des Mundes und des Dickdarms bei Mesotrophieratten und beim falsch ernährten Menschen. Die veränderte Mundflora spielt bei der Zahnkaries zusätzlich eine Rolle; die veränderte Darmflora ist eine bekannte Begleiterscheinung zahlreicher Zivilisationskrankheiten. Noch eine neue Erkenntnis brachten die Versuche Kollaths: Bei einer Ernährung mit auxonfreier Kost kommen die fett- und wasserlöslichen Vitamine mit Ausnahme von Vitamin B 1 nicht zur Wirkung. Dies deckt sich mit den Erfahrungen bei Menschen: Die therapeutische Verabreichung von einzelnen Vitaminen bleibt bei den ernährungsbedingten Zivilisationskrankheiten ohne Erfolg. In manchen Versuchen konnte Kollath sogar nachweisen, daß bei Zugabe von Einzelvitaminen (z.B. Vitamin C) schwere Schädigungen, z.B. innere Blutungen, auftraten, die den Tod des Tieres zur Folge hatten.

Das wichtigste Ergebnis der Kollathschen Versuche ist aber die Tatsache, daß sich die mesotrophischen Veränderungen nur durch auxonreiche Kost verhüten lassen, wobei die Vollgetreide die entscheidende Rolle spielen.

Fast alle Kenntnisse, die wir heute über die klassischen Vitamine und ihre Wirkungen haben, sind in Versuchen an Tieren gewonnen. Dasselbe gilt für das, was wir von den Stoffwechselvorgängen im Organismus wissen. Die Ergebnisse dieser Experimente werden im Analogieschluß auf den Menschen übertragen, nachdem sich herausgestellt hat, daß in den kennzeichnenden Merkmalen eine Übereinstimmung der Stoffwechselverhältnisse bei Menschen und Tieren vorhanden ist. Es besteht auch keinerlei Grund, weshalb die an Tieren gewonnenen Forschungsergebnisse nicht in derselben Weise auf den Menschen übertragbar sein sollen wie die der alten Ernährungslehre, wenn dies auch von bestimmten Interessengruppen, denen die Resultate unangenehm sind, versucht wird.

Die Bedeutung des Zeitfaktors

Noch andere Übereinstimmungen der bei Tierfütterungen gewonnenen krankhaften Veränderungen mit den ernährungsbedingten Zivilisationskrankheiten beim Menschen sind auffallend: Die mit mesotrophischer Kost ernährten Ratten können dasselbe Lebensalter erreichen wie gesunde, normal ernährte Ratten; auch der mit zivilisatorischer Kost ernährte Mensch kann ein hohes Lebensalter erreichen, obwohl er krank ist. Ein weiteres Kennzeichen sowohl der ernährungsbedingten Zivilisationskrankheiten wie der Rattenmesotrophie besteht darin, daß beide lange Zeit zu ihrer Entwicklung benötigen und daß die Krankheitserscheinungen erst verhältnismäßig spät erkennbar werden. Was bei der Ratte ein Jahr benötigt, braucht beim Menschen etwa 30 Jahre. Wenn die Entstehung der Parodontose (Degeneration des Gewebes um den Zahn) bei der Ratte ein halbes bis ein Jahr braucht, bis sie deutlich zu erkennen ist, so dauert dieser Entstehungsvorgang beim Menschen 15-30 Jahre. Mit diesen Mesotrophieversuchen an Ratten ist die Möglichkeit gegeben, in relativ kurzen Zeiträumen Krankheitsvorgänge zu beobachten, deren Studium beim Menschen durch lange Zeitdauer erschwert ist.

Der *Zeitfaktor* spielt bei dem Studium der ernährungsbedingten Zivilisationskrankheiten eine sehr wichtige Rolle. Die Außerachtlassung des Zeitfaktors in der alten Ernährungslehre hat in verhängnisvoller Weise stark dazu beigetragen, daß die Zusammenhänge zwischen Ernährung und bestimmten Krankheiten nicht genug erkannt und auch heute noch übersehen werden. Im Gegensatz zu den durch Auxonmangel bedingten Krankheiten, die bei langem Leben einen chronischen Verlauf zeigen und unheilbar sind, sind Veränderungen, die durch Vitaminmangel entstehen, heilbar und haben kurze Entstehungszeit.

"Alters"- und "Verschleiß"krankheiten kommen weder vom Alter noch vom Verschleiß

Die langen Anlaufzeiten, die die ernährungsbedingten Zivilisationskrankheiten benötigen, sind der hauptsächliche Grund, weshalb der Zusammenhang zwischen dem Fehlen bestimmter Nahrungsfaktoren und den erst spät auftretenden Schäden sehr schwer erkennbar und beweisbar ist. Erst Versuchsbedingungen, die eine lange Lebensdauer der Versuchstiere ermöglichen, schaffen die Voraussetzung, chronische Krankheiten, die lange Entstehungszeit benötigen, künstlich zu erzeugen, um ihre Eigenheiten studieren zu können. Hierin liegt auch die besondere Bedeutung der Versuche Kollaths. Ihm gelang es erstmalig, die Tiere bei vitalstoffarmer Kost so lange am Leben zu erhalten, daß die sogenannten

“Alters”- und “Aufbrauch”krankheiten in Erscheinung traten. Bei Ratten benötigt dies etwa 2 Jahre, was beim Menschen etwa 50 Jahren entspricht.

“Alters”krankheiten haben also nur insofern mit dem Alter zu tun, als sie zu ihrer Entstehung Jahrzehnte benötigen und deshalb erst auftreten können, wenn der Mensch schon älter ist. Das heißt, die Krankheiten kommen nicht *durch* das Alter, sondern *im* Alter.

Wenn einem Kranken seine Krankheit als “durch das Alter bedingt” erklärt wird, zieht er daraus den falschen Schluß, daß das Alter schuld wäre an der Entstehung seiner Krankheit. Das Gefährliche dieser Vorstellung liegt darin, daß im Volke die Meinung sich breit macht, diese Krankheiten seien eben schicksalhaft mit dem Alter verknüpft und als gäbe es keine Möglichkeit, diesem Schicksal zu entgehen. Nur das Wissen darum, daß die Ursachen in jahrzehntelangem Vitalstoffmangel liegen, ermöglicht die Verhütung der sog. Alters- und Aufbrauchkrankheiten. Die Verschleierung der Zusammenhänge durch die falsche Krankheitsbezeichnung führt zu dem Verhängnis, daß keine Vorbeugung getrieben wird und es für eine Heilung dieser Krankheiten immer zu spät sein wird.

Ernährungsbedingte Zivilisationskrankheiten sind im strengen Sinne unheilbar

So wie bei den Ratten eine Heilbarkeit der einmal entstandenen mesotrophischen Veränderungen nicht zu erreichen war, so sind die des Menschen ebenfalls durch ihre *Unheilbarkeit* gekennzeichnet. Dies gilt für die Gebiß- und Zahnschäden, für die Wirbelsäulenschäden und Gelenkveränderungen in gleichem Maße wie für die Gallensteine, die Arteriosklerose, Thrombose, den Herzinfarkt und Krebs.

Unfreiwillige Massenexperimente der Völker

Der einfachste und beweiskräftigste Weg wäre es natürlich, durch Experimente am Menschen selbst den Nachweis zu erbringen, daß bestimmte Krankheiten durch künstlich zusammengestellte Kostformen, denen bestimmte Wirkstoffe fehlen, entstehen. Aus naheliegenden Gründen verbietet sich dieser Weg. Unfreiwillig beteiligen sich aber Millionen von Menschen in den zivilisierten Staaten an solchen Massenexperimenten, ohne daß sie die geringste Ahnung davon haben.

Die Saccharidose

Eine hevorragende Studie über die Abhängigkeit bestimmter Erkrankungen von den Eßgewohnheiten verschiedener Bevölkerungsgruppen findet sich in dem Buch »Krank durch Zukker und Mehl – Die Saccharidose und ihre Erscheinungsformen: Diabetes, Herzinfarkt, Fettsucht, Magen- und Zwölffingerdarmgeschwür, Krampfadern u.a.«*). Die beiden englischen Ärzte Cleave und Campbell weisen darin nach, daß die genannten Krankheiten nur bei Völkern vorkommen, die raffinierte Kohlenhydrate, d.h. Fabrikzucker und Auszugsmehle zu sich nehmen. Da die im Mehl und geschälten Reis enthaltene Stärke und der Fabrikzucker als Saccharide zusammengefaßt werden können, wird die Krankheit, die durch den Verzehr dieser Nahrungsmittel entsteht, als *Saccharidose* (engl. saccharine disease) bezeichnet. Die scheinbar verschiedenen Krankheiten sind lediglich unterschiedliche Erscheinungsformen einer einzigen Grundkrankheit, eben der Saccharidose. Aus einem erdrükkenden Beweismaterial geht hervor, daß z.B. bei Indern, die noch im Stammesverband leben und als kohlenhydrathaltige Lebensmittel nur Naturreis essen, überhaupt keine Zuckerkrankheit vorkommt, während bei den in der Stadt lebenden Indern, die bei sonst gleicher Nahrung raffinierten Reis und Fabrikzucker essen, der Diabetes in gleicher Häufigkeit auftritt wie bei den Weißen.

---

*) bioverlag gesundleben, 8959 Hopferau-Heimen

Dasselbe gilt für die anderen Erscheinungsformen der Saccharidose. Besonders wichtig ist die "Regel der 20 Jahre": Die Betroffenen müssen mindestens 20 Jahre lang dem Verzehr von raffinierten Kohlenhydraten ausgesetzt sein, ehe die Saccharidose auftritt. Auch hier erschwert die lange Anlaufzeit den Nachweis, daß diese Zivilisationskrankheiten tatsächlich durch den Genuß der raffinierten Kohlenhydrate entstehen. Trotzdem ist die Beweisführung so gründlich und lükkenlos, daß an den Zusammenhängen kein Zweifel bleibt. Auch die Übereinstimmungen mit den langen Anlaufzeiten bei Tierfütterungen ist bemerkenswert.

Die Forschungen Bernáseks: Einfluß der Nahrung auf kommende Generationen

Noch alarmierender als die Kollath'schen Versuche sind neuere Versuchsergebnisse des tschechischen Forschers *Bernásek.* Er führte ähnliche Versuche wie Kollath mit synthetischen Kostformen durch, untersuchte dabei aber nicht die Schäden an den Versuchstieren selbst, sondern erforschte auch die Auswirkungen auf die *nachfolgenden Generationen.*

Wegen der großen Bedeutung dieser Versuchsergebnisse für das Verständnis der ernährungsbedingten Zivilisationskrankheiten soll die

Zusammensetzung der künstlichen Kost, mit der Bernásek die Versuchstiere ernährte, genau angegeben werden. Der Kohlenhydratanteil bestand aus 600 g Weizenstärke, das Eiweiß wurde als Kasein (250 g bei 34 Grad Celsius durch Äther extrahiert) und das Fett wurde als Margarine (82 g) verabreicht, die mit Vitamin A,E,D,K und Äthyllinolat, Ubichinon und Alfa-Lipinsäure angereichert wurde. Dazu kam ein Mineralgemisch, bestehend aus Salzen von Calcium, Natrium, Kalium, Phosphor, Eisen, Magnesium, Mangan und Kupfer; ferner wurden zugesetzt Vitamin B1, B2, B6, Niacin, Pantothensäure, Inosit, Folsäure, Biotin und Kobalamin (Vitamin B 12), außerdem noch Spuren von Zink, Kobalt, Aluminium, Arsen, Brom, Fluor und Molybdän.

Diese Kost enthält also alle einschlägigen Vitalstoffe, die nach dem heutigen Stand des Wissens zur Erhaltung des Lebens und der Gesundheit als notwendig angesehen werden. Tatsächlich konnte Bernásek feststellen, daß die Ratten dabei überlebten und sich vermehrten. Während die Tiere in der ersten Generation keine wesentlichen Abweichungen aufwiesen, blieben in der zweiten Generation die Gewichte niedriger, es kam vereinzelt zu Totgeburten, und die Geschlechtsreife trat später ein. In der dritten Generation kam es zu einer gestörten Entwicklung lebensnotwendiger Organe, vor allem des Nervensystems. In der vierten Generation kam es überhaupt nicht mehr zu einer normalen Entwicklung. Das Entscheidende aber bei diesen Versuchen war, daß dieser sich erst in Generationen zeigende Verfall durch Zugabe von Vollgetreide verhindert werden konnte.

Aus diesen Experimenten lassen sich drei wichtige Schlüsse ziehen:

1. Es sind noch nicht alle für die Erhaltung der Gesundheit des einzelnen und der kommenden Generationen unentbehrlichen Nahrungsbestandteile bekannt. Diese Feststellung hatte bereits Kollath gemacht (und die noch unbekannten Stoffe Auxone genannt).

2. Es wurde bewiesen, daß im Getreide noch einige nicht identifizierte Substanzen - wahrscheinlich mit Vitamincharakter - vorhanden sind und daß sie für die normale Funktion einiger Organe, vor allem für das Zentralnervensystem, unentbehrlich sind.

3. Die krankhaften Veränderungen, die durch das Fehlen der im Getreidekeim vorkommenden Substanzen entstehen, kommen von Generation zu Generation mehr zum Vorschein, so daß sich bleibende und nicht wieder rückgängig zu machende Schäden unter Umständen erst in den späteren Generationen zeigen.

Diese alarmierenden Beobachtungen lassen die außerordentliche Bedeutung der noch nicht identifizierten "Vitamine"im Getreidekeim auch für den Menschen erkennen. Die Versuche Bernáseks lassen keinen Zweifel darüber, daß es Wirkstoffe gibt, deren Fehlen in der Nahrung erst nach langer Anlaufzeit, d.h. unter Umständen erst in späteren Generationen, zur sichtbaren Auswirkung kommt. Bernásek erklärt diese Beobachtungen damit, daß der Organismus längere Zeit imstande ist, durch Ausgleichsmechanismen das Deutlichwerden der Ausfallsymptome zu verhindern. In dem verzögerten Auftreten der Warnsymptome sowohl in den Kollath'schen und Bernásek'schen Versuchen wie bei den Zivilisationsschäden des Menschen liegt die besondere Gefahr. Kollath sagt dazu: "Diese Forschungsergebnisse legen den Schluß nahe, daß die zunehmende Nahrungsverfeinerung in Europa über drei bis vier Generationen (seit ca. 1840) sich in einer über Generationen hinwegwirkenden gesundheitlichen Schädigung auswirken kann. So lassen sich viele Befunde verstehen, die sich durch die Mangelernährung des einzelnen Individuums nicht hinreichend erklären lassen. Manche Störung, die als "erbbedingt" erscheint, mag in Wirklichkeit auf einen Mangel in den Generationen zurückzuführen sein."

Vollgetreide, die Grundlage vollwertiger Ernährung

Natürlich sind die Versuche Kollaths und Benáseks nicht die einzigen, die Beweise für die Unentbehrlichkeit des Vollgetreides erbracht haben. Darüber liegt eine solche Fülle von Hinweisen und Erfahrungen vor, daß an der zentralen Bedeutung des Vollgetreides in der menschlichen Nahrung überhaupt kein Zweifel mehr bestehen kann. Durch die Versuche Bernáseks bekommen aber diese schon lange bekannten Tatsachen erneut eine Bestätigung und eine erhöhte Bedeutung. Sie beweisen, daß auch alle bis jetzt bekannten Einzelstoffe nicht imstande sind, das zu ersetzen, was natürliche Lebensmittel, insbesondere das Getreidekorn, enthalten. Es kann aber nicht oft genug darauf hingewiesen werden, daß das Haupthindernis, das der Ausbreitung dieser Erkenntnis entgegensteht, in der alten Ernährungslehre liegt, die nicht über die eingeengten Grenzen ihres Nährstoff- und Kaloriendenkens hinauskommt und die es für exakt wissenschaftlich hält, nur diejenigen Vitamine in ihre Überlegungen einzubeziehen, die schon chemisch nachgewiesen und identifiziert sind.

Die Tatsache, daß das Getreidekorn in seinem Keim und in den Randschichten Stoffe enthält, die in den wenig ausgemahlenen Auszugsmehlen nicht mehr vorhanden sind, und die Tatsache, daß diese Stoffe für die Erhaltung der Gesundheit über Generationen unentbehrlich sind, führen logischerweise zu der Forderung, die Vollgetreide wieder in die tägliche Nahrung einzuführen. Sie sind sozusagen ein Grundstein vollwertiger Ernährung und der Garant für die Gesunderhaltung.

Vollkornbrot, das tägliche Brot

Das tägliche Brot muß daher unter allen Umständen Vollkornbrot sein. Eine sonst noch so vollwertige Kost, die Weißbrot, Graubrot oder Schwarzbrot enthält, reicht zur Gesunderhaltung nicht aus.

Nach der Kollath'schen Tabelle gehört zwar das durch Erhitzung veränderte Vollkornbrot nicht mehr zu den Lebensmitteln, sondern zu den Nahrungsmitteln. Kollath hat nachgewiesen, daß die Auxone im Gegensatz zu den meisten Vitaminen zwar sehr hitzebeständig sind, daß sie aber durch Temperaturen von über 160 Grad wirkungslos werden. Nun werden zwar die Vollkornbrote wie alle Brote in Backöfen gebacken, die eine Temperatur von 220 bis 250 °C aufweisen. Da aber der Brotteig Wasser enthält, das an der Brotoberfläche während des Backprozesses laufend "ausschwitzt" (verdampft) und dabei durch den

Verbrauch der Verdampfungsenergie das Brot ähnlich "kühlt", wie auch unser Organismus durch Schwitzen eine Temperaturüberhöhung vermeidet, so erreicht das Brot im Inneren niemals eine höhere Temperatur als ca. 95 Grad Celsius. Daher bleiben die wesentlichen gesunderhaltenden Substanzen der Vollgetreide auch beim Backprozeß erhalten; deshalb konnte auch das Vollkornbrot jahrtausendelang die Grundlage für die Gesundheit ganzer Völker sein. Lediglich die Fermente, die schon bei Temperaturen ab 45 °C denaturiert werden, sind durch den Backprozeß zerstört. Deshalb ist es notwendig, aber auch genügend, täglich 2-3 Eßlöffel Getreide in Form eines Frischkorngerichtes (siehe dort) zu genießen.

Entscheidend wichtig ist es, daß das Getreide erst vor dem Backprozeß geschrotet wird, da bald nach der Schrotung die Eigenfermente durch den Zutritt von Luftsauerstoff eine chemische Umsetzung einleiten, die zu Wirkstoffverlusten führt. Häufig werden Vollkornbrote aus gelagerten Schroten hergestellt, die durch Oxydation sowohl an gesundheitlichem Wert als an Geschmack und Aroma minderwertig geworden sind. Überhaupt war ja die rasche Verderblichkeit der Vollkornmehle, wie wir bereits sahen, der Anlaß, ein Konservierungsverfahren zu suchen, das schließlich zur Entdeckung des keimlosen Auszugsmehls führte. Dies ermöglichte dem Bäcker eine Vorratswirtschaft, die seine Betriebsführung wesentlich vereinfachte. Die gesundheitlichen Folgen in Form einer lawinenartigen Zunahme der ernährungsbedingten Zivilisationskrankheiten wurde erst viel später entdeckt.

Warum essen so wenige Vollkornbrot?

Die Gründe, warum sich gute und wohlschmeckende Vollkornbrote und Vollkorngebäkke erst langsam in der Bevölkerung durchsetzen, sind folgende:

- Die meisten Bäcker haben es noch nicht gelernt, solche wohlschmeckenden und gesundheitlich hochwertigen Vollkornbrote und Vollkorngebäcke herzustellen.
- Die meisten Leute wissen noch nicht, daß solche Vollkornbrote und Vollkorngebäcke die wichtigste Grundlage für ihre Gesundheit oder die Rückgewinnung der verlorenen Gesundheit sind und darin durch nichts anderes ersetzt werden können.
- Die meisten Leute wissen noch nicht, daß solche Vollkornbrote und Vollkorngebäcke durch die darin enthaltenen Aromastoffe der frisch gemahlenen und sofort zum Teig weiterverarbeiteten Getreide von weitaus höherem

Wohlgeschmack sind als alle üblichen Brote und Gebäcke aus Auszugsmehlen.

- Viele Leute meinen, Vollkornbrote seien schwer verdaulich und schwer verträglich (auf diesen Irrtum wird weiter unten ausführlich eingegangen).
- Viele Leute essen nur aus Gewohnheit Weiß- oder Graubrot.
- Und vor allem Leute aus den unteren gesellschaftlichen Schichten meinen noch heute, Weißbrot zu essen, sei eine Frage der gesellschaftlichen Geltung.

Weißbrotessen ist "vornehm"

Vor hundert Jahren war es noch Sitte, täglich einen Getreidebrei zu essen, meist aus Hafer oder Hirse. Mit der Einführung der Auszugsmehle und der Verbannung der Vollkornprodukte hielt auch das Brötchen seinen Einzug und verdrängte den Brei. Wer die moderne Entwicklung nicht mitmachte und morgens statt des Brötchens beim Haferbrei blieb, mußte sich damals genauso den Vorwurf der Rückständigkeit gefallen lassen wie jemand, der sich heute nach der Mode einer vergangenen Zeit kleiden würde. Weißbrotessen war vornehm und wurde zum Privileg der feinen Leute und der gehobenen Gesellschaftsschicht. Dunkles Brot war lange das Brot der Armen, die sich das teure Weißbrot der Reichen nicht leisten konnten. Heute, wo sich der Unterschied zwischen arm und reich verwischt hat, stößt man doch noch vielfach auf ein Verhalten, das an diese historische Entwicklung erinnert. Weißbrotessen ist immer noch ein Zeichen der Vornehmheit; man denke nur an die belegten Brote bei Empfängen. Mancher würde es als Mißachtung empfinden, bei einer Gesellschaft dunkles Brot angeboten zu bekommen. Da aber heute die Menschen die Möglichkeit haben, ihren gesellschaftlichen Rang durch Auslandsreisen, Fernsehapparate, Beteiligung an anderen technischen Errungenschaften und hohen Verbrauch von Genußmitteln zu dokumentieren, steigen die Chancen, daß die Widerstände gegen das Vollkornbrot aus gesellschaftlichen Gründen verschwinden. Es besteht Aussicht, daß sich die Fronten verkehren; wer in Zukunft noch Graubrot ißt, zeigt, daß er auf einer niedrigen Erkenntnisstufe steht; wer fortschrittlich ist, ißt Vollkornbrot. Denn up to date zu sein, ist für viele heute wichtiger, als gesund zu sein. Die Zigarette und der Alkohol zeigen deutlich, wie viele bereit sind, ihre Gesundheit zu opfern, wenn sie nur den Leuten zeigen können, daß sie die Mittel haben, ein "gutes Leben" zu führen.

Im Verzehr von Getreideprodukten haben

sich also im Laufe der Zeit Verschiebungen ergeben, die für die Entstehung der ernährungsbedingten Zivilisationskrankheiten von maßgebender Bedeutung sind. Die Vollkornprodukte wurden zugunsten der Auszugsmehlprodukte aufgegeben, gleichzeitig wurde das Getreide nicht mehr in Breiform, sondern als Brot genossen. Zwei Drittel der Menschen auf dieser Erde sind bei der Getreide-Breinahrung geblieben, nur ein Drittel ist infolge der Zivilisation zur Brotnahrung übergegangen.

Ohne Frischkornbrei keine Vollwertkost

Um die mehr oder weniger starken Verluste an Vitalstoffen, die bei der Brotherstellung entstehen, auszugleichen, ist es notwendig, das Vollkornbrot durch einen Frischkornbrei zu ergänzen (Rezept S. 296).

Zur Verhütung ernährungsbedingter Zivilisationskrankheiten ist der tägliche Genuß von Frischgetreide in Breiform die unentbehrliche Grundlage. Getreide in Form von Vollkornbrot allein genügt nicht. Der Frischkornbrei ist das Zentralstück jeder biologisch vollwertigen Kost.

Intuitiv hat *Bircher-Benner* dies zu einer Zeit erkannt, in der die wissenschaftliche Ernährungsforschung von der Existenz notwendiger Vitalstoffe noch keine Ahnung hatte. Er empfahl schon vor 50 Jahren das Müsli, das heute als Bircher-Müsli weltbekannt ist. Es bestand ursprünglich aus 12 Stunden eingeweichten Haferflocken, 200 g geriebenen Äpfeln, 1 Eßl. Zitronensaft, 1 Eßl. Kondensmilch, 1 Eßl. geriebenen Mandeln oder Haselnüssen. Da es sich bei den Haferflocken zwar um ein Vollgetreideprodukt handelt, das aber nicht mehr lebendig ist, empfehlen wir, heute Getreide zu verwenden, das erst unmittelbar vor der Zubereitung geschrotet wird. Auf diese Weise soll die Garantie gegeben sein, daß auch solche empfindlichen Vitalstoffe, die heute noch unbekannt sind, enthalten sind. Aus demselben Grunde ist es auch ratsam, die Kondensmilch im Original-Bircher-Müsli durch Sahne oder naturbelassene Milch zu ersetzen.

Um möglichst viel Abwechslung in die Zubereitung der Frischkorngerichte zu bringen, wird auch eine Art empfohlen, die von Dr. Evers für die Behandlung von Erkrankungen des Zentralnervensystems, vor allem der multiplen Sklerose, angegeben wurde. Das Besondere besteht darin, daß *die Körner zum Keimen gebracht werden.*

Das Rezept findet sich auf Seite 298.

Die Sonderstellung der Krankheiten des Zentralnervensystems

Auch Dr. Evers hat schon lange die zentrale

Bedeutung des Vollgetreides für die Verhütung und Behandlung degenerativer Erkrankungen erkannt und durch Behandlungserfolge unter Beweis gestellt. Leider zeigt die Erfahrung, daß die Kranken mit multipler Sklerose meist zu spät zur Ernährungsbehandlung nach Dr. Evers kommen, so daß der Eindruck entsteht, als helfe diese Behandlung auch nicht viel. Der Kranke weiß meist nicht, daß die Nervenzellen, die bereits zerstört sind, durch keinerlei Behandlungsmethode wiederhergestellt werden können. Zur richtigen Beurteilung dieser Fragen muß man wissen, daß die Erkrankungen des zentralen Nervensystems eine Sonderstellung einnehmen und nicht mit anderen Erkrankungen verglichen werden dürfen. *Im Zentralnervensystem (Gehirn und Rückenmark) hat jede einzelne Nervenzelle ihre Sonderfunktion, die von keiner anderen Nachbarzelle übernommen werden kann.* Solange die Nervenzelle nicht zugrunde gegangen, sondern nur geschädigt ist, besteht Aussicht auf Wiederherstellung der Funktion. Ist die Nervenzelle aber zerstört und durch eine unspezifische Bindegewebszelle (Narbe) ersetzt, ist ihr Ausfall endgültig. Ganz anders wirkt sich die Zerstörung von Leber-, Herz-, Nieren- oder Lungenzellen aus; auch diese Zellen können nicht wiederhergestellt werden, wenn sie einmal zerstört sind, aber die übrigen Zellen des gleichen Organs haben alle dieselbe Aufgabe zu erfüllen, können also die Funktion der zerstörten übernehmen.

Bei der Zerstörung von Nervengewebe bleiben demnach endgültige Ausfälle der Funktion, die nie mehr rückgängig zu machen sind, während bei Zerstörung anderer Organe lediglich die Organleistung im ganzen gemindert wird, was bei kleinen Narbengebieten überhaupt nicht in Erscheinung zu treten braucht. So ist bekannt, daß selbst nach Zerstörung großer Lungenteile nach Tuberkulose das übrige Lungengewebe imstande ist, die Ausfälle auszugleichen. Auch bei der Leber brauchen selbst nach Zerstörung von mehr als der Hälfte des Lebergewebes keine sichtbaren Funktionsausfälle aufzutreten: Die Sonderstellung des Nervensystems, die durch seine hohe Differenzierung bedingt ist, erklärt es, daß die Aussichten einer Heilbehandlung in starkem Maße davon abhängig sind, ob die Erkrankung frühzeitig behandelt wird oder nicht. Natürlich gilt dies auch für andere Erkrankungen, aber bei Erkrankungen des zentralen Nervensystems ist der frühe Zeitpunkt des Behandlungsbeginns wegen der erwähnten Besonderheiten von entscheidender Bedeutung. Endgültig zerstörtes Nervengewebe kann auch die Everskost natürlich nicht mehr in funktionstüchtiges Gewebe zurückverwandeln. Der Hinweis auf diese Zusammenhänge erscheint besonders nötig, um nicht die ausbleibenden Erfolge bei zu spätem Beginn der Behandlung der Wirkungslosigkeit des gekeimten Getreides zuzuschieben.

Was ist besser: Das Frischkorngericht als Brei oder angekeimte Körner?

Immer wieder kommen Anfragen, ob der Frischkornbrei oder die gekeimten Körner günstiger wären. Beim Keimvorgang bilden sich einerseits einige Vitalstoffe vermehrt, andererseits werden einige Vitalstoffe dabei zum Teil verbraucht. Deshalb sollen die Körner auch nur eben angekeimt werden. Ein nicht zu unterschätzender Vorteil der gekeimten Körner liegt darin, daß kein Getreide verwendet werden kann, das infolge vorausgegangener schädlicher Einflüsse nicht mehr keimfähig ist. Es ist selbstverständlich, daß die biologische Wertigkeit von Getreide, das nicht mehr keimfähig ist, erheblich niedriger liegt, als von keimfähigem Korn. Um diese Gefahr auszuschalten, ist es empfehlenswert, vor der Bereitung des Frischkornbreies eine einmalige Keimprobe anzustellen. Auch zur Herstellung des Frischkornbreies sollte nur keimfähiges Getreide verwendet werden.

Selbstverständlich kann auch das gekeimte

Korn bei Kaubehinderten nachträglich in Breiform gebracht werden.

Der Frischkornbrei aus gemahlenen ungekeimten Körnern hat den Vorteil der einfachen Zubereitung. Am vorteilhaftesten ist es, sowohl den Frischkornbrei als auch (zur Abwechslung oder zusätzlich z.B. als Beilage zum Mittagessen) gekeimte Körner zu essen.

Ausgewogenes Verhältnis der Vollgetreide zur Gesamtnahrung

Was die Menge des rohen Getreides betrifft, so genügen für die Krankheitsvorbeugung und Heilbehandlung im Durchschnitt 3 Eßlöffel täglich. Eine Steigerung der Menge geht im allgemeinen nicht mit der Steigerung der Heilerfolge einher, da in der angegebenen Menge erfahrungsgemäß ausreichend Wirkstoffe vorhanden sind, um Vitalstoffmangel auszugleichen. Auch hier hat, wie bei Arzneien, der Spruch “viel hilft viel” keine Gültigkeit. Denken wir an die Wirkung der Katalysatoren, so ist es verständlich, daß die Zufuhr der nötigen Wirkstoffe mehr ein Qualitäts- als ein Quantitätsproblem ist.

Auch um das Basen-Säuregleichgewicht nicht zu stören, empfiehlt es sich, die Getreidemenge nicht auf Kosten des Gemüses und des Obstes zu stark zu erhöhen. Ein ausgewogenes Verhältnis zwischen Getreide einerseits und Obst und Gemüse andererseits ist anzuraten; zu viel Getreide bei zu wenig Gemüse und Obst könnte bei mancher Erkrankung eine Verschiebung des pH-Wertes des Blutes zur sauren Seite bewirken und die Heilvorgänge erschweren. Die Berücksichtigung des Säure-Basengleichgewichtes ist aber nur eine Betrachtungsweise bei der Zusammenstellung einer Kostform. Eine Auswahl der Nahrungsmittel nur nach diesem Prinzip könnte genauso verhängnisvoll werden wie die Zusammenstellung nach Kalorien oder nach Grundnährstoffen.

Stehen einem gesunden Organismus alle notwendigen Nähr- und Wirkstoffe zur Verfügung, so laufen alle Stoffwechselvorgänge richtig ab. Diese Tatsache ist in dem Begriff Gesundheit mit eingeschlossen. Sind bei einem Organismus, der durch Vitalstoffmangel krank geworden ist, Schädigungen noch rückbildungsfähig, so genügt die Zufuhr aller Vitalstoffe ohne Berücksichtigung anderer Gesichtspunkte, um dieses Ziel zu erreichen. Dem Organismus stehen dann genügend Mechanismen zur Verfügung, um z.B. das gestörte Säure-Basenverhältnis wiederherzustellen. Lediglich bei ernährungsbedingten Zivilisationskrankheiten, die bereits zu Dauerschäden geführt haben, reicht eine Zufuhr der Vitalstoffe evtl. allein nicht mehr aus, um ernste Stoffwechselentgleisungen zu beseitigen. Hier sind je nach Fall diätische Spezialmaßnahmen notwendig, die in ärztliche Hände gehören und hier nicht besprochen werden sollen. Es gibt aber selbst in extrem gelagerten Krankheitsfällen keine Ausnahme von dem Grundprinzip Kollaths: "Laßt die Nahrung so natürlich wie möglich." Lediglich eine spezielle Auswahl innerhalb der natürlichen Nahrung kommt hier in Frage.

Die ausführliche Darstellung der Probleme um das Brot und die Getreidenahrung erschien notwendig, um die einmalige und überragende Bedeutung des Vollgetreides für die Krankheitsverhütung und -behandlung genügend klarzumachen. Die Forschungsergebnisse lassen erkennen, daß ohne Vollgetreide die Verhütung ernährungsbedingter Zivilisationsschäden nicht möglich ist. Alle anderen sonstigen Maßnahmen, Methoden und Behandlungsvorschläge sind ohne die Berücksichtigung der Vollgetreide von vornherein zum Scheitern verurteilt. Eine Gesundheitsprophylaxe ist nur mit Vollgetreide als unentbehrlichem Zentralstück erfolgreich.

Vollgetreide, wichtige Eiweißspender

Die Vollgetreide spielen aber nicht nur wegen ihres Vitalstoffgehaltes eine so überragende

Rolle, sondern sie sind auch im Hinblick auf die *Versorgung mit Eiweiß* von größter Bedeutung. Auf die *Vollwertigkeit des pflanzlichen Eiweißes* ist bereits hingewiesen worden. Der Anteil in der Eiweißversorgung durch das hochwertige Eiweiß im Vollgetreide spielt in der Gesamternährung der Erdbevölkerung eine wesentliche Rolle. Wegen der grundsätzlichen Bedeutung der Eiweißfrage, über die bisher erheblich falsche Vorstellungen sowohl in bestimmten wissenschaftlichen wie in Laienkreisen herrschen, sei kurz dazu Stellung genommen.

Die Welternährung, ein Eiweißproblem

Der kalorische Anteil an der *Gesamternährung der Erdbevölkerung,* der durch rein pflanzliche Nahrung zugeführt wird, liegt bei 85%, bei einer mit Milch und Milchprodukten kombinierten, einer sogenannten laktovegetabilen Ernährung, bei 90%. Diese Zahlen mögen für die meisten kaum glaublich erscheinen. Nicht weniger überraschend sind die Zahlen über das Verhältnis des pflanzlichen Eiweißanteils in der Welternährung zum tierischen. Der vegetabile Anteil steht zum animalischen im Verhältnis von 73,5% zu 26,5%. Der laktovegetabile Anteil beträgt 80,7%. Im Vergleich entfallen bei Fetten 57% auf den pflanzlichen Nahrungsteil und 43% auf den tierischen und 63% auf den laktovegetabilen. Die durchschnittliche Eiweißdecke der Erdbevölkerung setzt sich also zu Dreivierteln aus pflanzlichen Eiweißen zusammen. In Nordamerika wird mit 29% am wenigsten Eiweiß verzehrt, in China mit 96,4% am meisten; dazwischen liegt Europa mit 52%.

Bei der Versorgung mit pflanzlichen hochwertigen Eiweißarten spielen nun die Vollgetreide eine so bedeutende Rolle, daß eine Ersetzung der künstlichen Auszugsmehlprodukte durch Vollgetreideerzeugnisse die Eiweißversorgung der Menschen auf dieser Erde erheblich verbessern könnte.

Die Unterernährung, unter der 1 1/2 Milliarden Menschen leiden, ist nicht nur durch Mangel an Nahrungsmitteln überhaupt bedingt, sondern vorwiegend Ausdruck ihrer qualitativen Minderwertigkeit. Die Mangelernährung muß hauptsächlich als Eiweißmangel aufgefaßt werden. Hier könnten die Vollgetreide eine entscheidende Hilfe bringen. Zur Beseitigung der Hungersnöte wäre es daher nicht allein notwendig, die Produktion an Nahrungskalorien für die Erdbevölkerung zu verdoppeln, auch eine Verdreifachung der Eiweißdecke bis zum Jahre 2000 müßte erreicht werden. Eine wirksame Entlastung der Ernährungslage auf der Erde ließe sich in Zukunft erreichen, wenn vorwiegend die Cerealien Reis, Mais, Hirse, Roggen und Weizen angebaut würden und dazu auch z.Z. noch ungenutzte Ländereien erschlossen würden. Zur Zeit werden in den verschiedenen Gebieten der Erde 30-90% der Kalorienversorgung und 25-85% der Eiweißversorgung durch Getreide gedeckt, im Durchschnitt sind es 55% Kalorien und 53% Eiweiß. Aber bereits mit der heutigen Weltgetreideproduktion könnte man bei Verwendung der Vollcerealien neben einer besseren Vitalstoffzufuhr die kalorische und Eiweißversorgung erheblich erhöhen. Darüberhinaus steigert die richtige Kombination der verschiedenen Vollgetreide mit anderen Nahrungseiweißen den nutzbaren Anteil des dadurch erzielten Mischeiweißes. Diese gegenseitige Eiweißaufwertung kann durch Untersuchungen des Gehaltes an Aminosäuren nachgewiesen werden. Erprobte Beispiele hierzu sind Mischungen von Vollgetreide mit Nüssen, Milch, Ölsamen, Torulahefeeiweiß und Algeneiweiß.

Der Umweg über das Tier ist unrentabel

Die Bedeutung der Vollgetreide für die Lösung der Welternährungsfragen bekommt durch eine andere Tatsache noch mehr Gewicht: Mit derselben Bodenfläche, die ausreicht, um 10 Personen mit pflanzlichen Nahrungsmitteln zu versorgen, kann nur 1 Person ernährt werden, wenn der Boden zur Haltung von Tieren benutzt wird und diese Person vom Tier und seinen Produkten lebt. Das heißt, mit vegetarischer Ernährung könnten auf demselben Raum zehnmal mehr Menschen ernährt werden als bei reiner tierischer Ernährung. Die Kalorien, die vom Tier für sein Wachstum und Leben verbraucht werden, gehen dem Menschen verloren. Man hat errechnet, daß ein Schwein, das mit 1 091 000 Wärmeeinheiten aufgezogen worden ist, für die Ernährung des Menschen nur 210 000 Kalorien in Form seines Fleisches zurückgeben kann; vier Fünftel des ihm gefütterten Nährwertes gehen also für die Ernährung des Menschen verloren.

Das Vorbild Dänemarks im 1. Weltkrieg

Welch verheerende Auswirkungen die falsche Vorstellung von der Minderwertigkeit des pflanzlichen Eiweißes in dem Leben der Völker haben kann, zeigte das bekannte Beispiel von der Blokkade Deutschlands im ersten Weltkrieg. Demgegenüber bewahrte der dänische Arzt *Hindhede* sein Volk vor Hungersnot, obwohl ihm prozentual weniger Lebensmittel zu Verfügung standen als dem deutschen Volk. Er hatte 5 Dinge erkannt: 1., daß die Theorie von der Minderwertigkeit des pflanzlichen Eiweißes falsch war, 2., daß bei Fütterung der Tiere mit Kleie hochwertige Stoffe für den Menschen verlorengehen, 3., daß der Mensch von einem Drittel des üblicherweise verzehrten Eiweißes mit Vorteil leben kann, 4., daß die Ernährung des Menschen über den Umweg des Tieres einen erheblichen Nährverlust bedeutet und 5., daß die Kleie nicht, wie bisher gelehrt, unverdaulich ist, sondern daß die hochwertigen Stoffe der Kleie vom Menschen genauso gut verwertet werden wie von Schweinen. Hindhede ordnete daher das Schlachten von vier Fünftel des Schweinebestandes an und ließ ihr Futter aus Kleie, Kartoffelschalen und Getreideresten für den Menschen verwenden. Auch der Bestand der Kühe wurde um ein Drittel verringert. So standen 800 000 Tonnen Vollgetreide vorwiegend für die Ernährung des Menschen zu Verfügung, die sonst zum größten Teil für die Viehfütterung verwendet worden wären.

Bekanntlich waren die Maßnahmen Hindhedes ein voller Erfolg; es gelang dadurch, das dänische Volk vor einer Hungerkatastrophe zu bewahren, während die Menschen im benachbarten Deutschland, das während des ganzen Krieges über mehr Nahrung pro Kopf verfügte, Hungersnot litt. Hindhede sagte wörtlich: “Daß wir in Dänemark 1917 Deutschland hungern sahen, obwohl ihm im Verhältnis zu unserer Bevölkerungszahl 70% mehr Roggen und 130% mehr Kartoffeln für die Ernährung seines Volkes zur Verfügung standen, war eine Tatsache, die uns unsere schwierige Lage infolge der Einfuhrsperre durch die Verbündeten noch deutlicher vor Augen hielt. Was uns rettete, war, daß wir in Dänemark den verhängnisvollen Irrtum erkannt hatten, den Deutschland beging, als es versuchte, seinen Viehbestand zu erhalten, und dabei den weiteren Umstand unberücksichtigt ließ, daß bei der Tierfütterung mit einer für die Menschen tauglichen Kost nicht weniger als 80% dieser Lebensmittel für die Volksernährung verlorengehen."

Prof. Wiegener von der eidgenössischen technischen Hochschule in Zürich kam 1915 auf Grund eigener Versuche zu den gleichen Schlußfolgerungen wie Hindhede: "Da der Mensch in der Lage ist, Kleie ebenso gut zu verdauen wie die Schweine und Wiederkäuer, bedeutet die Fütterung der Tiere mit Kleie für die Menschen einen Verlust von fast neun Zehntel des Nährstoffes im Getreide."

Trotz dieser schon 50 Jahre zurückliegenden Erfahrung hat sich in der praktischen Handhabung in der Volksernährung nichts geändert. Nach wie vor wird die Kleie den Menschen vorenthalten und zur Tierfütterung benützt und noch obendrein durch den Verlust unersetzlicher Vitalstoffe die Gesundheit der Völker zerstört. Auf die Hintergründe dieser unfaßlichen Vorgänge wird weiter unten eingegangen.

Dasselbe, was vom Ernährungsumweg über das Schwein gesagt ist, gilt in ähnlicher Weise auch für andere tierische Produkte. In einer Sonderschrift der dänischen Regierung im Herbst 1917 wird erklärt, daß der Verlust an Nahrungsstoffen für die Volksernährung durch die Schweinezucht 81,3 %, durch Milchwirtschaft 81,6 % und mit der Fleisch- und Fettbeschaffung durch Schlachttiere 94,7 % betrage. Das bedeutet, daß auch die Milchwirtschaft nur 18,4 % und die Fleisch- und Fettwirtschaft nur 5,3 % der Nährwerte zurückgeben, die für sie aufgewendet worden sind. Hindhede zog daraus den Schluß, daß bei Berücksichtigung dieser Tatsachen Dänemark seine Bevölkerung 5,8 mal vergrößern oder von 3 Millionen auf 17 Millionen steigern könnte, während Deutschland imstande wäre, 200 Millionen Menschen zu ernähren.

Im Hinblick auf die Versorgung der Erdbevölkerung mit Nahrung wäre aus diesen Erkenntnissen der Schluß zu ziehen, daß die Menschen dieser Erde zu einer vegetarischen Ernährung zurückkehren müßten.

Das vegetarische Problem

Hier ist die Stelle, wo es notwendig erscheint, zu dem viel umstrittenen *Problem des Vegetarismus* Stellung zu nehmen. Der Vegetarismus kann von den verschiedensten Standpunkten aus betrachtet werden, vom ethischen, vom ernährungsphysiologischen, vom biologischen, vom volkswirtschaftlichen und vom ästhetischen.

Als Wichtigstes sei vorweg festgestellt, daß der Vegetarismus in erster Linie ein ethisches und erst in zweiter Linie ein Ernährungsproblem ist.

Ernährungsphysiologische Gesichtspunkte

Nach physiologischen Gesichtspunkten ist, wie wir bereits festgestellt haben, der Genuß von Fleisch und den tierischen Produkten Milch und Ei unnötig, falls die übrige vegetabile Kost vollwertig ist. Wir sahen, daß ohne Vollgetreide diese Bedingung schwer erfüllbar ist. Das Wesentliche ist, daß die Lebensmittel nicht durch Erhitzung, Konservierung oder Präparierung in halb- oder minderwertige Teilnahrungsmittel verwandelt werden; der Umstand, ob die möglichst naturbelassenen Lebensmittel vom Tier oder Pflanze stammen, ist von diesem Gesichtspunkt aus zweitrangig. Dies würde also bedeuten, daß der Mensch vom rein physiologisch-chemischen Standpunkt aus gesehen genauso gut nur vom Tier leben könnte wie von rein pflanzlichen Lebensmitteln.

Dies würde aber voraussetzen, daß der Mensch in gleicher Weise wie das Raubtier, das nur von anderen Tieren lebt, die Tiere ganz und roh verzehrt. Der Verzehr nur von gekochtem Fleisch und zwar meistens nur von Muskelfleisch, wie es der Mensch macht, wäre zur Gesunderhaltung keineswegs ausreichend. Wollte der Mensch das fleischfressende Raubtier in seinen (Fr)eßgewohnheiten nachahmen, so müßte er alle Teile des getöteten Tieres, die inneren Organe, auch Magen- und Darminhalt, Fell und Knochen in roher Form mitverschlingen. Es könnte möglich sein, daß vom chemischen Standpunkt aus gesehen diese Nahrung zur Gesunderhaltung des Menschen ausreichen würde. Meines Wissens ist ein solcher Versuch in so krasser Form bisher noch nicht gemacht worden, wenn man nicht die frühere Ernährung der Eskimos in gewisser Weise hierher rechnen möchte.

Vieles spricht aber dagegen, daß diese Ernährungsform die dem Menschen von Natur aus angemessene ist. Es fehlen ihm nicht nur die zum Aufspüren, Fangen und Ergreifen der Tiere nötigen Sinne, Fähigkeiten und Greif- und Kauwerkzeuge, auch sein Instinkt ist nicht auf das Erlegen von Tieren und den Genuß rohen Fleisches ausgerichtet. Im Gegenteil, einem natürlich empfindenden Menschen ist der Anblick und der Geruch rohen Tierfleisches zuwider. Erst bei der Zubereitung durch Kochen und Braten entstehen Geschmacksstoffe, die manche zum Genuß reizen.

Es gibt nun eine große Zahl von Menschen, die sich ursprünglich aus dem Genuß von Fleisch nicht viel machen, die es aber nur deshalb essen, weil das von der alten Ernährungslehre verbreitete Dogma sich in ihrem Gehirn unausrottbar festgesetzt hat, pflanzliches Eiweiß enthalte nicht alle notwendigen Aminosäuren und bedürfe des tierischen Eiweißes zur Ergänzung.

Das Absurde dieses Dogmas erhellt schon aus der Tatsache, daß mehr als 1 Milliarde Menschen auf dieser Erde tatsächlich ihr ganzes Leben rein vegetarisch leben. Wäre das Dogma vom tierischen Eiweiß richtig, müßte die leibhaftige Existenz dieser Menschen in den Bereich der Halluzinationen verwiesen werden.

Natürlich hat sich schon längst durch exakte wissenschaftliche Forschungen der Grund finden lassen, weshalb diese Vegetarier tatsächlich als Vollblutmenschen existieren; die alten Vorstellungen über die Rolle des tierischen Eiweißes haben sich als ebenso irrig und unhaltbar erwiesen wie die Zahlen, die früher für das Eiweißmindestmaß angegeben waren. So deckt sich der ernährungsphysiologische Anteil des vegetarischen Problems praktisch mit der *Frage des Eiweißminimums.*

Das Eiweißminimum

In der alten Ernährungslehre, die sich vorwiegend auf die Anschauungen von Liebig, Pettenkofer, Voit und Rubner stützt, wurde eine tägliche Aufnahme von 110-130 g Eiweiß für notwendig gehalten. Auf Grund späterer Untersuchungen wurde das Eiweißminimum von der offiziellen Ernährungslehre dann auf 70 g pro Tag herabgesetzt. Es liegen aber eine Fülle von experimentellen Untersuchungen vor, die mit Sicherheit beweisen, daß ein Eiweißminimum von 30 bis 35 g täglich voll ausreichend ist und daß diese Eiweißmenge aus rein pflanzlichen Nahrungsmitteln gedeckt werden kann. Den besten Beweis dafür, welch geringe Eiweißmengen notwendig sind, liefert die Muttermilch, die nur 1,4–2,5 % Eiweiß enthält. Dabei gedeiht der Säugling hervorragend und verdoppelt sein Gewicht in weniger als einem Jahr. Ralph Bircher berichtet seit Jahrzehnten in der Zeitschrift "Wendepunkt" laufend aus der Fülle der einschlägigen Forschungsarbeiten, aus denen hervorgeht, daß das Eiweißminimum viel niedriger liegt als früher angenommen und daß pflanzliches Eiweiß vollwertig ist. Die wichtigsten Aufsätze daraus finden Sie in seinem Buch »Geheimarchiv der Ernährungslehre«*).

Daß sich diese neuen Erkenntnisse nicht allgemein verbreiten und man allenthalben den irrigen alten Vorstellungen begegnet, deckt sich mit der Tatsache, daß auch in den meisten wissenschaftlichen Abhandlungen über Eiweißfragen nichts von den neuen Erkenntnissen zu finden ist, sondern unbeirrbar an der alten These festgehalten wird, nur tierisches Eiweiß sei vollwertig, das Eiweißmindestmaß liege bei 70 g und der Mensch brauche Fleisch, um gesund und stark zu bleiben. Auch die Lehrbücher, die in den Schulen verwendet werden, stehen noch auf dem Stand, der den Vorstellungen der alten Ernährungslehre entspricht. Es ist aber ein verheißungsvoller Ausblick, daß die FAO nachwies, daß 35 g rein pflanzliches Eiweiß am Tag für volle Gesundheit und Leistungsfähigkeit genügen, natürlich vorausgesetzt, daß die übrige Nahrung die ebenfalls notwendigen Nähr- und Vitalstoffe enthält. Auch in diesem Zusammenhang ist es in-

*) Bircher-Benner-Verlag, Bad Homburg

teressant, daß die geringen Eiweißmengen nur dann ausreichen, wenn die Nahrung in genügendem Maße unerhitzte Vegetabilien enthält.

Eine fruchtbare und sinnvolle Debatte über das vegetarische Problem setzt, wie jede Diskussion über eine Frage, das notwendige Grundwissen voraus, in diesem Fall das Wissen, daß eine vollwertige und gesunderhaltende Kost ohne tierisches Eiweiß möglich ist.

Es ist eine ganz andere Frage, ob die Durchführung einer richtig zusammengesetzten vegetarischen Ernährung zu jeder Zeit und an allen Orten möglich und notwendig ist. Diese Möglichkeit besteht zur Zeit zweifellos nicht. Der Vegetarier bekommt auf Reisen die Schwierigkeiten eindrucksvoll zu spüren. Sie beruhen aber nicht so sehr darauf, daß es unmöglich ist, eine vollwertige Kost überhaupt zu beschaffen, sondern sie rühren vorwiegend daher, daß der Vegetarier eine Ausnahme unter den üblichen fleischessenden Menschen darstellt und die zivilisierte Welt auf den Fleischesser eingerichtet ist. In einem vegetarisch lebenden Volk ist es der Fleischesser, der Schwierigkeiten in der Beschaffung seiner Nahrung hat.

Koständerung verlangt gründliche Information

Wieder eine ganz andere Frage ist es, wie weit

der einzelne bereit ist, von seinen bisherigen Eßgewohnheiten abzugehen; dies gilt natürlich nicht nur für die vegetarische Frage. Im allgemeinen werden sich kaum Menschen finden, die ohne zwingenden Grund bereit sind, ihre liebgewordenen Eßgewohnheiten zu ändern.

Einer Umstellung der Ernährungsgewohnheiten steht noch ein anderes ernstes Hindernis entgegen. Es ist der weit verbreitete Irrtum, daß eine "gesunde" Kost nicht gut schmecke und daß derjenige, der sich gesund ernähre, auf alles, was gut schmecke, verzichten müsse. Dabei wird übersehen, daß das, was der einzelne als "gut" schmeckend bezeichnet, sowohl von seinem persönlichen Geschmack wie von der Gewöhnung abhängig ist. Ein Kind wird manche Speise, der es im fremden Haushalt begegnet, ablehnen. Meist hält ein Kind eben das, was seine Mutter kocht und wie sie es zubereitet, für wohlschmeckend. Gerade am Kind kann man beobachten, wie unabhängig von der persönlichen Geschmacksrichtung alles Unbekannte mit den Worten "das mag ich nicht" abgelehnt wird. Und bei manchem finden sich diese Gewöhnungen aus der Kindheit noch bis ins hohe Alter.

Was "gut schmeckt", ist ein subjektives Urteil. Was dem einen seine Leibspeise ist, kann einem anderen zuwider sein.

Neben der "Gewohnheit" ist natürlich andererseits der Umstand, ob eine Speise gut schmeckt oder nicht, von der *Kunst des Kochs* abhängig. Dies gilt für jedes Gericht. Man kann ein Fleischgericht ebenso langweilig zubereiten wie ein Gemüse, man kann beides aber auch delikat anrichten; und dies ist eben Sache der Kochkunst. Das Wissen um diese einfachen Dinge spielt aber bei jeder Ernährungsberatung eine entscheidende Rolle. Auf der einen Seite muß dafür gesorgt werden, daß die neu hinzukommenden Gerichte, die der Kranke bisher nicht aß oder nicht kannte, nicht nur schmackhaft zubereitet werden, sondern auch so, daß sie der Geschmacksrichtung des Betreffenden möglichst weit entgegenkommen. Wenn es möglich war, daß sich der Mensch an seine bisherige Kostform gewöhnt hatte, warum soll es nicht auch möglich sein, daß er sich an eine neue gewöhnt!

Da der Vorgang der Gewöhnung auch bei neuen Gerichten nach einiger Zeit eintritt, kommt es vor, daß Patienten Speisen, die sie ihr ganzes Leben abgelehnt hatten, so lieben lernen, daß sie sie nicht mehr missen möchten. Anfangs müssen dabei oft manche Vorurteile überwunden werden, die aber meist aus mangelndem oder falschem Wissen entstanden waren. Dies ist der Grund, weshalb eine Koständerung ohne gründliche Aufklärung und Wissensvermittlung meist scheitert. Nur, wenn der Kranke einsieht, warum er gerade die verordneten Speisen essen und andere weglassen muß, wird er sich zur Kostumstellung entschließen.

Fehlurteile über Vegetarier

Meine in der täglichen Ernährungsberatung gewonnenen Erfahrungen sprechen dafür, daß der Mensch meist erst bereit ist, seine Nahrungsgewohnheiten zu ändern, wenn er krank ist und seine Krankheit soweit fortgeschritten ist, daß ihm keine Hilfe mehr in Aussicht gestellt wird. Dies führt dazu, daß, wie schon öfters betont, auch die besten und strengsten Ernährungsmaßnahmen in vielen Krankheitsfällen für eine völlige Heilung zu spät kommen und lediglich imstande sind, das Fortschreiten der Degeneration aufzuhalten und einen Krankheitsstillstand zu erreichen.

Man findet deshalb auch unter den Vegetariern nicht selten Menschen, die erst durch eine schwere Krankheit zum Vegetarismus gekommen sind und nur durch die Fortsetzung dieser Ernährung sich ihr Leben weiter erhalten konnten. Wenn die Krankheit aber schon zu weit fortgeschritten war, um eine völlige Heilung zu ermöglichen, so sind diese Kranken oft ein ungeeignetes Demonstrationsobjekt, um den Vollwert der vegetabilen Nahrung - richtige Zusammensetzung vorausgesetzt - zu beweisen. Der oberflächliche Betrachter wird daraus den Schluß ziehen, daß der Betreffende krank wurde, *weil* er vegetarisch lebt; er erkennt nicht, daß der Kranke zu dieser Ernährung gekommen ist, weil er seiner Krankheit auf andere Weise nicht beikam.

Der Puddingvegetarier und andere Fehler von Vegetariern

Zu ähnlichen Fehlschlüssen geben diejenigen Vegetarier Anlaß, die lediglich das Fleisch aus ihrer Nahrung streichen, aber sonst alles beim alten lassen. Eine solche Ernährung bietet keinen Vorteil, meist ist sie sogar noch minderwertiger als die übliche gemischte bürgerliche Kost, da derjenige, der kein Fleisch und keine Wurst ißt, gerne als "Ersatz" vermehrt zu Süßigkeiten und Mehlspeisen greift. Dieser sogenannte "Puddingvegetarier" hat viel dazu beigetragen, den echten Vegetarismus in Mißkredit zu bringen. Denn das Weglassen von gekochtem Muskelfleisch bringt nur dann einen gesundheitlichen Vorteil, wenn es durch vollwertigere Nahrungsmittel ersetzt wird, wenn also Grau-, Schwarz- und Weißbrot durch Vollkornprodukte ersetzt werden, wenn die Nahrung täglich einen Frischkornbrei, einen gewissen Anteil von Frischkost und genügend naturbelassene Fette enthält. Dann allerdings ist es in vielen Fällen vom ernährungsphysiologischen Standpunkt aus von geringer Bedeutung, ob auch zusätzlich das relativ minderwertige erhitzte Muskelfleisch genossen wird. Dies gilt natürlich nicht für bestimmte Krankheiten (manche Hautkrankheiten, rheumatische Erkrankungen, Nierenkrankheiten usw.), bei denen die Vermeidung von Fleisch und tierischen Produkten unter Umständen notwendig ist.

Der Irrtum vom "kräftigen" Fleisch

Aber gerade die Durchführung einer solchen Kost bei bestimmten Erkrankungen stößt auf die ernsten Bedenken des Kranken. Er stellt immer wieder die ängstliche Frage, ob die Kost ohne Fleisch auch "kräftig" genug sei. In der Volksmeinung, in der sich die Irrtümer der alten Ernährungslehre widerspiegeln, ist eben nur Fleisch "kräftige" Nahrung. Da für den, der in den Gedanken der alten Ernährungslehre groß geworden ist, der Begriff Eiweiß mit tierischem Eiweiß identisch ist, kann nicht eindrücklich und oft genug darauf hingewiesen werden, daß hochwertiges Eiweiß in viel größerer Menge in den pflanzlichen Nahrungsmitteln vorhanden ist, als allgemein angenommen wird, und daß es durch den Gehalt an allen essentiellen Aminosäuren genau so vollwertig ist wie tierisches Eiweiß.

Zur Illustrierung sei auf eine Tabelle hingewiesen, in welcher der prozentuale Anteil exogen-essentieller Aminosäuren und die biologischen Nutzungswerte von Rindermuskeln und Blattgemüsen einander gegenüber gestellt werden. Die Zahlen sind dem Buch "Vitalstofflehre - Vitalstofftabellarium" von Prof. Schweigart entnommen.

Wer die Zahlen vergleicht, wird hoffentlich endgültig von der Vorstellung geheilt sein, daß im Gemüse "nichts drin" sei und nur Fleisch "Kraft" bringe.

Die Angst vor dem Eiweißmangel

Geht man den Gründen nach, weshalb doch mindestens in den hochzivilisierten Völkern der Fleischverbrauch seit einem Jahrhundert ständig ansteigt, so stoßen wir immer auf dieselben Tatsachen: Es sind die Auswirkungen der alten Ernährungslehre. Im Jahre 1815 betrug der Verbrauch an Fleisch in Deutschland 14 kg pro Kopf im Jahr, er stieg an bis auf 51 kg im Jahre 1958. 1981/82 betrug der Verbrauch pro Kopf im Jahr etwa 90 kg. Dieser Anstieg auf etwa das Fünffache entspricht den Wünschen der herkömmli-

Prozentualer Anteil exogen-essentieller Aminosäuren und biologische Nutzungswerte
(nach H. A. Schweigart und G. Quellmalz)

	Arginin	Histidin	Lysin	Tryptophan	Phenyl-alanin	Methionin	Threonin
Rindermuskel	6,70	2,52	7,05	1,13	4,26	2,87	4,0
Blattgemüse	6,09	1,825	4,96	1,65	3,91	2,0	3,565

	Leucin	Isoleucin	Valin	Cystin	Exogene Aminosäuren	Biologische Gesamtnutzung
Rindermuskel	6,7	5,48	5,04	1,13	46,88	71,3
Blattgemüse	9,58	4,69	5,21	1,74	45,22	73,0

chen Ernährungsphysiologie, die einen hohen Verbrauch an tierischem Eiweiß für die Gesunderhaltung als notwendig erachtet. In diesem Sinne wird auch heute noch unentwegt die Belehrung der zivilisierten Völker vorgenommen.

Die Gespräche in der ärztlichen Sprechstunde zeigen diese Zusammenhänge ganz deutlich.

Fragt man einen Kranken, der sich nichts aus Fleisch macht und der den Vegetarismus aus ethischen Gründen bejaht, weshalb er trotzdem Fleisch esse, so kommt immer dieselbe Antwort: "Wie soll ich sonst meinen Eiweißbedarf dekken?" Die Angst, nicht genug mit Eiweiß versorgt zu sein, wenn kein Fleisch gegessen wird, sitzt so tief und fest und ist so allgemein verbreitet, daß die Hinweise darauf, daß dieses Dogma durch wissenschaftliche Forschungen schon längst als Irrlehre entlarvt sei, stets auf Zweifel und Ungläubigkeit stoßen. Der Kranke gibt zu verstehen, daß er diesen neuen Erkenntnissen nicht traue und daß er nicht zu dem Wagnis bereit sei, sich durch Weglassen von Fleisch einer Gefährdung seiner Gesundheit auszusetzen. Was seit fast einem Jahrhundert von allen Wissenschaftlern und Ärzten - bis auf einige Ausnahmen, die nicht ernst genommen wurden - gelehrt wurde, kann nicht plötzlich falsch sein, denkt der Kranke. Der Glaube an die alten Autoritäten und die

Ehrfurcht vor dem Althergebrachten sind stärker als der Glaube an die Richtigkeit neuer Erkenntnisse.

Man sieht daraus, mit welcher Zähigkeit das Volk an dem einmal Gelernten festhält und wie unberechtigt die Vorwürfe sind, die man oft hört, das Volk sei unbelehrbar. Das Gegenteil ist richtig. Das Volk hält sich mit großer Treue an die Lehren, die ihm über ein Jahrhundert erteilt wurden.

Die Tatsache, daß dem normal veranlagten Menschen eine natürliche Abscheu innewohnt, Menschen und Tiere zu töten, und daß die wenigsten Menschen die Tiere selbst töten, die sie essen, wird also von der Vorstellung, das Essen von Tieren sei zur Gesunderhaltung nötig, übertönt.

Die große Zahl der Kranken, die nach Übergang auf eine vollwertige vegetarische Kost Heilung oder eine Besserung ihrer Krankheitserscheinungen erzielten, die sie mit der üblichen Zivilisationskost nicht erreichten, ist ein beredtes Zeugnis dafür, daß Fleischverzehr nicht nötig ist. Es darf wohl angenommen werden, daß eine Nahrung, die Heilung zu bringen vermag, auch in gesunden Tagen von Vorteil und für die Verhütung von Krankheiten geeignet sein wird.

Ethische Gesichtspunkte

Ganz andere Fragen tauchen auf, wenn der Vegetarismus vom ethischen und biologischen Standpunkt aus beleuchtet wird. So heißt es in der Rehburger Formel, die vom deutschen Vegetarrierrat 1963 erarbeitet wurde: "Der Vegetarismus ist die Lehre, daß der Mensch aus ethischen und biologischen Gründen ausschließlich zum Pflanzenesser bestimmt ist. Sein stärkstes Motiv ist die Überzeugung, daß möglichst kein Tier für die menschliche Existenz getötet oder geschädigt werden soll."

Es wird damit die Frage aufgeworfen, ob das ethische Urgebot des Nichttötens sich nur auf den Mitmenschen beschränken soll oder ob auch die Tiere in den Schutzbereich mit einbezogen werden sollen. Es sollen hier nicht alle Argumente aufgeführt werden, die dafür sprechen, daß dem Menschen eine Urscheu innewohnt, Tiere zu töten. Am raschesten wäre wohl das Problem des Fleischessens gelöst, wenn jedermann das Tier, dessen Fleisch er verzehrt, vorher selbst zu diesem Zweck schlachten müßte. Vom ethischen Standpunkt aus wird der Vegetarismus von den meisten Menschen rückhaltlos bejaht.

Im Gegensatz zum Raubtier löst beim Menschen der Anblick eines Tieres nicht das unwiderstehliche Verlangen aus, dieses Tier zu töten, um es verspeisen zu können. Auch der Geruch und Anblick rohen Fleisches erweckt beim Menschen keine Lustgefühle; es ruft im Gegenteil Widerwillen hervor. Dies kommt auch darin zum Ausdruck, daß früher in vielen Städten die Verordnung bestand, daß das Fleisch geschlachteter Tiere nicht offen durch die Straßen gefahren werden durfte, um die Blicke der Menschen nicht zu beleidigen. Wie anders liegt dies beim Obst, dessen Anblick und Duft die Sinne nicht verletzen, sondern im Gegenteil das Verlangen nach seinem Genuß wecken. Man darf doch sicher solche Instinkte in dem Sinne auslegen, daß der Mensch von Natur mehr ein Früchte- als ein Fleischesser ist. Daß auch sein Gebiß und die Länge seines Verdauungskanals dafür sprechen, daß der Mensch weder Fleischesser noch Allesesser, sondern ein Früchteesser ist, ist allgemein bekannt.

Auch vom christlichen Standpunkt aus kann an der Notwendigkeit, den Vegetarismus zu bejahen, überhaupt kein Zweifel bestehen.

Hier sei auf das interessante Buch "Evangelium des vollkommenen Lebens" *) hingewiesen, in dem der englische Referendar J. Ouseley berichtet, daß nach dem Konzil von Nicaea durch

*) Humata-Verlag Harold S. Blume, Schweiz

die kirchlichen Behörden gewisse Gelehrte ernannt wurden und bevollmächtigt waren, den Text der heiligen Schrift zu korrigieren. Alle Stellen, in denen die Fleischenthaltung gefordert wird, wurden entfernt.

Ökonomische Gesichtspunkte

Vom *ökonomischen* Standpunkt wurde das vegetarische Problem bereits betrachtet. Wir erfuhren dabei, daß der Vegetarismus die einfachste und gesündeste Lösung des Welternährungsproblemes wäre.

Das vegetarische Problem ist nicht das Zentrum der Ernährungsfragen

Andererseits muß festgestellt werden, daß, von der ernährungsphysiologischen Seite betrachtet, die Frage Fleisch oder nicht Fleisch nicht die zentrale Rolle spielt, die in Verkennung der echten Schwerpunkte manche Vegetarier dem Fleischproblem zusprechen. Dies zu betonen, ist deshalb so außerordentlich wichtig, weil sonst die Gefahr besteht, daß die wahren Ursachen der ernährungsbedingten Zivilisationskrankheiten nicht in aller Schärfe erkannt werden. Besonders in Laienschriften stößt man oft auf die falsche Vorstellung vereinzelter Vegetarier, alle Krankheiten kämen vom Fleischgenuß und allein durch das Weglassen von Fleisch könnten Krankheiten verhütet oder geheilt werden. Diese übertriebene Formulierung hat der Idee des Vegetarismus viel geschadet. Die Akzente müssen anders gesetzt werden, wenn nicht weiterhin durch einseitige Betrachtung die Verwirrung aufrecht erhalten bleiben soll.

Die ernährungsbedingten Zivilisationskrankheiten sind nicht durch den Genuß von Fleisch bedingt, sondern vorwiegend Vitalstoffmangelkrankheiten. Der Genuß einer naturbelassenen Vollwertnahrung ist der beste Garant zur Verhütung und Heilung dieser Erkrankungen. Der Verzehr erhitzten Muskelfleisches spielt hierbei eine untergeordnete Rolle. Es besitzt erstens nicht die vom Laien angenommene unersetzbare Kraft und verleiht auch nicht Körperkräfte und Gesundheit, und zweitens ist die Zufuhr tierischen Eiweißes bei sonst vollwertiger Kost sowohl für Gesunde wie für Kranke unnötig. Sind beim Gesunden durch Einhaltung einer biologisch vollwertigen Kost die Stoffwechselvorgänge völlig in Ordnung, so kann durch mäßigen Verzehr von gekochtem Muskelfleisch und Eiern kein Schaden entstehen, während die Zufuhr von roher Milch und Milchprodukten als eine erwünschte Ergänzung und Bereicherung des vegetabilen Kostplans angesehen werden kann. Für den bereits Kranken gilt dies nicht uneingeschränkt. Es gibt eine Reihe von Erkrankungen, zu deren Heilung die Vermeidung tierischer Produkte, auch der Milch, nötig ist.*) Aber auch in diesen Fällen ist das Weglassen der Tierprodukte nur eine der Voraussetzungen; es ist zur Heilung zwar nötig, aber allein nicht ausreichend; die Zufuhr einer bestimmten Menge Frischkost ist ebenso wichtig wie der Frischkornbrei, die naturbelassenen Fette und Vollkornbrot.

So zeigt sich auch am vegetarischen Problem deutlich, daß die Ernährungsfragen komplexer Natur sind und die isolierte Betrachtung nur einer Komponente die Gefahr mit sich bringt, daß einseitige Schlußfolgerungen gezogen werden. Man denke z.B. an die Fett-Theorie der Arterioskleroseentstehung, die sogar zu der Ächtung des natürlichen Lebensmittels Butter geführt hat, nur weil die anderen Komponenten nicht genügend berücksichtigt wurden.

---

*) Siehe die einzelnen Krankheiten in der Buchreihe »Aus der Sprechstunde«

Der Fabrikzucker

Wir kommen nun zum nächsten Nahrungsmittel, in dessen Verbrauch sich im Laufe der letzten hundert Jahre einschneidende Veränderungen abgespielt haben, dem *Fabrikzucker.* Sogleich stoßen wir auf ähnliche Tatsachen wie beim Brot. Beiden, dem Auszugsmehl und dem Fabrikzukker, ist gemeinsam, daß sie isolierte Kohlenhydrate darstellen. Zahlreiche Wissenschaftler, die auf dem Gebiet der Kohlenhydrate Forschung treiben, wagen es nicht, von Fabrikzucker zu sprechen, um nicht den sofort massiv einsetzenden Angriffen der Zuckerindustrie und ihrer Interessenvertreter ausgesetzt zu sein. Sie sprechen deshalb in getarnter Sprache von "isolierten Kohlenhydraten" und meinen damit eben den Fabrikzucker und die Auszugsmehle.

Die verschiedenen Zuckerarten

Um eine klare Unterscheidung zu haben zwischen natürlichen Lebensmitteln, die verschiedene Zuckerarten enthalten, und den in der Fabrik durch physikalische und chemische Methoden rein gewonnenen isolierten Zuckerarten, fassen wir die letzteren als *Fabrik- oder Industrie-*

zucker zusammen.

Die bekanntesten Fabrikzuckerarten sind dieselben, die auch in natürlichen Lebensmitteln vorkommen: Rohrzucker, Traubenzucker, Fruchtzucker, Milchzucker und Malzzucker. Im natürlichen Lebensmittel ist der Zucker als Teilbestandteil in ein Ganzes eingebettet, während der Fabrikzucker aus diesem natürlichen Gefüge herausgenommen ist und in seiner hundertprozentigen Konzentration und Isolierung noch nicht einmal Spuren von Vitalstoffen enthält.

Der tägliche Verbrauchs- oder Haushaltszukker heißt in der chemischen Fachsprache Rohrzucker (Saccharose) und hat als Formel $C_{12}H_{22}O_{11}$, d.h. ein Molekül besteht aus 12 Atomen Kohlenstoff, 22 Atomen Wasserstoff und 11 Atomen Sauerstoff. Die Bezeichnung Rohrzukker ist eine rein chemische und bedeutet nicht, daß der Zucker aus dem Zuckerrohr hergestellt ist; er kann genauso aus der Zuckerrübe gewonnen sein. Da der Rohrzucker aus zwei einfachen Zuckerarten, dem Traubenzucker und dem Fruchtzucker zusammengesetzt ist, wird er als Disaccharid (= Zweifachzucker) bezeichnet; Traubenzucker und Fruchtzucker ($C_6H_{12}O_6$) sind Monosaccharide (= Einfachzucker). Mit der Bezeichnung *Traubenzucker* verhält es sich ähnlich wie mit dem Rohrzucker; auch *Trauben-*

zucker ist der chemische Name für eine bestimmte Zuckerart und bedeutet nicht, daß er aus der Traube hergestellt ist. Auch *Milchzucker,* der zwar in der Milch vorkommt, ist eine chemische Bezeichnung und braucht nicht aus der Milch hergestellt zu sein.

Die zusammengesetzten Zuckerarten werden auch hochmolekulare Kohlenhydrate genannt und die einfachen Zuckerarten niedermolekulare. Nur die Monosaccharide werden von der Darmwand aufgenommen. Dem entspricht auch die Umwandlung der genossenen hochmolekularen Kohlenhydrate, zu denen außer den Disacchariden die Stärke gehört, in Einfachzucker. Da auf alle Fälle beim Abbau der verschiedenen Zuckerarten im menschlichen Körper die Stufe der Einfachzucker durchlaufen wird, gelten die Angaben, daß zum Abbau von Zucker Vitamine des B-Komplexes benötigt werden, grundsätzlich für alle Zuckerarten. Dies ist besonders wichtig zu wissen, da immer wieder die Frage gestellt wird, ob das für den isolierten Fabrikzucker Gesagte - in diesem Fall ist der Haushaltszucker gemeint - auch für den Trauben-, Frucht-, Milchzucker usw. gelte. Deshalb sei nochmals ausdrücklich betont, daß in der nachteiligen physiologischen Wirkung kein grundsätzlicher Unterschied besteht. In der Praxis bestehen aber doch

Unterschiede insofern, als z.B. von dem weniger süßen Traubenzucker wesentlich größere Mengen gebraucht werden, um denselben Süßigkeitsgrad zu erreichen, als von Rohrzucker, so daß er schädlicher wirkt als der gewöhnliche Zucker.

Der Fabrikzucker als "Vitamin-B-Räuber"

Da zum Abbau des Zuckers im Körper spezifische Fermente nötig sind, die vorwiegend aus Vitaminen des B-Komplexes bestehen, ist die Zufuhr von isoliertem Fabrikzucker gleichbedeutend mit relativer Verarmung an Vitamin B. Nehmen wir an, die Nahrung enthalte durch Mangel an Vollgetreide, d.h. durch Verwendung von Auszugsmehlen, nur kleinste Mengen an Vitamin B 1 und der Mensch genieße außerdem größere Mengen Fabrikzucker, so verbraucht der Zucker das Vitamin B 1, das somit für andere Aufgaben nicht zur Verfügung steht. Das Vitamin B 1 hat nämlich nicht nur die Aufgabe, beim Abbau des Zuckers mitzuhelfen, sondern ist außerdem für zahlreiche Stoffwechselvorgänge unentbehrlich. Seine wichtige Bedeutung für die Nervenzelle haben wir schon erwähnt; sie hat dem Vitamin sogar seinen Namen Aneurin gegeben. Zuckergenuß kann also dazu führen, daß den Nervenzellen nicht genügend Vitamin B 1 zur Verfügung steht. Im Endeffekt bedeutet dies, daß ihnen durch den Zucker das Vitamin B 1 indirekt entzogen wurde. Um für diese Tatsache eine für den nicht chemisch versierten Laien leicht verständliche Ausdrucksweise zu gebrauchen, wurde das Schlagwort geprägt: *Zucker ist ein Vitamin-B-Räuber.* Da dieser Ausdruck im wissenschaftlichen Sprachgebrauch nicht üblich ist, wird er von dieser Seite beanstandet. Trotzdem eignet er sich ausgezeichnet, um dem Laien die wesentliche Wirkung in vereinfachter Form klarzumachen.

In der Werbung werden auch Schlagworte benutzt, die das Wesentliche in einer allgemein verständlichen Weise eindrucksvoll herausheben. Als Gegengewicht gegen die pausenlose Reklame der Zuckerindustrie für vermehrten Verbrauch an Fabrikzucker durch den Werbespruch "Zucker zaubert - nimm deshalb mehr" ist die Aufklärung über den Fabrikzucker als Vitamin-B-Räuber eine notwendige Abwehrmaßnahme.

Daß lediglich auf die gesundheitlichen Schäden durch den täglichen Verbrauchszucker hingewiesen wird, hat seinen Hauptgrund darin, daß es nur diese Zuckerart ist, die in ungeheuren, kaum vorstellbaren Mengen verbraucht wird. In Westdeutschland werden nach Angaben der Zuckerindustrie 2,23 Millionen Tonnen Zucker jährlich verbraucht. Würden statt des Rohrzukkers dieselben riesigen Mengen isolierten Trauben- oder Fruchtzuckers vertilgt, so würden genau dieselben nachteiligen Folgen auftreten wie beim Rohrzucker.

Brauner Zucker ist nicht besser

Man hört auch immer wieder von der schädlichen Wirkung des weißen Zuckers. Auch diese Formulierung führt zu Täuschungen, insofern, als daraus der Schluß gezogen wird, daß der braune Zucker günstiger sei.

Gerade in jüngster Zeit sind wieder heiße Diskussionen um den braunen Zucker aufgetreten. Zum Teil beruhen die Widersprüche in den Ansichten darauf, daß der Begriff brauner Zucker nicht klar definiert ist. Die Begriffe Rohzucker, Rohrzucker, brauner Rübenzucker, nicht raffinierter Zucker, brauner Zucker wirbeln durcheinander. Manche verwechseln sogar Melasse mit braunem Zucker. Da, wie betont, auch Rübenzucker chemisch Rohrzucker ist, kann man auf keinen Fall statt braunem Zucker Rohrzucker sagen. Wenn man schon nach der Herkunft Unterschiede machen will, so tut man gut, von "aus der Rübe hergestelltem Rohrzucker" und "aus dem Zuckerrohr hergestelltem Rohrzucker" zu sprechen.

Vielleicht trägt es zur Klärung bei, wenn wir

uns kurz den Herstellungsvorgang des gewöhnlichen Verbrauchszuckers vergegenwärtigen. Ich zitiere dazu aus Lenzners "Gift in der Nahrung":

"Unseren weißen Zucker gewinnen wir größtenteils aus Zuckerrüben. Die Zuckerrüben werden nach dem Waschen zerschnitzelt, dann ausgelaugt. Um den Zuckersaft zu reinigen, wird Kalk zugesetzt. Diese Scheidung vernichtet infolge ihrer alkalischen Reaktion schon fast alle Vitamine. In die mit Ätzkalk vermischte Flüssigkeit wird Kohlensäure geleitet, um den Kalk zu fällen. Die "saturierte" Flüssigkeit wird in die Filterpressen gepumpt, um den Zuckersaft von dem Schlamm zu trennen. Nach einer weiteren Behandlung mit Kalziumsulfit, wodurch gleichzeitig der Saft durch die schwefelige Säure entfärbt, also gebleicht wird, dampft man den Dünnsaft zu Dicksaft ein und kocht ihn im Vakuum bis zur Kristallisation. Durch Ausschleudern in einer Zentrifuge wird die Masse in Sirup und Rohzukker getrennt. Nachdem der Sirup zum Zwecke der Rohzuckergewinnung minderen Grades das Blankkochen, Abkühlen, Kristallisieren und Zentrifugieren mehrere Male hinter sich hat, bleibt als Endsirup die Melasse mit ihrem hohen Gehalt an Nichtzuckerstoffen zurück. Sie wird zur Spiritusbereitung und Viehfütterung benutzt. Der Rohzucker muß in den Zuckerraffinerien noch in Verbrauchszucker verwandelt werden, wozu eine nochmalige Reinigung mit Kalk-Kohlensäure, ein nochmaliges Bleichen mit schwefliger Säure, Filtrieren durch Knochenkohle und "auf Korn kochen" notwendig ist."

Es ist nun fast eine Sache der Willkür, was unter raffiniertem Zucker zu verstehen ist. Beim Vergleich mit den Mehlen genügt bereits die mechanische Entfernung des Keims und der Hülle, um von raffinierten Kohlenhydraten zu sprechen.

Da immer wieder Stimmen laut werden, die den Vorteil des braunen Zuckers hervorheben, hat 1956 das Institut National d' Hygiène in Paris nochmals eine genaue Prüfung vorgenommen. Dabei ergab sich, daß der Vitamingehalt des Rohzuckers (B 1, B 2, B 6, Niacin, Pantothensäure, C) praktisch gleich null war. Es fanden sich lediglich noch kleine Mengen von Natrium, Kalium und Calcium und Spuren von Kupfer, Kobalt, Mangan, Phosphor, Magnesium und Eisen, die aber für die Deckung des Mineralbedarfs keinerlei Rolle spielen. Mindestens benötigen wir den mehr oder weniger raffinierten Zucker nicht, um den Bedarf an Mineralien zu decken. Dies ist mit anderen Nahrungsmitteln einfacher möglich.

Es ist schade, daß gerade Menschen aus Reformkreisen, die auf gesunde Lebensführung und richtige Ernährung Wert legen, auf Grund dieser falschen Vorstellung braunen Zucker verwenden und sich dadurch Gesundheitsschäden zufügen. Von seiten der alten Ernährungslehre wird auch oft die in Reformkreisen geäußerte Ansicht, brauner Zucker sei besser als weißer, zum Anlaß genommen, um auch alle anderen Ansichten der Ernährungsreformer als genauso unrichtig hinzustellen. Es wird der verallgemeinernde Schluß gezogen, wenn die Reformer noch nicht einmal wissen, daß zwischen weißem und braunem Zucker kein Unterschied ist, dann ist die Ansicht, daß Fabrikzucker überhaupt schädlich sei, genauso falsch. Obwohl natürlich diese Schlußfolgerung jeder Logik entbehrt, begegnet man ihr immer wieder. Deshalb ist die Aufklärung so notwendig, daß zwischen den fabrikatorisch hergestellten Zuckerarten kein Unterschied besteht, ob sie nun weiß oder braun sind.

Die unheilvolle Rolle, die der Fabrikzucker spielt, ist aber nicht in ihrer vollen Bedeutung zu begreifen, wenn man ihn für sich allein betrachtet. Erst im Zusammenhang mit anderen Nahrungsmitteln kommen seine besonderen Wirkungen zur Geltung. In erster Linie gilt dies für die andere Gruppe der isolierten Kohlenhydrate, für die Auszugsmehle. Nach dem, was über den Vitamin-B-Mangel und das Fehlen anderer Vitalstoffe in den Auszugsmehlen gesagt wurde, ist es nun leicht verständlich, daß die Kombination von isoliertem Zucker, der in besonderem Maße Vitamin B 1 benötigt, mit den Auszugsmehlen, die Vitamin-B-frei sind, eine Situation hervorruft, die als bedrohlich angesehen werden muß. Diese Gefahr wird durch 2 Faktoren verstärkt.

Die westdeutsche Bevölkerung leidet an einer ständigen Unterversorgung mit Vitamin B 1

Die erste Tatsache ist die, daß bei Fehlen von Vollgetreide die übrige Nahrung nicht ausreicht, um eine ausreichende Versorgung mit Vitamin B 1 zu gewährleisten. Berechnungen haben ergeben, daß die westdeutsche Bevölkerung bei der üblichen bürgerlichen Ernährung im Durchschnitt nur auf 0,8 mg Vitamin B 1 täglich kommt, während die Tageszufuhr mindestens 1,5 mg sein sollte. Dies berechtigt zu der Feststellung, daß die westdeutsche Bevölkerung an einer ständigen Unterversorgung mit Vitamin B 1 leidet. Es liegen aber auch für andere zivilisierte Staaten, deren Ernährung ähnlich durch Auszugsmehlprodukte und Fabrikzucker charakterisiert ist, entsprechende statistische Zahlen vor. In dem Standardwerk der Vitaminforschung von Stepp, Kühnau und Schröder "Die Vitamine und ihre klinische Anwendung" finden sich hierüber eindeutige Angaben.

Fabrikzucker stört die Verträglichkeit anderer Nahrungsmittel

Der zweite Faktor, durch den der Fabrikzukker zusätzlich und indirekt gesundheitliche Nachteile hervorruft, besteht darin, daß er die *Bekömmlichkeit und Verträglichkeit* anderer Nahrungsmittel zu stören vermag. Bei Kranken kann sich dies in einem solchen Maße auswirken, daß der Fabrikzucker eine Heilung bestimmter Erkrankungen absolut unmöglich macht. Es entwickelt sich eine Art Kette ohne Ende, die etwa folgendermaßen zustande kommt:

Nehmen wir an, durch den Genuß von Auszugsmehlen und Fabrikzucker sei es infolge Vitalstoffmangels zu einer chronischen Lebererkrankung und fehlerhaften Zusammensetzung der Gallenflüssigkeit mit nachfolgender Steinbildung gekommen, so wäre die sinnvollste Behandlung natürlich die Zufuhr von Vollgetreide in Form von Vollkornbrot, Frischkornbrei und eine ausreichende Menge von ungekochtem Gemüse. Aber gerade dies sind die Nahrungsmittel, von denen die Kranken behaupten, sie könnten sie nicht vertragen.

Gründliche klinische Forschungen haben ergeben, daß die Unvertäglichkeit von Vollkornbrot und Frischkost in kürzester Zeit verschwindet, wenn der Fabrikzucker aus der Kost ganz gestrichen wird. Dabei ergab sich, daß außer dem Fabrikzucker auch das gekochte Obst und Säfte aller Art imstande sind, Unverträglichkeit von Vollkornprodukten und Frischkost hervorzurufen. Die Entdeckung dieser Zusammenhänge ist für die Gestaltung jeder Heilkost von ausschlaggebender Bedeutung. Denn was nützt die ausgeklügeltste Kostform, wenn sie an der Verträglichkeit scheitert. Da aber das Kriterium jeder Heilkost nicht ihr Kaloriengehalt, sondern ihre biologische Vollwertigkeit ist, die wiederum an ihrem Gehalt an Vollgetreide und Frischkost bemessen werden kann, so ist die ungestörte Durchführung einer jeden Heilkost von der strikten Vermeidung des Fabrikzuckers abhängig.

Wenn auch die Forderung, Fabrikzucker aus jeder Heilkost wegzulassen, eigentlich nur für diejenigen Kranken Gültigkeit hat, bei denen eine ernährungsbedingte Zivilisationskrankheit und zugleich eine Empfindlichkeit des Verdauungsapparates vorliegt, so hat diese Forderung in der Praxis doch bei jeder ernährungsbedingten Krankheit ihre Gültigkeit. Denn es gibt unter den chronisch Zivilisationsgeschädigten kaum einen Kranken, der nur an einem Organsystem Störungen aufweist. Bei der langen Anlaufzeit, die ernährungsbedingte Zivilisationskrankheiten benötigen, bis die ersten Krankheitserscheinungen sich bemerkbar machen, ist es leicht verständlich, daß sich gleichzeitig an verschiedenen Organen Störungen zeigen. Erfordert z.B. das Vorliegen einer degenerativen Gelenkerkrankung (Arthrose) oder einer Blutdruckerhöhung eine frischkostreiche Ernährung, so würde ihre Durchführung scheitern, wenn gleichzeitig Beschwerden von seiten der Gallenblase vorlägen. Die Beachtung der Richtlinie, Fabrikzucker, gekochtes Obst und Säfte aller Art aus der frischkostreichen Nahrung wegzulassen, ermöglicht jedoch ihre Verabreichung auch bei gleichzeitigem Vorliegen mehrerer Krankheiten, besonders bei Magen-Darm-Empfindlichen.

Fabrikzucker erzeugt einen verhängnisvollen Teufelskreis

Der Fabrikzucker ist also neben anderen industriell veränderten Nahrungsmitteln nicht nur an der Entstehung der ernährungsbedingten Schäden maßgeblich mitbeteiligt, sondern er ist auch in hohem Maße für die Unheilbarkeit der einmal entstandenen Krankheit verantwortlich, indem er die Durchführung gerade derjenigen Kostform unmöglich macht, die zur hilfreichen Behandlung unbedingt nötig wäre. So führt der Fabrikzucker zu der Entwicklung eines unheilvollen Teufelskreises, aus dem der einmal Erkrankte nicht wieder herauskommt. Weil er Zucker ißt, wird er krank; weil er krank ist, ißt er "Diät", d.h. er ernährt sich einseitig und minderwertig; weil er so "Diät" ißt, bleibt er krank; und weil er krank ist, ißt er Diät, usw. Nur das Weglassen des Fabrikzuckers schafft die Möglichkeit, wieder soweit zu kommen, daß eine heilende Vollwertkost vertragen wird.

An über 30 000 Patienten konnte ich im Krankenhaus Eben-Ezer und später im Krankenhaus Lahnhöhe im Laufe von etwa 40 Jahren die Gültigkeit dieser Zusammenhänge nachweisen: Je empfindlicher der einzelne Kranke ist, umso eindeutiger läßt sich demonstrieren, daß die Verträglichkeit von Vollkornbrot, rohem Obst und rohem Gemüse von der Abwesenheit von Fabrikzucker abhängig ist. Die Bedeutung dieser "Entdeckung" kommt natürlich nur demjenigen zum vollen Bewußtsein, dem die wichtige Rolle des Vollgetreides für die Verhütung der ernährungsbedingten Zivilisationskrankheiten bereits bekannt ist.

In diesem Zusammenhang erscheint die Frage in einem neuen Licht, wie es kommt, daß das Vollkornbrot sich nicht mehr durchsetzt, obwohl sein hoher gesundheitlicher Wert bekannt ist.

Dieselbe Frage gilt auch für die Frischkost, deren Heilwert von Bircher-Benner schon zu einer Zeit erkannt wurde, als noch keine Vitamine entdeckt waren. Wie ist es zu erklären, daß sie in den 80 Jahren, die inzwischen vergangen sind, angesichts ihrer unübertrefflichen Heilkraft nicht einen Siegeszug um die Welt angetreten hat? Wer täglich mit Ernährungsberatung zu tun hat, stößt bei dem Versuch, Vollkornbrot und Frischkost zu empfehlen, bei dem Kranken ständig auf den Einwand, er habe es schon versucht, könne es aber nicht vertragen. Er bekomme davon Aufstoßen oder ein unpäßliches Gefühl im Leib, vermehrte Gasbildung, sogar Schmerzen und Übelkeit. Ein wesentlicher Punkt, weshalb sich diese Vollwertnahrungsmittel nicht durchsetzen, liegt also in dem *Problem der Verträglichkeit.*

Kombination der Nahrungsmittel entscheidend für die Verträglichkeit

Die Beobachtung, daß Fabrikzucker rohes Obst und Vollkornbrot unverträglich macht, weist auf eine grundsätzliche Tatsache hin, daß die Verträglichkeit bzw. Unverträglichkeit eines Nahrungsmittels nicht in erster Linie in der Beschaffenheit und Zusammensetzung dieses Nahrungsmittels selbst begründet liegt, sondern davon abhängig ist, wie die übrige Nahrung zusammengestellt ist.

Zur Erklärung des Grundsätzlichen gebrauche ich in der Sprechstunde gerne einen bildhaften Vergleich, der dem Kranken schnell und einfach das Wesentliche verständlich macht: Wenn in einem Orchester von 20 Musikern 19 richtig spielen und nur einer falsch spielt, so ist das ganze Konzert verdorben. Wählen wir in einer Kostform, die aus 20 Einzelnahrungsmitteln besteht, 19 richtig aus und *ein* Nahrungsmittel ist falsch und paßt nicht dazu, so wird die ganze Kostform nicht vertragen. Das Leidige dabei ist, daß der Kranke nur selten feststellen kann, welches unter den 20 Nahrungsmitteln die Beschwerden hervorgerufen hat. So beschuldigt er meist das falsche. Für das Beispiel des Vollkornbrotes heißt dies, daß man nur dann Vollkornbrot verordnen darf, wenn die gesamte übrige Kost so gestaltet wird, daß das Vollkornbrot dazu paßt. Es ist daher nicht gerechtfertigt zu sagen, der Kranke vertrage kein Vollkornbrot, sondern wir müssen sagen, im Rahmen seiner derzeitigen Gesamtkostform verträgt der Kranke kein Vollkornbrot. Und was für das Vollkornbrot als Beispiel gesagt ist, gilt in entsprechender Weise für jedes Lebensmittel. Es gibt demnach keine absolute Unverträglichkeit eines einzelnen Nahrungsmittels, sondern nur eine relative im Rahmen einer Gesamternährung.

Zur Vermeidung von Mißverständnissen sei also nochmals klargestellt, daß jeder Fabrikzukker selbst wohl vertragen wird, daß er aber andere Nahrungsmittel unverträglich *macht.* Diese Regel gilt nur bei Menschen, bei denen irgendeine Störung der Verdauungsorgane (Magen, Darm, Leber, Gallenblase, Bauchspeicheldrüse) vorliegt; auf Gesunde läßt sie sich nicht anwenden. Sind diese Beziehungen nicht bekannt, so werden laufend harmlose, gut verträgliche Nahrungsmittel fälschlich beschuldigt, Unpäßlichkeiten hervorzurufen, während in Wirklichkeit der Fabrikzucker, der selbst ganz gut vertragen wird, schuld daran ist. Diese falsche Beschuldigung, Beschwerden zu erzeugen, müssen sich am häufigsten rohes Obst, rohes Gemüse und das Vollkornbrot gefallen lassen.

Die üblichen Schondiäten verhindern Heilung

Da bisher die störende Rolle des isolierten Zuckers nicht genügend bekannt war, ist es verständlich, daß in den üblichen Schondiäten immer die falschen Nahrungsmittel beschuldigt und deshalb verboten wurden. So grotesk es klingen mag: Wenn der Gallen- und Leberkranke alle Nahrungsmittel vermeidet, die ihm in den üblichen Diäten empfohlen werden, und wenn er diejenigen ißt, die ihm bisher verboten waren, wenn er es also genau umgekehrt macht wie bisher, dann hat er ziemlich genau die richtige Heilkost. Mag diese Formulierung auch etwas überspitzt klingen, so hat sie doch den Vorteil, deutlich zu machen, in welchem Umfang die alte Ernährungslehre zu falschen therapeutischen Ratschlägen führt. Wer sich an die üblichen diätetischen Richtlinien der herkömmlichen Ernährungsphysiologie hält, hat keine Aussicht mehr, je gesund zu werden. Er kann bestenfalls vorübergehend eine gewisse Linderung einiger Symptome erreichen, die er aber mit neuen Schädigungen an anderen Organen erkauft; aber mit der üblichen vitalstoffarmen Schonkost ist eine echte Heilung unmöglich.

Die durch den Fabrikzucker bei Krankheiten der Verdauungsorgane hervorgerufenen Störungen äußern sich vorwiegend in Völlegefühl, Unpäßlichkeit, Druckgefühl und Schmerzen verschiedenster Art. Beim Gallensteinträger kann leicht eine Kolik ausgelöst werden. Es ist naheliegend, daß nach Erklärungen gesucht wird, auf welche Weise diese Störungen zustandekommen. Über die indirekte Entstehung durch Mangel an Vitamin B 1 und ähnlichen Vitaminen ist schon ausführlich berichtet. Aber der Mangel an Wirkstoffen ist mehr für die Entstehung der chronischen ernährungsbedingten Krankheiten verantwortlich, während er für die Erklärung der einzelnen kurzfristig nach Zuckergenuß auftretenden örtlichen Beschwerden nicht ausreicht.

Örtliche Reizwirkung durch Fabrikzucker

Hier spielt die örtliche Reizwirkung des Zukkers eine gewisse Rolle. Die Eigenschaft des Zukkers, Gewebereizung hervorzurufen, äußert sich z.B. beim Zuckerkranken darin, daß der zuckerhaltige Urin - hier handelt es sich um Traubenzucker - die Haut wund macht. Manche Zuckerkrankheit wird durch Wundsein in der Umgebung der Harnröhrenmündung entdeckt. Die Reizwirkung der Rohrzuckers wird auch mit gutem Erfolg bei Unterschenkelgeschwüren oder anderen schlecht heilenden Wunden kurzfristig benutzt, um die Absonderung der Wunde anzuregen.

Bei längerer Anwendung würde natürlich die Reizwirkung eine Heilung verhindern; denn der Zucker wirkt nicht heilend, sondern reizend. Da aber bei schlecht reagierenden Wunden eine vorübergehende Reizung als Anstoß förderlich ist, kann eben Fabrikzucker als solches Reizmittel benutzt werden. Daß außerhalb und innerhalb der Körperzellen ein erhöhter Zuckergehalt nachteilig ist, ist vom Zuckerkranken her genügend bekannt.

Fabrikzucker verändert die Darmflora

Aber sicher reichen diese örtlichen Schleimhautreizungen des Fabrikzuckers nicht aus, um die Unpäßlichkeiten zu erklären, die bei gleichzeitigem Genuß von Fabrikzucker und Frischkost entstehen. Die dabei oft auftretende vermehrte Gasbildung im Darm weist darauf hin, daß hier auch Einwirkungen auf die *Darmflora* eine maßgebliche Rolle mitspielen. (Unter Darmflora versteht man die zahlreichen Arten von Darmbakterien, die normalerweise im Darm leben.) An Untersuchungen der Darmflora läßt sich dies nachweisen. Für die Beeinflussung der Darmbakterien spricht auch die Beobachtung, daß die Beschwerden nach Zuckergenuß oft erst nach 2 bis 3 Tagen auftreten. So erklärt sich auch, daß die Diätfehler am Sonntag meist erst am Mittwoch einen dicken, empfindlichen Leib bescheren. Ißt ein Gallenkranker am Sonntag als Nachtisch Apfelkompott und vielleicht nachmittags noch ein Stück Kuchen, dann wird er auch sehr wahrscheinlich am Mittwoch den harmlosen Kohlsalat oder einen Apfel beschuldigen, wenn Beschwerden auftreten.

Ändert ein gesunder oder kranker Mensch aus irgendeinem Grund seine Eßgewohnheiten, so treten häufig als verhältnismäßig harmlose Begleiterscheinungen vermehrte Blähungen, d.h.

Abgang von Gasen, auf. Diese Erscheinung wird fast regelmäßig beobachtet, wenn von Graubrot oder Schwarzbrot auf Vollkornbrot übergegangen oder wenn zu der üblichen gekochten Kost zusätzlich etwas Frischkost zugelegt wird. Jede Kostform bedingt ihre entsprechende Darmflora; wird die Kostform geändert, ändert sich die Darmflora. Der Säuglingsernährung mit Muttermilch entspricht z.B. der Bazillus bifidus im Stuhl. Wird andere Nahrung zugegeben, treten im Darm entsprechend andere Bakterien hinzu. Man kann daher aus der Zusammensetzung der Darmflora Rückschlüsse auf die Kostform ziehen, die in den letzten Monaten eingehalten wurde. Die Anpassung der Darmflora an die jeweilige Kostform benötigt natürlich eine gewisse Zeit. Daher kommt es, daß Beschwerden, die durch eine unpassende Darmflora verursacht sind bzw. unterhalten werden, erst längere Zeit nach Richtigstellung der Nahrung verschwinden. Die dem Fabrikzucker entsprechenden Darmbakterien, die für die vermehrte Gasbildung verantwortlich sind, werden meist erst einige Monate nach Weglassen des Fabrikzuckers von anderen Bakterien überwuchert. Mit dem Nachlassen der Blähungen ist daher erst einige Monate nach Weglassen des Fabrikzuckers zu rechnen. Dasselbe gilt in dieser Beziehung auch für das gekochte Obst und süße Säfte.

Irreführende Zuckerwerbung

Die gesundheitsschädliche Wirkung des Fabrikzuckers ist noch wenig bekannt, obwohl es schon vor langer Zeit den Müttern wohl bewußt war, daß die Süßigkeiten für ihre Kinder nicht gut sind, nicht nur wegen der Zähne. Aber diese ursprünglich instinktive Ablehnung der Süßigkeiten wurde allmählich mehr oder weniger durch die Massenwerbung erstickt, die in geschickter Weise den Menschen mit pseudowissenschaftlichen Argumenten pausenlos einzureden sich bemüht, daß der Genuß von viel Fabrikzucker gesund sei, je mehr, umso besser. Die alte Ernährungslehre trug mit der Anbetung der Kalorien und der konzentrierten Nährstoffwerbung dazu bei, daß der Werbespruch der Zuckerindustrie "Zucker sparen grundverkehrt, der Körper braucht ihn, Zucker nährt" als wissenschaftliche "Wahrheit" von Laie und Arzt gleichermaßen hingenommen wurde. Allmählich gewöhnte man sich daran, süße Speisen als alltägliche Selbstverständlichkeit anzusehen. Die allgemein geübte Gepflogenheit führte zu einer Beruhigung des Gewissens und ließ schließlich den Gedanken gar nicht mehr aufkommen, daß daran etwas nicht stimmen könnte. Die uniformierte

Masse der Menschen glaubt heute tatsächlich an die gesundheitsfördernde Wirkung des Fabrikzuckers.

Nachdem die gesundheitsschädliche Wirkung des Fabrikzuckers erkannt und wissenschaftlich nachgewiesen ist, wäre eigentlich zu erwarten, daß diese Tatbestände dem Menschen bekannt gemacht werden. Dies geschieht aber keineswegs. Auf die Gründe wird weiter unten eingegangen.

Sonderstellung des Zuckers: Sowohl Nährstoff wie Genußmittel

Aber selbst wenn ab heute die Menschen aufgeklärt würden, wäre es schon wegen des süßen Geschmacks und der Gewöhnung nicht einfach, sie zu einer Einschränkung des Zuckergenusses zu bringen. Eine weitere Schwierigkeit liegt darin, daß der Fabrikzucker eine Sonderstellung einnimmt: Er ist sowohl ein Nährstoff wie ein Genußmittel. Dies läßt sich besonders beim Kind zeigen, bei dem oft ein starkes Verlangen nach Süßem beobachtet wird. Man liest und hört immer wieder, daß es sich hier um ein "natürliches" Verlangen der Kinder nach Zucker handele, woraus dann der falsche Schluß gezogen wird, daß man den Kindern möglichst viel Süßes geben soll, "weil der Körper es verlangt". Hier liegt ein verhängnisvoller Irrtum vor. Die Gier nach Süßem ist bereits ein Symptom, daß dem Kind etwas fehlt; allerdings fehlt ihm nicht der Fabrikzucker, sondern andere Zusatzstoffe, vor allem Vitamin B 1.

Zuckergier des Kindes ist bereits ein Krankheitssymptom

Die Zuckergier der Kinder ist ein klassisches Zeichen eines Vitalstoffmangels. Die Probe aufs Exempel ist leicht zu machen. Gibt man diesen Kindern süße Früchte, anstelle der mit Fabrikzucker gesüßten Nahrungsmittel und versorgt man sie durch Vollkornprodukte und durch eine tägliche Beilage von Frischkost ausreichend mit Vitalstoffen, dann dauert es nur kurze Zeit, bis der ganze Spuk des “natürlichen Verlangens nach Zucker” verschwunden ist. Mit dem Weglassen des Fabrikzuckers kehrt auch der Appetit zurück, der bei diesen Kindern immer schlecht ist. Aus diesen Beobachtungen, die jeder leicht nachprüfen kann, läßt sich schließen, daß im Fabrikzukker nicht nur ein Ernährungsproblem, sondern noch viel mehr ein psychologisches Problem steckt.

Fabrikzucker kann echte Sucht erzeugen

Es sei in diesem Zusammenhang darauf hingewiesen, daß es kein Nahrungsmittel gibt, mit dem eine echte Sucht erzeugt werden kann. Im Gegenteil, wenn man täglich z.B. Spinat oder Leberwurst essen würde, könnte bald eine gewisse Abneigung gegen Spinat bzw. Leberwurst auftreten. Der Organismus sichert sich durch diese Abneigung gegen Schäden, die durch einseitige Nahrung entstehen können.

Daß es aber beim Fabrikzucker im Gegensatz etwa zum Obst zu einem immer größeren Verlangen kommt, je mehr man davon ißt, stellt ihn auf dieselbe Stufe wie die anderen Genußmittel Alkohol, Kaffee und Tabak. So ist tatsächlich der Fabrikzucker imstande, echte Sucht wie die Genußmittel zu erzeugen, wodurch seine gefährliche Sonderstellung unter den "Nährstoffen" deutlich wird. Wenn auch echte Suchtfälle selten vorkommen, so sind doch in der Literatur welche beschrieben; auch ich habe in der Praxis einige erlebt; einer davon hatte eine klinische Entziehungskur nötig. Wer in den Teufelskreis der Genußmittel kommt, ist in Gefahr, darin hängenzubleiben. Die Gefahr, vom Süßen nicht mehr loszukommen, wird natürlich außerdem durch den süßen - also lustbetonten - Geschmack unterstützt, bzw. überhaupt erst ermöglicht.

Zuckergenuß als Ersatzbefriedigung

Da Kinder noch im Aufbau begriffen sind, wirken sich die Süßigkeiten bei ihnen besonders nachteilig aus. Der katastrophale Gebißzustand der Jugend ist ein trauriger Beweis dafür. Aber auch bei manchen Erwachsenen spielt der isolierte Zucker die dem Psychologen wohlbekannte Rolle der Ersatzbefriedigung. Unbefriedigtsein in manchen Lebensbereichen, in der Liebe oder auf dem Gebiet des Geltungs- und Besitzstrebens, führt manchen dazu, daß er sich durch den leicht zu erreichenden Genuß von Süßem einen billigen Ausgleich verschafft. In diesem Fall steht die Süßigkeit wieder auf derselben Stufe mit dem Alkohol, Tabak und Kaffee. Wie der eine seine Enttäuschungen und seinen Ärger im Leben durch Alkohol zu lindern sucht und der andere behauptet, wenn er nicht mehr rauchen dürfe, habe er nichts mehr vom Leben, so sucht der Dritte den ebenso billigen wie fruchtlosen Ersatz im Kuchen. Der Genuß von Süßem bei seelischem Kummer ist also eine klassische Ersatzbefriedigung, die letzten Endes keine echte Lösung ist.

Zucker als Erziehungsproblem

So beginnt das Zuckerproblem als Erziehungsproblem in der Jugend und hat im Erwachsenenalter seine Bedeutung nicht verloren. Die Süßigkeiten sind die Genußmittel der Kinder; Erwachsene, die selbst in der Genußsucht stekken, sind wenig geeignet, Vorbilder für die Jugend zu sein.

Fabrikfette

Außer den Auszugsmehlen und dem Fabrikzukker kennzeichnet noch eine dritte Gruppe denaturierter Nahrungsmittel die Ernährung des zivilisierten Menschen: *Die Fabrikfette.*

Ihre Herstellung

Früher wurden die Öle aus den Ölfrüchten durch Pressung gewonnen. Diese sogenannten kaltgeschlagenen Öle enthielten noch die ursprünglichen fettlöslichen Vitamine und ungesättigte Fettsäuren, von deren Bedeutung oben berichtet wurde. Da bei der mechanischen Pressung ein bestimmter Prozentsatz in den Ölfrüchten zurückbleibt und dieser Teil für den Hersteller verlorengeht, wurden neue Wege in der Ölgewinnung beschritten. So wurde die hydraulische Presse zugunsten der Lösungsmittelextraktion stark zurückgedrängt. Bei diesem Verfahren wird das gesamte Fett aus dem Ursprungsmaterial herausgeholt. Dem wirtschaftlichen Vorteil stehen aber erhebliche gesundheitliche Nachteile gegenüber. Es können nicht nur nachweisbare Spuren von Fremdstoffen in den Ölen zurückbleiben, sondern es gehen auch wesentliche Vitalstoffe bei dem eingreifenden Verfahren verloren.

Fette, die einen zu hohen Prozentsatz von freien Fettsäuren enthalten (2 1/2 bis 3 %), werden einer Entsäuerung unterworfen, wodurch sie speisefähig gemacht werden. Dies geschieht durch Vakuumdestillation und Laugeraffination. Meist schließt sich diesem Verfahren die Bleichung der Fette an. Das entfärbte Öl wird dann in der Desodorierungsanlage geruchfrei gemacht, indem bei Vakuum Wasserdampf eingeleitet wird. Dann wird das Fett im Vakuum getrocknet, um seine Lagerfähigkeit zu verbessern. Der letzte "Veredelungs"-prozeß ist eine nochmalige Blankfiltration in einer Filterpresse, um die letzten Feuchtigkeitsspuren aus dem Fett herauszuholen und die letzten Trübungen, z.B. Schleimstoffe, zu entfernen. Dieses farblose Öl wird dann meist noch mit Betakarotin versetzt und so nachträglich "geschönt"; sofern es in die Tropen geht, werden oft Antioxydantien zugesetzt, um das Peroxydigwerden zu verhindern.

"Tote" Fette

Es gehören keine großen Spezialkenntnisse in Ernährungsfragen dazu, um zu begreifen, daß ein solches entsäuertes, laugeraffiniertes, gebleichtes, desodoriertes, blankfiltriertes und geschöntes Öl kein Lebensmittel mehr ist, sondern ein totes Nahrungsmittel. Es ist lediglich noch ein chemisch reines Fett, entbehrt aber der für die Erhaltung der Gesundheit notwendigen fettlöslichen Vitamine und hochungesättigten Fettsäuren.

Die Härtung der Fette

Nicht minder gesundheitsschädlich ist ein weiteres technisches Verfahren, dem Fette zur künstlichen Härtung unterworfen werden. Diese Härtung wird vorgenommen, um ein Fett herzustellen, das bei Normaltemperatur nicht schmilzt und doch gut streichbar ist. Die Härtung ist chemisch ein Hydrierungsvorgang, wobei Wasserstoff an ungesättigte Bindungen angelagert wird. Dadurch verschwinden nicht nur die ungesättigten Fettsäuren, indem sie in die gesättigte übergeführt werden, sondern außerdem entstehen auch noch Isoölsäuren, die in der Natur nicht vorkommen. Ihre Auswirkung in gesundheitlicher Hinsicht ist noch problematisch.

Durch die Härtungsverfahren ist es möglich, aus billigen pflanzlichen und tierischen Ölen halbfeste und feste Fette herzustellen, die für die Margarineherstellung unbedingt notwendig sind. Da diese Hartfette ein gutes Wasserbindungsvermögen haben und eine gute Schnittfähigkeit gewährleisten, spielt die künstliche Härtung von Waltran und Fischölen in der Margarineindustrie eine große Rolle. Da versucht wird, mit der Margarine einen Ersatzstoff für Butter zu schaffen, werden heute der Margarine Geschmacksstoffe (Diacetyl, Laktone) und künstliche Vitamine zugesetzt.

Immer wieder wird mit Recht beanstandet, daß bei der Härtung der Fette mit einem Nickelkatalysator sich mit den freien Fettsäuren Nickelseifen bilden, die sich nicht so leicht aus dem Hartfett wieder entfernen lassen. Durch das Raffinationsverfahren können noch andere Fremdstoffe in die Fette gelangen; so fanden sich bei Untersuchungen u.a. nicht unbedenkliche Mengen von Aluminium, Blei und Fluor.

Die Emulgierung

Ein anderes schwieriges Problem bei der Margarineherstellung liegt in der Emulgierung. Der Zusatz von Emulgatoren ist notwendig, um eine kolloidale Verteilung des in Wasser unlöslichen Öls zu ermöglichen. So wird erreicht, daß die Fett-Wasser-Emulsion stabil bleibt, d.h. eine Entmischung verhindert wird. Es wird sicher noch manchem in Erinnerung sein, daß die sogenannte Bläschenkrankheit, deren Ursache lange Zeit geheimnisvoll war, sich schließlich als Vergiftungserscheinung durch Margarinegenuß entpuppte. Die Ursache der Hautkrankheit lag in dem Emulgator EM 18.

Antispritzmittel

Schließlich sei noch darauf hingewiesen, daß manchen Margarinen Stoffe zugesetzt werden, um das *Spritzen in der Bratpfanne zu verhindern.* Man hat dies mit verschiedenartigsten Mitteln versucht, u.a. mit Lecithin und Glyzeriden. Auch ihr Zusatz erscheint nicht ohne weiteres unbedenklich.

Sowohl die Emulgatoren wie die Antispritzmittel sind nicht nur vom chemischen, sondern auch vom physikalischen Standpunkt aus infolge ihrer oberflächenaktiven Wirkung problematisch. Diese Oberflächenaktivität wirkt sich nicht nur an den Grenzflächen Fett/Wasser aus, sondern auch an den Grenzflächen der Körperzellen. Da wir wissen, daß bei der Entartung der gesunden Zelle zur Krebszelle neben der Störung der inneren Zellatmung auch die Störungen der Grenzflächenverhältnisse eine Rolle spielen, erscheint der Zusatz oberflächenaktiver Stoffe in die Kunstfette noch bedenklicher.

Reformmargarinen

Im Gegensatz zu handelsüblichen Margarinen werden die *Reformmargarinen* aus Vorpreßölen oder Fetten hergestellt, die möglichst keiner Raffination bedürfen. Ein Zusatz von linol- und linolsäurereichen Ölen, also Ölen mit hochungesättigten Fettsäuren, erhöht den biologischen Wert.

Dadurch ist bei den Reformmargarinen der Naturcharakter der Öl- und Fettgrundlage weitgehend gewahrt. Außerdem sind sie frei von unerwünschten Fremdstoffen, was sich auch auf die Bekömmlichkeit und Verträglichkeit günstig auswirkt. Sie sind frei von gehärteten Fetten und enthalten nur natürliche Emulgatoren.

Butter auf der Anklagebank

Bei der Besprechung der Fette erscheint eine genauere Betrachtung der *Butter* besonders nötig. Denn es vergeht kaum ein Tag, an dem nicht in der ärztlichen Sprechstunde ein Patient voller Stolz erzählt, daß er seit Jahren keine Butter mehr esse, denn er habe gelesen und gehört, daß die Arterienverkalkung und der Herzinfarkt von den tierischen Fetten herrühre. Es erscheint deshalb dringend notwendig, der Frage nachzugehen, wie es zu solchen Vorstellungen in der breiten Masse des Volkes kommen konnte und ob sie richtig oder falsch sind.

Die Gründe, die die Butter auf die Anklagebank brachten, sind mehrfacher Art. Bei der Arteriosklerose und dem Herzinfarkt,*) der vorwiegend auf arteriosklerotischen Veränderungen der Herzkranzgefäße beruht, finden sich cholesterinhaltige fettartige Ablagerungen auf den Innenwänden der Blutgefäße. Da das Cholesterin nur in tierischen Fetten und nicht in pflanzlichen vorkommt, lag es zunächst nahe, die tierischen Fette für die Zunahme dieser Erkrankungen in den letzten Jahrzehnten verantwortlich zu machen. Auch der Umstand, daß der Fettverbrauch entsprechend angestiegen war, wies scheinbar in dieselbe Richtung.

Cholesterin ist ein lebenswichtiger Stoff

Bei der genaueren Durchforschung dieser Zusammenhänge zeigt es sich aber, daß die Verhältnisse in Wirklichkeit ganz anders liegen. Die Tatsache, daß sich den arteriosklerotisch veränderten Gefäßen Cholesterinablagerungen finden, muß beim Fachunkundigen den Eindruck erwekken, als handele es sich beim Cholesterin um einen körperfremden oder gar schädlichen Stoff, der Krankheiten hervorruft. In Wirklichkeit ist Cholesterin ebenso wie Lecithin ein äußerst wichtiger, unentbehrlicher und lebensnotwendi-

---

*) siehe Band 5: »Leben ohne Herz- und Kreislaufkrankheiten«, bioverlag gesundleben, 8959 Hopferau-Heimen

ger Stoff. Beide werden u.a. für den Aufbau der Membranen benötigt, die die Durchlässigkeit von chemischen Stoffen durch die Zellwände regulieren. Ferner kommt dem Cholesterin beim Fetttransport eine beachtliche Aufgabe zu. Nur durch eine Bindung der Fettsäuren an Cholesterin mit Hilfe von Gallensäuren und Cholinesterasen kann eine Passage der Fettsäuren durch die Darmwand erfolgen. Aber auch der Eintritt der Fettsäuren aus dem Blut durch die Zellmembranen ins Zellinnere ist nur mit Hilfe des Cholesterins möglich.

Es ist aber eine völlig andere Sache, wenn Cholesterin sich in krankhafter Weise an "falschen Stellen", nämlich in den Gefäßwänden, ablagert. Dieser Vorgang tritt nur bei krankhaft verändertem Stoffwechsel ein.

Cholesteringehalt der Nahrungsmittel belanglos

Ehe auf die vielfachen Ursachen dieser Stoffwechselstörungen näher eingegangen wird, muß noch auf zahlreiche Beobachtungen hingewiesen werden, aus denen hervorgeht, daß die Arteriosklerose weder ein Cholesterin- noch ein reines Fettproblem ist. Zunächst weiß der Laie meist nicht, daß nicht nur die tierischen Fette, sondern auch andere tierische Produkte Cholesterin enthalten. So enthält z.B. eine Schweineleber 420 mg % und Kalbshirn 2300 mg % Cholesterin, während die Butter im Durchschnitt 240 mg % und Schlachtfette "nur" 110 mg % Cholesterin enthalten.

Genauso wichtig ist es, zu wissen, daß der Körper imstande ist, selbst Cholesterin zu bilden. Dies bedeutet, daß die erhöhte Cholesterinmenge im Krankheitsfall gar nicht aus der Nahrung zu stammen braucht.

Arteriosklerose ist kein Cholesterinproblem

Schon diese beiden Tatsachen, daß der Körper selbst Cholesterin bilden kann und daß Cholesterin nicht nur in den tierischen Fetten, sondern auch in anderen tierischen Produkten vorkommt, müßten eigentlich genügen, um das Unstatthafte der Annahme, die Arteriosklerose sei ein Fett- oder gar ein Cholesterinproblem, zu beweisen. Aber es gibt noch eine ganze Reihe von Beobachtungen, die ebenfalls mit Sicherheit dagegen sprechen, daß die arteriosklerotischen Gefäßerkrankungen und ihre Folgeerscheinungen ein reines Fettproblem sind.

Man fand nämlich, daß die Höhe des Cholesteringehaltes im Blut nicht mit dem Verzehr tierischer Fette parallel geht, sondern von anderen Faktoren abhängig ist.

Freispruch der Butter

Am bekanntesten und gesichertsten ist die Tatsache, daß die Zufuhr von ungesättigten Fettsäuren den Cholesteringehalt im Blut senkt. Auch diese gesicherte Beobachtung scheint zunächst wieder die Butter als nachteiliges Fett zu verdächtigen, denn im allgemeinen enthalten die pflanzlichen Fette und Öle mehr ungesättigte Fettsäuren als die tierischen, besonders was die wichtige, hochungesättigte Linol- und Linolensäure betrifft. Unter den tierischen Fetten nimmt jedoch gerade die Butter in bezug auf die ungesättigten Fettsäuren eine bevorzugte Stellung ein.

Prof. Schweigart weist in seiner wissenschaftlichen Studie "Butter und Margarine" darauf hin, daß in der Butter bisher 76 Fettsäuren identifiziert wurden, was bei keinem anderen Fett nur annähernd der Fall ist. Angsichts der Verwirrung und Unsicherheit, die durch die wirtschaftlich gelenkte Aufklärung in allen Kreisen des Volkes aufgetreten ist, erscheint es daher tunlich, die Prozentzahlen der in der Butter vorkommenden Fettsäuren anzugeben, um anstelle von tendenziösen Darstellungen nüchterne Tatsachen zu setzen. Die Butter enthält 58-65 % gesättigte Fettsäuren, 29-37 % einfachungesättigte, 2,9-4,6 % zweifachungesättigte und 0,9 bis über 2 % hochungesättigte Fettsäuren (Polyensäuren). Damit ist es eindeutig festgelegt, daß die Butter ebenfalls hochungesättigte Fettsäuren enthält. Daß die Menge ausreichend ist, läßt sich am einfachsten in einem biologischen Test nachweisen. Wie wäre es möglich, daß ein Säugling ohne pflanzliches Fett, nur mit Milchfett von der Mutter oder der Kuh, volle Gesundheit erhalten kann, wenn in dem Milchfett die notwendigen Stoffe, in diesem Fall die hochungesättigten Fettsäuren, nicht enthalten wären.

Auch was die Emulgierung betrifft, liegen bei der Butter die Verhältnisse im Gegensatz zu den technisch veränderten Fetten von Natur aus einfach. Die Fettkügelchen werden hier durch eine mehrschichtig aufgebaute Membran stabilisiert. Auch an dem Beispiel der Emulgierung läßt sich in einfacher Weise zeigen, daß es nicht möglich ist, im technischen Prozeß die Natur in ihrer Vollendung nachzuahmen. Schon dieser Punkt allein könnte genügen, um die Überlegenheit des Naturfettes Butter über alle künstlich hergestellten Fette zu zeigen, sofern ihr Wert nicht durch Pasteurisierung des Rahmes verringert wird.

Die Menschen auf dieser Erde haben seit Jahrtausenden das Milchfett in Form von Milch, Sahne oder Butter genossen und sind dadurch nicht krank geworden, geschweige denn, daß sie durch den Genuß von Butter einen Herzinfarkt bekommen hätten. Schon der gesunde Menschenverstand wehrt sich gegen die Vorstellung, daß die Butter, die in Jahrtausenden keine Arteriosklerose erzeugt hat, nun einen Herzinfarkt begünstigen soll, obwohl die starke Zunahme der Gefäßerkrankungen und des Infarktes gar nicht mit einer entsprechenden Steigerung des Butterkonsums einhergeht.

In diesem Zusammenhang ist auch die Beobachtung Lapiccirellas beweiskräftig, der bei Somalistämmen keinerlei Gefäßschäden nachweisen konnte, obwohl diese Hirten täglich bis zu 10 Liter Kamelmilch trinken, die einen doppelt so hohen Fettgehalt hat wie Kuhmilch.

Butter, das bekömmlichste Fett

Schließlich ist die besonders *gute Bekömmlichkeit und Verträglichkeit der Butter* auch für Magen-, Darm-, Leber- und Gallenkranke hervorzuheben.

Arteriosklerose ist kein Fettproblem

Weiterhin ist interessant, daß die Zufuhr von pflanzlichen naturbelassenen Fetten mit hohem Anteil hochungesättigter Fettsäuren keine Garantie für die Verhütung der Arteriosklerose und des Herzinfarktes gibt, obwohl diese Fette unter bestimmten Bedingungen den Cholesterinspiegel senken. Andererseits kommen auch hohe Cholesterinwerte im Blut vor, auch wenn in der Nahrung tierische Fette ganz gemieden werden. Schließlich gibt es Fälle schwerster Arteriosklerose, bei denen im Blut keine Vermehrung der Fettstoffe vorhanden ist. Und umgekehrt sind genug Fälle mit hohen Cholesterinwerten bekannt, in denen fettarme Kost keine Besserung bringt.

Alle diese Beobachtungen weisen darauf hin, daß noch andere Komponenten in der Nahrung bei dem Zustandekommen der Arteriosklerose eine Rolle spielen müssen, die bisher nicht genügend berücksichtigt wurden. So ließ sich z.B. in eigenen klinischen Versuchen eindeutig nachweisen, daß die Herabsetzung eines krankhaft erhöhten Cholesterinspiegels im Blut sich mit Sicherheit durch jede Kostform erzielen läßt, die frei ist von Fabriknahrungsmitteln und in der Hauptsache aus naturbelassenen Lebensmitteln zusammengesetzt ist.

Arteriosklerose ist die Folge denaturierter Zivilisationskost

Die Lösung des Problems liegt also trotz der unbestrittenen Bedeutung der hochungesättigten Fettsäuren nicht so sehr im Fett, sondern in der übrigen Nahrung. Was der Körper mit dem Fett anfängt, ist einzig und allein abhängig von der Sroffwechsellage des betreffenden Menschen. Das heißt, daß ein intakter Stoffwechsel imstande ist, das angebotene Fett richtig zu verarbeiten, so daß es nicht zu krankhaften Ablagerungen von Cholesterin kommt.

Die Voraussetzung für einen intakten Stoffwechsel liegen aber zweifellos in einer richtig ausgewogenen Ernährung, die alle Stoffe enthält, die für den richtigen Ablauf der Stoffwechselvorgänge unerläßlich sind. Fehlen solche Stoffe oder ist ihr Verhältnis zueinander einseitig verschoben, so kommt es zu Stoffwechselentgleisungen, die schließlich dazu führen können, daß der Organismus mit dem Fettabbau nicht fertig wird. Die Cholesterinablagerung ist dann die Folge.

Die Ursache der Arteriosklerose liegt also keineswegs im Fett und schon gar nicht in der Butter; vielmehr *äußert* sich die Arteriosklerose in einer Störung des Fettstoffwechsels. Aus den krankhaften Ablagerungen des Cholesterins, das, wie wir sahen, noch nicht einmal aus dem tierischen Fett zu stammen braucht, ist lediglich der Schluß zu ziehen, daß der Organismus aus irgendwelchen Gründen nicht imstande ist, die Stoffwechselvorgänge richtig zu lenken.

Vergleichen wir den krankhaft erhöhten Cholesteringehalt mit dem zu hohen Zuckergehalt im Blut und Gewebe bei der Zuckerkrankheit, so wird kaum jemand annehmen, daß die Ursache der Zuckerkrankheit nur im vermehrten Zuckergenuß liegt. Auch hier müssen Störungen im Stoffwechsel angenommen werden, die es bewirken, daß der Fabrikzucker nicht in der nötigen Weise abgebaut und verarbeitet wird. Der erhöhte Blutzuckerspiegel ist also nicht die Ursache, sondern bereits ein Symptom, dem wiederum andere Ursachen zugrunde liegen.

Es kommt auch niemand auf den Gedanken, krankhafte Ablagerungen von Kalk im Gewebe auf zu hohen Kalkgehalt im Blut und auf zu kalkhaltige Nahrung zurückzuführen. Vielmehr weiß man, daß die Kalkverwertung im Organismus vom Vitamin D und von Hormonen der Nebenschilddrüse gesteuert wird. Genauso wenig wie Kalkmangel Ursache der Rachitis ist oder zuviel Kalk zu Verkalkungen führt, genauso wenig ist zuviel Cholesterin Ursache der Arteriosklerose.

Aufklärung über Ernährungsfragen durch Interessengruppen manipuliert

Es wurde auf diese Zusammenhänge etwas ausführlicher eingegangen, um klarzumachen, wie unverantwortlich es ist, die Unwissenheit weiter Kreise auszunutzen, um ihnen die Butter zu verekeln und sie für vermehrten Margarineverbrauch reif zu machen. Leider gibt es auch nur wenige Ärzte, die sich so hinreichend mit Ernährungsfragen beschäftigen, daß sie imstande wären, die mit großem Geldaufwand der Fettindustrie betriebene Reklame zu durchschauen und sich an Hand exakter wissenschaftlicher Daten im Widerstreit der Meinungen ein eigenes Urteil bilden zu können. Zudem ist die Aneignung des nötigen Wissens auf dem Fettgebiet, wie überhaupt bei allen Ernährungsfragen, dadurch erschwert, daß es bereits einer gewissen Sachkunde bedarf, um zu erkennen, welche der zahlreichen sich widersprechenden Darstellungen von Interessengruppen gelenkt sind, welche aus den Regalen der alten Ernährungslehre stammen, welche von Spezialforschern mit dadurch eingeengtem Gesichtsfeld stammen und welche das Ergebnis einer reinen Forschung sind. Wenn es auch beschämend ist, so soll es doch ausgesprochen werden, daß die Erfahrung in der ärztlichen Sprechstunde zeigt, daß die Ärzte in Ernährungsfragen von denjenigen gelenkt werden, die die Geldmittel haben, die öffentliche Meinung zu manipulieren.

Wissenschaftliche Experimente nur bedingt beweiskräftig

Dazu kommt, daß alle Ernährungsprobleme komplizierter liegen, als daß man sie in einfacher

Weise jedem verständlich machen könnte. Im Experiment ist allerdings oft eine Vereinfachung nicht zu umgehen, weil die Verhältnisse so vielseitig sind, daß sie nur in einer bewußten Vereinfachung überschaubar werden. Verfolgt man die Fettliteratur des letzten Jahrzehntes genau, so läßt sich ganz deutlich erkennen, daß hier ständig unzulässige Vereinfachungen vorgenommen werden, indem z.B. experimentell das Verhalten des Cholesterins in Beziehung zu den verschiedenartigen Fetten aufs exakteste erforscht wird, zugleich aber versäumt wird, dieselben Experimente unter den verschiedensten Bedingungen eines gestörten Kohlenhydrat- oder Eiweißstoffwechsels vorzunehmen. Natürlich sind solche komplexen Experimente sehr schwierig und erfordern großen Aufwand; solange sie aber nicht durchgeführt sind und der Fettforscher immer nur mit Fetten forscht und die innige Verflechtung mit dem Kohlenhydrat- und Eiweißstoffwechsel nicht genügend berücksichtigt, haben die Ergebnisse nur bedingten Wert. Wer sich mit Stoffwechselfragen näher beschäftigt, wird ohne weiteres schon theoretisch annehmen dürfen, daß der Einfluß z.B. einer hochungesättigten Fettsäure auf den Cholesterinstoffwechsel anders ausfallen wird, je nachdem, ob - wiederum beispielsweise - der übrige Chemismus unter dem Einfluß isolierter Kohlenhydrate mit allen ihren tiefgreifenden Auswirkungen steht oder nicht.

Herzinfarkt und Arteriosklerose durch Fabrikzucker und Auszugsmehle

Jedenfalls macht schon die Tatsache, daß die Arteriosklerose und der Herzinfarkt seit Jahrzehnten in genau demselben Maße zunehmen wie die anderen ernährungsbedingten Zivilisationskrankheiten, es sehr wahrscheinlich, daß ihrer Entstehung auch letzten Endes dieselben Ursachen zugrunde liegen. Außer den Beweisen, die Cleave und Campbell auf Grund ihrer epidemiologischen Untersuchungen erbracht haben, daß auch der Herzinfarkt und die Arteriosklerose zur Saccharidose zu rechnen sind, sprechen auch die neueren Forschungsergebnisse von Prof. Yudkin, dem Leiter des ernährungswissenschaftlichen Instituts der Londoner Universität, in diesem Sinne. Er wies nach, daß auch für die Entstehung der Arteriosklerose der Genuß der isolierten Kohlenhydrate Auszugsmehle und Fabrikzucker von entscheidender Bedeutung ist. Diese neuen Forschungsergebnisse werden zwar als "aufsehenerregend" und "alarmierend" bezeichnet, sind aber für diejenigen, die die Ernährung als einen komplexen Vorgang erkennen, eine alte

Selbstverständlichkeit.

Gleichzeitiges Auftreten von Gefäßerkrankungen und Zuckerkrankheit kein Zufall

Die vielen Beobachtungen, die mit der einseitigen Fett-Theorie der Arterioskleroseentstehung im Widerspruch stehen, finden eine einfache Erklärung, falls auch der Kohlenhydratstoffwechsel berücksichtigt wird. Interessant ist in diesem Zusammenhang, daß die Arteriosklerose besonders häufig beim Zuckerkranken vorkommt.

So ist z.B. die Zahl der Zuckerkranken nach dem zweiten Weltkrieg in ähnlichem Maße angestiegen wie die Zahl der Herzinfarktfälle. Der Zusammenhang arteriosklerotischer Gefäßschäden mit dem Zuckerstoffwechsel geht auch deutlich daraus hervor, daß 70 % aller Zuckerkranken an arteriosklerotischen Komplikationen sterben und daß 90 % aller Diabetiker, deren Erkrankung länger als 10 Jahre besteht, eine Arteriosklerose aller Gefäße aufweisen. Wenn ein Zuckerkranker mit seinem Zuckerstoffwechsel nicht richtig eingestellt ist, kommt es zur Fettvermehrung im Blut, die bei guter Einstellung, d.h. bei Einschränkung der Kohlenhydrate verschwindet, während sie bei Einschränkung der Nahrungsfettmenge nicht zurückgeht.

Arteriosklerose bei Hühnern durch kohlenhydratreiche Fütterung

Dr. Lutz hat in Hühnerversuchen nachgewiesen, daß kohlenhydratarm ernährte Hühner auch im hohen Alter keine Arteriosklerose bekommen. Bei den kohlenhydratreich ernährten Hühnern lag der Cholesteringehalt in den Hauptschlagadern wesentlich höher als bei den Kontrolltieren.

Auch Gallensteine entstehen nicht durch Fettgenuß, sondern durch raffinierte Kohlenhydrate

Auch bei der Gallensteinbildung kommt es zur krankhaften Ablagerung von Cholesterin, es liegen hier ähnliche Grundstörungen des Stoffwechsels vor wie bei der Arteriosklerose. Daher ist es verständlich, daß auch diese Erkrankungen häufig bei demselben Menschen gemeinsam vorkommen.

Der dänische Nobelpreisträger *Dam* konnte zeigen, daß auch die Cholesteringallensteinbildung nicht so sehr ein Fettproblem, sondern vorwiegend die Folge eines gestörten Kohlenhydratstoffwechsels ist. Er konnte an Goldhamstern im Experiment Gallensteine erzeugen, wenn er den Tieren kein Fett, dafür aber isolierte Kohlenhydrate in Form verschiedener Zucker und Stärke gab. Die Zugabe von Fett verhütete die Cholesterinsteinbildung. Aus diesen Versuchen geht eindeutig hervor, daß die isolierten Kohlenhydrate für die Cholesterinablagerung verantwortlich sind und nicht die Fette, wie fälschlicherweise lange angenommen wurde.

Auch diese Versuche sind ein Hinweis, wie verkehrt die übliche Diät bei Gallensteinen ist, bei der die Fette eingeschränkt und Auszugsmehle und Fabrikzucker verordnet werden. Eine falschere Diät kann man sich bei Gallenkranken gar nicht denken. Anstatt Besserung zu bringen, ist sie genau diejenige Kost, die der Krankheit Vorschub leistet. Die Tatsache, daß trotz dieser Erkenntnisse fast allen Leber- und Gallenkranken heute noch diese krankmachende Kost verordnet wird, zeigt mit erschreckender Deutlichkeit, wie nötig eine Unterrichtung sowohl der Ärzte wie der Laien in den grundsätzlichen Ernährungsfragen wäre.

Wie verfehlt es ist, die Lösung des Arteriosklerose- und Herzinfarktproblems in einer Einschränkung der tierischen Fette zu suchen, ist wohl an Hand der geschilderten Verhältnisse genügend klar geworden. Geradezu wie eine Ironie muß aber das Verbot des Naturproduktes Butter wirken, das seit der frühesten Menschheitsgeschichte seine gesunderhaltenden Eigenschaften unter Beweis gestellt hat. Es ist ein Kennzeichen unserer "verdrehten" Zeit, daß überhaupt heute natürliche Lebensmittel wie Vollkornbrot und Butter gegen den Vorwurf, sie seien gesundheitsschädlich, verteidigt werden müssen, während Fabriknahrungsmittel, die in Wirklichkeit für viele Krankheiten verantwortlich sind, in getarnter und offener Reklame und von Vertretern der alten Ernährungslehre gepriesen werden, so daß die Gefahren, die durch sie entstehen, vom Volk nicht erkannt werden.

Kehren wir nach der Ehrenrettung der Butter noch einmal zu den technisch veränderten denaturierten Fetten zurück, so können wir zusammenfassend feststellen, daß sie angesichts ihres Vitalstoffmangels bei gleichzeitig hohem Verbrauch neben dem Fabrikzucker und den Auszugsmehlen die wesentlichen Fabriknahrungsmittel repräsentieren, die für die Entstehung der ernährungsbedingten Zivilisationskrankheiten verantwortlich zu machen sind.

Die Säfte

Im Vergleich zu diesen drei in großen Mengen genossenen Nahrungsmitteln spielen andere fabrikatorisch veränderte Nahrungsprodukte eine verhältnismäßig geringe Rolle, so daß ihre Aufzählung im einzelnen nicht nötig erscheint. Nur *eine* Gruppe beginnt in letzter Zeit durch den gesteigerten Konsum auch zu einer Gesundheitsbedrohung zu werden; es sind die Säfte. Die Säfte aus frischem Gemüse und rohem Obst als nicht unbedenklich zu bezeichnen, stößt verständlicherweise nach den herkömmlichen Vorstellungen, die ebenfalls weitgehend durch Reklame beeinflußt sind, auf Zweifel und Abwehr. Es erscheint daher eine genauere Betrachtung des Säfteproblems notwendig.

Der Saft ist ein Teilnahrungsmittel

Die allgemein anzutreffende Vorstellung, daß Säfte etwas ganz besonders Gesundheitsförderndes seien, hängt zweifellos damit zusammen, daß in dem Saft ein besonders stark vitaminhaltiges Produkt gesehen wird. Daß in dieser Vorstellung etwas Falsches steckt, haben wir bereits bei der Besprechung der Vitamine und Auxone gesehen. Wenn man - wie üblich - hört, die Säfte seien vitaminreich, so versteht der Laie unter Vitaminen alle notwendigen Zusatzstoffe und glaubt, daß im Saft eben alle Vitamine, d.h. gesundheitsnotwendigen Wirkstoffe, enthalten seien. Bei der Besprechung der Auxone sahen wir aber, daß bei der Saftherstellung zwar die wasserlöslichen Vitamine in den Saft gehen, daß aber die Auxone in den Rückständen der Trester bleiben. Da aber die Vitamine ihre Wirksamkeit nur voll entfalten können, wenn zugleich die Auxone vorhanden sind, wird verständlich, daß der Saft als Teilnahrungsmittel sich in seinem biologischen Wert erheblich und wesentlich von dem ursprünglichen ganzen Lebensmittel unterscheidet. Gerade darin, daß der Saft in Unkenntnis der wahren Verhältnisse als wertvolles Lebensmittel angesehen wird, während er in Wirklichkeit ein unvollständiges Teilnahrungsmittel ist, dem notwendige Wirkstoffe fehlen, liegt eine Gefahr. Besonders bei Kranken zeigt sich dieser Nachteil, indem sie glauben, etwas besonders Gutes für ihre Gesundheit zu tun, während sie dadurch die Zufuhr der notwendigen Vitalstoffe versäumen.

Noch ein anderes Mißverständnis haftet den Säften an. Man kann z.B. von rohen Möhren nur eine begrenzte Menge essen; wenn man die Möhren aber auspreßt, kann man sich die Vitamine von einem ganzen Kilo zuführen. Der Genuß von Säften ermöglicht also scheinbar eine wesentlich höhere Vitaminzufuhr als der Genuß des ganzen Lebensmittels. Diese Auffassung kommt nicht nur dadurch zustande, daß der Betreffende von der Existenz der anderen Wirkstoffe, wie z.B. der Auxone, nichts weiß, die ebenfalls zugeführt werden müssen, sondern sie beruht auf der unrichtigen Annahme, man würde um so gesünder, je mehr "Vitamine" man zu sich nehme. Ganz abgesehen davon, daß man nicht gesünder werden kann als gesund, gilt bei den Vitaminen dasselbe wie bei Arzneien: Es geht nicht nach dem Grundsatz "viel hilft viel". Außerdem ist eine hohe Zufuhr einer Vitamingruppe, etwa allein der wasserlöslichen, ohne gleichzeitige Versorgung mit den Wirkstoffen anderer Gruppen nicht nur nutzlos, sondern sogar imstande, Schäden hervorzurufen. Wir erwähnten schon, daß in einer Kostform, in der eine bestimmte Wirkstoffgruppe (Auxone) fehlte, die Verabreichung von Vitamin C Blutungen hervorrief, an der die Versuchstiere rasch zugrunde gingen.

Fleischsaft ist kein Fleischersatz

Am einfachsten kann man den grundsätzlichen Unterschied zwischen einem vollwertigen Lebensmittel und dem Saft an einigen Fragen deutlich machen: Warum essen Sie Fleisch und trinken nicht nur Fleischsaft, wenn Sie annehmen, daß kein Unterschied zwischen beiden besteht? Oder glauben Sie, daß ein Löwe, statt das ganze Wild zu fressen, auch gedeihen würde, wenn man ihn nur mit Tiersaft aufzöge? Wäre es nicht einfacher, wir würden, statt mühsam Brot zu kauen, Brotsaft trinken? Dann könnten wir täglich nicht nur einige Scheiben, sondern mehrere Laibe essen. Diese Fragen genügen meist rasch, um das Empfinden für den Unterschied zwischen einem Nahrungsteil und einem ganzheitlichen Lebensmittel zu wecken. Vor mehreren Generationen hatten die Menschen dieses natürliche Empfinden für das Richtige noch in höherem Maße, während sie heute in der technischen Welt und in der Dauerberieselung durch Reklame in eine instinktlose Unsicherheit geraten sind.

Die beschleunigte Resorptionsgeschwindigkeit der Säfte erzeugt Störungen

Es ist aber nicht nur die Störung der Harmonie innerhalb der Vitalstoffe, die den Saft gegenüber dem ganzen Lebensmittel kennzeichnet, es ist auch die beschleunigte Resorptionsgeschwindigkeit des Saftes, die krankhafte Reaktionen auslösen kann. Um 1 kg Möhren zu essen, benötigt es eine beträchtliche Zeit, da jeder einzelne Bissen durch Kauen zerkleinert werden muß. Langsam gelangt ein Bissen nach dem anderen, mit Speichel durchsetzt, in den Magen, und auch hier wie im Dünndarm werden aus dem Speisebrei die Nährstoffe allmählich herausgelöst und verdaut. Ebenso allmählich werden die einzelnen Abbauprodukte der Eiweiße, Fette und Kohlenhydrate sowie die Mineralien und andere Stoffe durch die Darmwand hindurch ins Blut geschleust. Erheblich anders liegen die Verhältnisse, wenn der Saft von einem Kilogramm Möhren getrunken wird, was in Sekunden möglich ist. Die Geschwindigkeit, mit der die einzelnen Stoffe ins Blut gelangen, ist beim Trinken des Saftes wesentlich rascher. Man kann diese Vorgänge leicht nachprüfen, indem man mehrere Blutuntersuchungen hintereinander vornimmt. Prüft man z.B. nach Genuß eines süßen Saftes den Verlauf der Blutzuckerkurve, so stellt man fest, daß es zu unphysiologischen, steil ansteigenden Blutzuckerkurven kommt, während nach dem Kauen eines natürlichen Lebensmittels flache, normale (physiologische) Blutzuckerkurven auftreten. Beim raschen Trinken von Saft wird der Organismus stoßweise mit Nährstoffen in einem Tempo überschüttet, auf das er in seinen Verarbeitungsorganen nicht eingerichtet ist. Wenn in ein Gasthaus, das mit 2 Kellnern auf eine bestimmte Gästezahl eingerichtet ist, plötzlich Hunderte von Gästen aus Reiseomnibussen einströmen, wird die Versorgung sicher nicht ohne Störungen ablaufen. Auch der Organismus ist nicht auf Stoßgeschäfte eingerichtet, er versucht aber, die plötzliche Überschüttung mit Zuckerstoffen nach dem Trinken eines süßen Saftes zu korrigieren, indem die Bauchspeicheldrüse zu vermehrter Insulinausschüttung angeregt wird. Dadurch kann es zu einer überschießenden Reaktion kommen, indem auf den steilen Blutzuckeranstieg ein gegenregulatorisches Absinken unter normale Blutzuckerwerte folgt. Diese unnatürlich starken Blutzuckerschwankungen, vor allem das Absinken unter die Norm, können nicht nur mit unangenehmen Empfindungen einhergehen, sondern auch andere Regulationsstörungen verschiedenster Art im Organismus auslösen.

Ein gesunder Organismus ist meist imstande, mit diesen Störungen ohne Schaden fertig zu werden. Aber leider sind es meist gerade Kranke, die zu Säften greifen, da sie meinen, dadurch gesund zu werden. Die Kranken sind aber weniger fähig, die unphysiologischen Eingriffe auszugleichen. Und leider macht die Verschlechterung des Befindens durch den Genuß von Säften die Menschen nicht klug. Sie sind von dem gesundheitlichen Wert der Säfte so überzeugt, daß sie eine mögliche Schädigung gar nicht in Erwägung ziehen. Anstatt bei Verschlechterung des Befindens die Säfte zu meiden, wird meist versucht, durch noch mehr Säfte eine Besserung zu erzwingen. Der Teufelskreis ist geschlossen.

Säfte stören ähnlich wie Fabrikzucker die Verträglichkeit natürlicher Lebensmittel

Noch auf eine andere Weise sind die Säfte an der Entstehung eines Teufelskreises beteiligt. Sie stören bei Magen-, Leber-, Darm- und Gallenkranken die Verträglichkeit von rohem Obst, Vollkornbrot und Salaten aus frischen Gemüsen. In dieser Beziehung haben die Säfte eine ähnliche Wirkung wie Fabrikzucker und gekochtes Obst. Wir sahen, daß gerade Leber- und Gallenkranke es besonders nötig hätten, rohes Obst und Vollkornbrot zu essen. Da ihnen aber meist das rohe Obst verboten und dafür gekochtes oder eingemachtes Obst verordnet wird, ist die Rückkehr zu einer Heilkost, die rohes Obst enthält, erschwert. Oft spielt hier auch der Saft eine nachteilige Rolle; solange der Kranke Säfte trinkt, bekommt er beim Genuß von rohem Obst Unpäßlichkeiten. Da ihm die Zusammenhänge nicht bekannt sind, vermeidet er weiterhin das rohe Obst und das Vollkornbrot, für das dieselben Regeln gelten. Wer also als Leber-, Magen-, Darm und Gallenkranker Säfte benutzt, hat kaum eine Chance gesund zu werden, nicht so sehr deshalb, weil der Saft selbst unverträglich ist oder die oben erwähnten Nachteile bringt, sondern weil er indirekt die Durchführung einer Heilkost durch Erzeugung von Unverträglichkeiten vereitelt.

Man beachte also, daß der Saft selbst - immer den Magen-Darmempfindlichen vorausgesetzt - durchaus vertragen werden kann, daß er aber andere Nahrungsmittel unverträglich macht. Dieser Unterschied ist sehr wesentlich. Denn der Kranke selbst ahnt solche Zusammenhänge nicht, weil er den Saft an sich gut verträgt.

Mancher Kranke kommt darauf mit dem Einwand, daß alle diese Nachteile für seine Säfte nicht zutreffen, da er sie ja selbst zu Hause mit einer Saftpresse herstelle. Wer aber das Wesentliche begriffen hat, wird sofort einsehen, daß zwischen einem Saft, der selbst ausgepreßt, und einem solchen, der von einem anderen hergestellt ist, kein grundsätzlicher Unterschied besteht. Im einen Fall stand die Maschine, mit der die Auspressung erfolgte, in einem fremden Raum, im anderen Fall im eigenen Hause. Da die Presse in einer Fabrik hergestellt ist, sind beide Säfte gleichermaßen durch technischen Akt gewonnen, also Fabrikprodukte.

Säfte bei Geselligkeiten

Um leicht mögliche Mißverständnisse zu vermeiden, ist der Hinweis dringend nötig, daß es selbstverständlich etwas völlig anderes ist, wenn gesunde Menschen bei einer Festlichkeit oder bei anderen Gelegenheiten Obstsäfte trinken. In diesen Fällen wird ja der Saft nicht als Nahrungsmittel getrunken, sondern als Genußmittel. Als Getränk im geselligen Kreis ist er ganz sicher nicht imstande, Schaden zu stiften; es wäre sogar zu begrüßen, wenn er in größerem Maße den Platz alkoholischer Getränke einnähme. Im allgemeinen zieht sich der im geselligen Kreis geübte Genuß über längere Zeit hin und ist nicht wie bei der Verwendung als Nahrungsmittel auf die kurze Zeit der Mahlzeit beschränkt.

Eine Säftekur ist etwas anderes

In diesem Zusammenhang auch noch ein Wort über die Verwendung der Säfte beim sogenannten Saftfasten oder bei Säftekuren. In diesem Fall ist die Tatsache, daß der Saft kein vollwertiges Nahrungsmittel ist, natürlich kein Nachteil; denn bei diesen Kuren, die nichts anderes sind als eine modifizierte und weniger strenge Fastenbehandlung, wird ja gerade eine vorübergehende Nahrungsentziehung angestrebt. Die Verwendung von Teilnahrungsmitteln ist dabei durchaus sinnvoll. Außerdem wird bei der Fastenkur der Saft nur schluckweise und langsam in größeren Abständen genossen.

Die gemeinsamen Ursachen der ernährungsbedingten Zivilisationskrankheiten

Blicken wir nochmals zusammenfassend zurück auf die erarbeiteten Ursachen der ernährungsbedingten Zivilisationskrankheiten, so hat sich ergeben, daß allen diesen Krankheiten vorwiegend ein Mangel an den verschiedenartigsten Vitalstoffen gemeinsam ist. Dies gilt für die Zahnkrankheiten (Zahnkaries und Parodontose), die vielfältigen Erkrankungen der Verdauungsorgane (Leber, Galle, Magen, Darm, Bauchspeicheldrüse, Verstopfung), der Bewegungsapparate (Rheuma, Arthrosen, Arthritis, Wirbelsäulenveränderungen, Bandscheibenschäden), die Stoffwechselkrankheiten (Zuckerkrankheiten, Gicht, Fettsucht), Thrombose, die Gefäßkrankheiten (Arteriosklerose, Herzinfarkt, Schlaganfall) und den Krebs. Nach den Richtlinien Kollaths ist im biologischen Wert der Nahrungsprodukte eine Rangordnung vorhanden. An der Spitze stehen die völlig naturbelassenen Lebensmittel. Die mechanische und fermentative Veränderung bringt nur geringe Einbuße von Stoffen. Durch Erhitzung und Konservierung erfolgen wesentlich stärkere Vitalstoffverluste, während die Nährpräparate durch die technische Verarbeitung eine so minderwertige Stufe darstellen, daß ernste Gesundheitsschäden unausbleiblich sind. Als Hauptvertreter dieser letzten Gruppe haben wir die Auszugsmehle, den Fabrikzucker und die chemisch aufbereiteten Öle und Fette kennengelernt. Da die Fabriknahrungsmittel einen breiten Raum in der Gesamtnahrung einnehmen, ist ihre Bedeutung als Krankheitsursache überragend.

Diese Tatsachen sind sowohl im breiten Volk wie in wissenschaftlichen und leider auch in ärztlichen Kreisen weitgehend unbekannt. Es ist eine zwangsläufige Folge dieses fehlenden Wissens, daß alle möglichen Ursachen für diese Erkrankungen angegeben und angenommen werden, solange sie nicht als ernährungsbedingt erkannt sind.

Schädliche Fremdstoffe in der Nahrung

Es ist gar keine Frage, daß *schädliche Fremdstoffe,* die durch die chemische Schädlingsbekämpfung in unsere Nahrung gelangen, ebenfalls eine ernste Gesundheitsbedrohung darstellen. Es gibt darüber ausreichende Literatur, so daß ich mich hier kurz fassen kann. Es sei besonders auf die hervorragende Darstellung Rachel Carsons in "Der stumme Frühling" hingewiesen.

Die Unterrichtung der Bevölkerung über diese Gefahren ist weitaus umfangreicher als die Aufklärung über die Schäden durch die Nahrungsdenaturierung. Wenn auch die chemische Industrie, die die Schädlingsbekämpfungsmittel herstellt, alles tut, um die Gefahren zu bagatellisieren, und sie leider auch viele findet, die sie in dieser Hinsicht unterstützen, so hat doch jedermann, auch wenn ihn diese Fragen überhaupt nicht interessieren, schon davon gehört, daß "gespritztes" Obst und Gemüse gesundheitsschädlich sind.

Die toxische Gesamtsituation

Am treffendsten hat der Pharmakologe und Toxikologe Prof. Eichholtz bereits im Jahre 1956 die Lage mit dem Ausdruck *"toxische Gesamtsituation"* gekennzeichnet. Er schreibt: "Chemische Stoffe, die gleichzeitig im lebendigen Körper vorkommen, können sich gegenseitig in der Wirkung verstärken; eine Steigerung auf das Vielfache ist beschrieben worden. Die Einzelwirkungen der vielen chemischen Stoffe, die in unsere Lebensmittel hineinfließen, vermehrt um die Drohungen, die sich aus der Unzahl der möglichen Kombinationen ergeben, vermehrt um das, was wir an Giften mit der Atemluft und durch die Haut zu uns nehmen, vermehrt um die Strahlenwirkung führt zu dem, was wir als toxische Gesamtsituation bezeichnen."

Man kann zwar in aufklärenden Schriften lesen, daß die Chronosphäre, die Ionosphäre und die Erdatmosphäre für Jahrhunderte durch radioaktive Rückstände verunreinigt ist und daß in die Atemluft dazu noch die Industrie- und Motorenabgase und der Tabakrauch kommen, daß das Wasser der Seen, der Bäche und Flüsse und selbst der Meere durch Kanalwässer, Waschmittel, Pflanzenschutzmittel, Industrierückstände und Mineralöl verseucht ist und daß das Lebewesen Boden, das wie ein chemischer Stoff in einer Fabrik behandelt wird, durch einseitige Mineraldüngung und unkontrollierte Anwendung der Pestizide und Fungizide zur Schädlingsbekämpfung vergiftet ist. Es sind sich aber nur wenige bewußt, in welchem Ausmaß diese Fremdstoffe bereits vorhanden sind und zu welchen Folgen sie schon bis jetzt geführt haben. Nur an wenigen Beispielen soll das Ausmaß der Schäden und der Ernst der Bedrohung gezeigt werden.

Aus einem Bericht des USA-Innenministers Stewart L. Udall ist zu entnehmen, daß in der Leber und im Fettgewebe von Hochseefischen, die weitab von der Küste gefangen worden waren, ein hoher Prozentsatz von Pestiziden (DDT u.a.), und zwar bis zu 200 ppm (Teile pro Million), nachgewiesen wurde. Bei 2300 Vögeln und Säugetieren, die aus 22 Staaten der USA und aus 3 kanadischen Provinzen stammten, stellte sich heraus, daß 75 % unterschiedliche Mengen solcher Rückstände enthielten.

Im Staate Kalifornien fand man im Fettgewebe von Jagdfasanen, die in der Nähe von ausgiebig mit DDT behandelten Reisfeldern aufgegriffen wurden, bis zu 2000 ppm dieser Insektizide. Da sich auch bei anderem Wild zunehmende Mengen von DDT fanden, wird die Frage aufgeworfen, wie weit man ohne Gefahr noch Wildbret essen kann, im Hinblick auf die Tatsache, daß die Toleranz bei Haustieren 7 ppm nicht überschreiten darf. Ähnliche Beobachtungen wie in Amerika liegen aus England vor. Aus Berichten des britischen Ornithologenbundes und der königlichen Gesellschaft für Vogelschutz in England ist zu entnehmen, daß alle untersuchten Vögel von 118 verschiedenen Vogelarten, alle Säugetiere, alle Insekten, Schnecken und Würmer Pestizide enthielten. Am höchsten war der Gehalt an diesen Stoffen bei Tieren, die am Ende einer Nahrungskette stehen, wie Raubvögel und Insektenfresser, bei denen sich auch die höchste Zahl unfruchtbarer Eier findet.

Speicherung im Organismus

Ein Komitee der Gesellschaft fand, daß die pestiziden Rückstände in den Vögeln und ihren Eiern sich innerhalb eines Jahres verdreifacht hatten. Dies gilt besonders für Vögel, die Fische und andere Nahrung aus dem Wasser nehmen. Der an Küsten, Seen und Flüssen lebende weißköpfige Seeadler Nordamerikas, das Wappentier der Vereinigten Staaten, ist am Aussterben. Etwa 60 Prozent dieser Vögel bleiben ohne Brut. In ungebrüteten Eiern und in krank oder tot aufgefundenen Tieren fand man große Mengen von DDT-Rückständen.

Daß im Tierkörper eine gefährliche Speicherung dieser Stoffe stattfindet, geht z.B. aus folgendem Versuch hervor: Wurden Muscheln nur eine Woche lang der Einwirkung von DDT in einer

Konzentration von 1 ppm ausgesetzt, enthielten sie nachher in ihrem Körper 132 ppm dieses chemischen Stoffes.

Dieses Experiment weist auf eine besondere Gefahr hin, die den sogenannten Kumulationsgiften anhaftet. Es handelt sich dabei um Gifte, bei denen die jeweils unschädliche und geringe Dosis in bestimmten Körpergeweben angesammelt (kumuliert) wird. Zu dieser Gruppe gehören die am häufigsten verwendeten Insektizide DDT, Aldrin, Dieldrin und Systox, wobei das Aldrin und Dieldrin fünfmal und das Systox neununddreißigmal so giftig ist wie DDT.

Beim Menschen werden diese Gifte, die er täglich in der Nahrung zu sich nimmt, im Fettgewebe gespeichert. Bei Entfettungskuren werden beim Abbau des Fettes diese Gifte freigesetzt, so daß es zu einer Überschwemmung des Organismus mit diesen mobilisierten Giftstoffen kommt. So lassen sich manche bei Entfettungskuren auftretende Zwischenfälle, die den Eindruck einer Vergiftung machen, erklären.

Die Giftstoffe finden sich in der ganzen Pflanze, nicht nur auf der Oberfläche.

Die viel verwendeten Phosphorsäureester, wie z.B. das bekannte E 605, sind noch wesentlich stärkere Gifte; sie haben denselben Giftigkeitsgrad wie Zyankali. Werden diese Gifte auf die Oberseite eines Blattes gebracht, so töten sie auch Läuse auf der Unterseite. Daraus geht hervor, daß die gespritzten Gifte nicht auf der Oberfläche der Pflanzen bleiben, sondern sich mit dem Saftstrom in der Pflanze verteilen.

Schälen und Waschen nützt nichts

Es ist deshalb naiv, zu glauben, daß man sich durch Waschen oder Schälen von Früchten gegen die Gifte schützen könne. Sie sind gleichmäßig in der ganzen Pflanze und natürlich auch in der Frucht verteilt. Das Waschen hätte nur einen Sinn, wenn das Aufbringen der Gifte unmittelbar vor der Ernte stattfände. Aber ein solches sinnloses Verhalten ist auch vom verantwortungslosesten Erzeuger von Früchten nicht zu erwarten.

Darauf wird nun natürlich sofort der Einwand kommen, es sei gefährlich, den Menschen zu raten, das Obst nicht zu waschen. Tatsächlich ist es aber viel gefährlicher, den Menschen vorzugaukeln, das Problem der Insektizide lasse sich durch Waschen des Obstes lösen. Es zeigt sich ja im täglichen Gespräch mit dem Kranken, daß er sich um die Gifte gar keine Sorge macht, da er meint, er hätte durch Waschen der Oberfläche die Gefahr gebannt. Das Nichtwissen um die wirklichen Verhältnisse und ein falscher Rat, der am Wesentlichen vorbeigeht, sind noch gefährlicher als die eigentliche Gefahr selbst, weil dann das Übel nicht an der Wurzel gepackt wird. Selbstverständlich kann der Mensch das Obst waschen, man kann ihm sogar dazu raten, muß aber sofort dazu sagen, daß er der Giftzufuhr dadurch nicht entgeht.

Manche versuchen der Zufuhr des Giftes zu entgehen, indem sie die Früchte schälen. Aber auch diese Methode ist nicht nur zwecklos, sondern sogar ausgesprochen nachteilig. Denn gerade in den Schalen sitzen wichtige Wirkstoffe, die mithelfen, die mit der übrigen Frucht aufgenommenen Gifte zu entgiften. Die volle Funktion der Leber, der die hauptsächlichen Entgiftungsaufgaben obliegen, ist vom Vorhandensein aller Vitalstoffe abhängig. Da aber in der Nahrung des heutigen Menschen ständig giftige Rückstände von Pestiziden zu finden sind, ist besonders darauf zu achten, daß die Nahrung ganzheitlich und vollwertig ist, daß also die Schalen unbedingt mitgenommen werden.

Daß die Verhältnisse, welche die Schäden durch Gifteinwirkung betreffen, komplizierter liegen, als der Unbefangene glaubt, geht u.a. aus folgenden Beobachtungen hervor. Es gibt Stoffe, die im Tierversuch bei geringer Giftigkeit für die Eltern eine hohe Giftigkeit für den Nachwuchs besitzen. Andere Stoffe wiederum sind im akuten Versuch so wenig giftig, daß es praktisch nicht möglich ist, Vergiftungserscheinungen zu erzeugen. Gibt man aber im Tierversuch täglich kleinste Mengen (z.B. ein Drittel Milligramm der Beta-Isomeren von Hexachlorcyclohexan), so tritt mit Sicherheit ein tödlicher Effekt nach weniger als 260 Tagen auf.

Das Ausmaß der Vergiftung

Welche Ausmaße die Vergiftung unserer Erde mit diesen Stoffen bereits angenommen hat, ist nur wenigen bekannt. Die obersten 5 mm der Akkererde sind besonders insektizidreich. Sie enthalten in England und Wales schätzungsweise 30 Tonnen DDT, 9 Tonnen Dieldrin und entsprechende Mengen der anderen Gifte. Diese dringen in das Grundwasser ein und gelangen so in das Trinkwasser, die Flüsse, Seen und die Meere. So ist die Äußerung des amerikanischen Innenministers zu verstehen, daß es auf der Erde keinen Ort mehr gibt, an dem nicht Rückstände dieser Stoffe im Boden, im Wasser und in den Geweben der Lebewesen zu finden sind, auch wenn an diesen Orten eine direkte Anwendung von Pestiziden nie stattfand.

Es ist hier nicht möglich, all den bedeutungsvollen Fragen nachzugehen, warum die Schädlingsbekämpfung mit chemischen Giften solche Ausmaße angenommen hat und welches die Ursachen sind, daß es zu einer solchen Zunahme der Schädlinge kam, daß man glaubte, durch Herstellung von immer mehr und immer stärker wirkenden Giften das Problem lösen zu können. Daß die intensive Anwendung immer stärkerer Gifte in immer kürzeren Abständen in keiner Weise zu einer Ausrottung bestimmter, als "Schädlinge" bezeichneter Lebewesen führte, sondern zu einer Zunahme und vermehrten Widerstandskraft gegen Gifte, ist schon ein einfacher Beweis, daß ein Fortschreiten auf diesem Weg weit mehr Schaden als Nutzen bringen wird. Natürlich war dem biologisch Denkenden von Anfang an klar, daß die Schädlingsbekämpfung durch chemische Stoffe nur eine symptomatische Maßnahme darstellt, die am Wesentlichen vorbeigeht, nämlich an der Erkenntnis, daß vermehrter Schädlingsbefall bereits das Zeichen eines gestörten Gleichgewichts im Lebendigen ist. Die eigentlichen Ursachen liegen tiefer. Die moderne Intensivwirtschaft, die eine Ertragssteigerung auf Kosten der Qualität anstrebt, führte dazu, daß das Lebewesen Boden wie ein chemischer Stoff behandelt wird. Das Krankwerden der Böden durch einseitige Kunstdüngung spielt in der Störung des lebendigen Gleichgewichts in der Natur eine nicht minder große Rolle wie die unnatürlichen Monokulturen in Feld und Wald.

Nur durch die Schaffung gesunder Böden ist das Problem zu lösen. Für an diesen Fragen Interessierte stehen heute genug hervorragende Aufklärungsschriften zur Verfügung, z.B. "Boden und Gesundheit", Zeitschrift für angewandte Ökologie. Organ der gemeinnützigen Gesellschaft Boden und Gesundheit, 7183 Langenberg. Ihr Schriftleiter ist Albert von Haller, der Verfasser der hervorragenden und sehr empfehlenswerten Bücher "Gefährdete Menschheit" und "Die Küche unterm Mikroskop". Neuere Literatur: "Iß und stirb" von Eva Kapfelsperger und Udo Pollmer, Verlag Kiepenheuer & Witsch.

Das Für und Wider des Kunstdüngers

Da aus den Unterhaltungen der ärztlichen Sprechstunde hervorgeht, daß die Kranken über die Rolle des Mineraldüngers, der im Volk als "Kunstdünger" bezeichnet wird, erheblich falsche Vorstellungen haben, die wiederum zu falschen Schlußfolgerungen und Verhaltensweisen führen, soll kurz das in diesem Zusammenhang Nötigste über den Kunstdünger gesagt werden.

Die Düngung der Pflanze entspricht der Ernährung des Menschen. Es bestehen hier interessante Parallelen. So wie die alte Ernährungslehre glaubte, der Mensch benötige nur die drei Grundstoffe Eiweiß, Fett und Kohlenhydrate, nahm man auf Grund der Liebigschen Forschungen der “alten Düngungslehre” an, die Pflanze benötige nur Calcium, Kalium, Phosphor und Stickstoff. Diese Stoffe entnimmt sie dem Boden. Es war auf Grund dieser Vorstellung eine einleuchtende Forderung, diese Stoffe in Form des Kunstdüngers dem Boden wieder zuzuführen.

Der lebendige Boden braucht lebendigen Dünger

In ähnlicher Weise, wie nun die moderne Ernährungslehre gezeigt hat, daß noch eine große Zahl anderer Stoffe für die Gesunderhaltung nötig ist, gilt dies auch für den Boden bzw. die Pflanze. Dem Kollath'schen Begriff der lebendigen Nahrung für den Menschen entspricht der lebendige Boden bei der Pflanze. In einem Gramm Erde finden sich bis zu 20 Millionen Bakterien, eine Million Pilze und eine Million einzellige Tiere. Ein Hektar Boden enthält ca. 12 bis 62 Tonnen dieser unsichtbaren, für die Erhaltung der Bodenfruchtbarkeit so wichtigen Lebewesen. Viele dieser Organismen tragen zu dem ständigen Reservoir von Stickstoffverbindungen, Phosphor und Schwefel in den für die Wurzeln erreichbaren Schichten bei. Die Ernährung der Pflanze geschieht also nicht nur direkt über die zugeführten

Stoffe, sondern auch indirekt über die lebendigen Bodenorganismen. Eine einseitige Mineral- und Stickstoffdüngung ist nun imstande, das Bodenleben erheblich zu stören und dadurch Pflanzenkrankheiten hervorzurufen, was sich wiederum in einer vermehrten Anfälligkeit gegen Schädlinge bemerkbar macht. Giftige Schädlingsbekämpfungsmittel, die in den Boden gelangen, schädigen das Bodenleben, wodurch es wieder zu einer Verringerung der Widerstandskraft kommt. Die Teufelsspirale ist hergestellt.

Mineraldünger ist an sich ungiftig

Worauf es aber in diesem Zusammenhang besonders ankommt, ist die Tatsache, daß der Mineraldünger als solcher, d.h. als chemische Substanz, kein giftiger Stoff ist. Seine Nachteile sind indirekter Natur, wie eben beschrieben.

Man begegnet in der Sprechstunde ständig der Ansicht, die mit Kunstdünger gedüngten Lebensmittel seien dadurch schädlich, daß sie den "giftigen" Kunstdünger enthielten. Daraus wird weiterhin der falsche Schluß gezogen, kunstgedüngtes Gemüse dürfe man nur in gekochtem Zustand essen, da fälschlicherweise angenommen wird, die vermeintlichen schädlichen Stoffe würden dabei zerstört.

Mineraldünger und Schädlingsbekämpfungsmittel werden durch Kochen nicht zerstört

Ähnliche gefährliche Irrtümer findet man auch oft in bezug auf die Pestizide. Es wird aus Unkenntnis angenommen, diese giftigen Stoffe würden durch Kochen zerstört, was natürlich nicht der Fall ist. Zerstört werden beim Kochen leider gerade manche vorteilhaften Wirkstoffe, wie Vitamine und Fermente. Natürlich wäre es besser, es stünde genügend biologisches, auf gesundem Boden gewachsenes Gemüse und Obst zur Verfügung. Den Vorteil hätte nicht nur der Landwirt, der wieder gesündere und widerstandsfähigere Pflanzen hätte, sondern natürlich auch der Verbraucher, der ebenfalls gesündere, haltbarere und wesentlich wohlschmeckendere Lebensmittel bekäme. Falls dem Gesunden und Kranken aber kein biologisch gezogenes Obst und Gemüse zur Verfügung steht, muß er um so mehr darauf achten, daß ein Teil in roher Form genossen wird, um nicht eine noch weitere Wertminderung zu erzeugen.

Die richtige Akzentsetzung

So unzweifelbar die Schäden sind, die durch die erwähnte Vergiftung der Luft, des Wassers und des Bodens bereits entstanden und in Zukunft in vermehrtem Maße zu erwarten sind, und so dringlich ihre Bekämpfung ist, muß doch mit aller Deutlichkeit festgestellt werden, daß diese Schädlichkeiten an der Entstehung der Zivilisationskrankheiten, mit denen wir uns bisher beschäftigten, keine wesentliche Schuld tragen. Der Gebißverfall und die degenerativen Erkrankungen des Bewegungsapparates sind ebenso wenig durch Radioaktivität, Lärm, verschmutzte Luft, verpestetes Wasser und Pestizidrückstände in der Nahrung verursacht wie der Herzinfarkt, die Arteriosklerose, Gallensteine und die überhandnehmenden Leberkrankheiten, die zusammen die klassischen Kennzeichen des heutigen Gesundheitsverfalls ausmachen. Alle diese Erkrankungen sind in erster Linie durch Vitalstoffmangel als Folge der zivilisatorischen Verfeinerung und Technisierung unserer Nahrung entstanden. Wie oben gezeigt wurde, ist daran überhaupt kein Zweifel. Die Verhütbarkeit dieser Erkrankungen durch vollwertige, nicht denaturierte Nahrung ist als Probe aufs Exempel ein weiterer Beweis, und schließlich sind die betreffenden Zivilisationskrankheiten schon zu einer Zeit aufgetreten, als es weder vermehrte Radioaktivität noch Pestizide gab. Es läßt sich aber nachweisen, daß das Auftreten dieser Krankheiten und ihre ständige Zunahme zeitlich genau mit der Industrialisierung der Nahrung einhergehen.

Die Unterhaltung mit den Kranken zeigt eindeutig, daß diese entweder der Meinung sind, man wisse noch nicht, woher die Erkrankungen kämen, oder sie glauben, die Fehler, die unserer Nahrung anhaften und die für die Krankheiten verantwortlich zu machen seien, liegen im Kunstdünger und in chemischen Stoffen, die künstlich in die Nahrung hineingekommen sind. Dem Wissen, daß die Schäden durch einen Mangel an gesundheitsnotwendigen Stoffen verursacht sind, begegnet man sehr selten; in diesem Fall wird dann lediglich an "Vitamine" gedacht, und man glaubt, diesen Mangel könne man durch Einnehmen von Tabletten oder etwas Obst ausgleichen. Diese falschen Vorstellungen, die man allenthalben, leider auch in gleichem Maße in Fachkreisen, antrifft, verhindern selbstverständlich jede sinnvolle Vorbeugung.

Auf der anderen Seite bedeutet aber die starke Betonung, daß es sich bei den betreffenden Zivilisationskrankheiten in der Hauptsache um ernährungsbedingte Mangelzustände und nicht um Schäden durch Fremdstoffeinwirkung handelt, keineswegs, daß die Bedrohung und Gefährdung durch die Radioaktivität, die Pestizide und die anderen toxischen Einflüsse nebensächlich oder unbedeutend wären. Sie sind im Gegenteil alarmierend. Es liegen eben zwei voneinander unabhängige Schadkomplexe vor, der Mangel an notwendigen Wirkstoffen und das Vorhandensein von schädlichen Fremdstoffen. Es geht aber um die richtige Akzentsetzung; denn für eine wirksame Prophylaxe ist sie unbedingt notwendig.

Gelänge es aber z.B. durch entsprechende Gesetzgebung, die Giftstoffe aus der Nahrung fernzuhalten, so würde sich mit dem Gebißverfall, der Arthrose, der Arteriosklerose und dem Herzinfarkt gar nichts ändern; diese Erkrankungen würden genauso häufig auftreten, und ihr Verlauf würde nicht gemildert. Gelänge es aber umgekehrt, den Verzehr von Fabriknahrungsmitteln und anderen denaturierten Nahrungsmitteln zu unterbinden, so verschwänden zwar diese ernährungsbedingten Zivilisationskrankheiten, die zusätzliche Bedrohung durch die giftigen Fremdstoffe bliebe aber unverändert. Und es besteht kein Zweifel, daß die Bedrohung der Menschheit durch die zunehmende Chemisierung in Zukunft immer ernster wird, nicht nur durch die steigende Tendenz in dieser Richtung, sondern auch wegen der Beständigkeit der chemischen Stoffe, wodurch es zu einer zunehmenden Anreicherung der Giftstoffe in der Umgebung des Menschen und in ihm selbst kommt. Wird dazu noch die Spätwirkung der schädlichen Einwirkungen mitberücksichtigt, so zeigt sich erst die Bedrohung, die auf die Menschheit zukommt, im ganzen Ausmaße.

Gefahren durch zunehmende Radioaktivität

Was die Spätwirkung betrifft, so liegt zweifellos in der ständig zunehmenden Radioaktivität, die durch die Kernspaltung für militärische und sogenannte friedliche Zwecke entsteht, die größte Gefahr. Angesichts der Tendenz der Bundesregierung, auf Betreiben bestimmter Interessengruppen das dicht besiedelte Bundesgebiet mit einer großen Zahl von Kernreaktoren zu überziehen, die ständig Radioaktivität in die Umgebung abgeben, muß man es als verbrecherisch bezeichnen, daß das Volk über das Grundsätzliche der Strahlenwirkung nicht aufgeklärt und der Eindruck erweckt wird, als lasse sich jemals gegen die durch Strahlung entstandenen Schäden eine Abhilfe oder Gegenmaßnahme finden, so wie man gewohnt ist anzunehmen, daß es gegen jeden Schaden eine Abwehrmaßnahme und gegen jedes Gift ein Gegengift gäbe. Bei den Schäden, die durch die Atomstrahlung auftreten, handelt es sich nicht um chemische, sondern um physikalische Vorgänge, die in ihrer Wirkung auf das Lebendige Sondergesetzen unterliegen.

Am besten läßt sich vielleicht das Besondere

an einem biologischen Modellversuch mit Röntgenstrahlen verdeutlichen, bei dem es sich im wesentlichen um dieselben Strahlen handelt, wie sie bei der Atomspaltung entstehen. Am Anfang der Röntgenära hat man die Dosis der Röntgenstrahlen nach der Menge gemessen, die nötig war, um auf der Haut eine Rötung hervorzurufen. Die Hautrötungsdosis galt anfangs als Meßeinheit für Röntgenstrahlen. Bestrahlte man nun einen Hautabschnitt z.B. im Jahre 1930 mit einem Zehntel dieser Hautrötungsdosis und im nächsten Jahr wieder mit einem Zehntel und so jedes Jahr 10 Jahre lang mit einem Zehntel, so trat in diesem Hautabschnitt, der insgesamt 10 Zehntel, also die ganze Hautrötungsdosis, allerdings über 10 Jahre verteilt, erhalten hatte, tatsächlich eine Hautrötung auf. Aus diesem Versuch läßt sich ableiten, daß die Wirkung der Röntgenbestrahlung von den früheren Jahren noch nicht erloschen war; in den Hautzellen war also eine bleibende Veränderung entstanden. Vom Augenblick der Bestrahlung an ist die Zelle für immer eine andere geworden; die Veränderungen in ihrer biologischen Reaktion sind nicht mehr rückgängig zu machen. Diese Tatsache unterscheidet die Wirkung von radioaktiven Strahlen grundsätzlich von allen anderen physikalischen oder chemischen Wirkungen, die die Möglichkeit einer Wiederherstellung der früheren biologischen Eigenschaften in sich bergen.

Alle ionisierenden Strahlen, gleich ob Alpha-, Beta- oder Gammastrahlen, üben dieselbe Wirkung auf Zellen aus. Es kommt zur Blockierung der Fermentsysteme, zur Ionisierung des Zellwassers, zur Zerstörung der Ribonukleinsäuren und zum Bruch der Chromosomen.

Die Auslösung von Leukämien und anderen bösartigen Neubildungen durch ionisierende Strahlen ist wissenschaftlich ebenso gesichert wie die unspezifischen Spätschäden, Verkürzung der Lebensdauer und Herabsetzung der Widerstandskraft gegen Infektionen. Das Heimtückische dieser Schäden liegt vor allem darin, daß sie oft erst nach einer Latenzzeit von Jahrzehnten in Erscheinung treten. Dies gilt besonders für den Krebs, so daß das Risiko sicher höher liegt, als jetzt angenommen wird, da bisher mit der Umweltverseuchung durch Kernreaktoren erst kurzfristige und unzureichende Beobachtungen vorliegen.

Dazu kommt als besonders erschwerender Umstand, daß diejenigen Körperzellen, die besondere Wachstumstendenzen in sich tragen, wie z.B. die Keimzellen, gegen diese Strahlen besonders empfindlich sind. Durch die selektive Schädigung der Gene, welche die Träger der Erbmasse in den Chromosomen der Zellkerne sind, können die Strahlen unbeeinflußbar Dauerschäden in den nachfolgenden Generationen hervorrufen. Diese Veränderungen in den Erbanlagen werden Mutationen genannt. Dabei steht wissenschaftlich zweifelsfrei fest, daß auch kleine und kleinste chronisch einwirkende Strahlendosen als mutationswirksam anzusehen sind. Da sich das Erbgefüge eines Organismus - sei es Pflanze, Tier oder Mensch - im Lauf der Evolution so exakt auf seine Umwelt eingestellt hat, ist eine Änderung des Erbgutes mit einer Verschlechterung der Anpassung und Lebenstüchtigkeit gleichzusetzen. Die bekannten sichtbaren Folgen sind Mißbildungen in der Nachkommenschaft.

Auch bei der Atomspaltung für friedliche Zwecke entstehen radioaktive Abfallstoffe. Sie finden sich überall, wo Atomreaktoren stehen und wo radioaktives Material in der Industrie verwendet wird. Zum großen Teil werden sie in Flüsse und Seen geleitet. In Nordamerika untersuchten Wissenschaftler den auf diese Weise radioaktiv verseuchten Kolumbiafluß. Obwohl die Radioaktivität des Wassers nicht groß war, ergab die Untersuchung der von diesem Wasser lebenden Tiere, daß die Ansammlung radioaktiver Stoffe in den Kleinstlebewesen, dem sogenannten Plankton, 2000mal höher war als normal, in den Flußfischen 150 000 und im Eigelb der Eier von Wasservögeln 1 Million mal höher als normal. Die erst in den kommenden Generationen auftretenden Schäden finden darin ihre Erklärung, daß besonders die Fortpflanzungsorgane eine Speicherung der radioaktiven Substanzen aufweisen und außerdem eine vermehrte Empfindlichkeit gegen Strahlen besitzen. Die Anhäufung radioaktiver Substanzen in den Fortpflanzungsorganen zeigt mit erschreckender Deutlichkeit, mit welchen Auswirkungen wir in der Zukunft zu rechnen haben.

Was die Bedrohung der Existenz der Menschheit betrifft, so steht das Problem der Radioaktivität, die bei der Atomspaltung für militärische und friedliche Zwecke*) entsteht, weit an der Spitze. Demgegenüber verblassen die ernährungsbedingten Zivilisationskrankheiten in ihrer Bedeutung. Diese bringen zwar in das Leben des einzelnen Menschen und seine Umgebung viel Not und Elend; könnten wir das Schicksal aller dieser Betroffenen gleichzeitig überschauen, so würde sich das Bild eines unbeschreiblichen Leides abzeichnen. Das Ausmaß dieses Leides entzieht

*) »Ärztliches Memorandum zur industriellen Nutzung der Atomenergie«, Dr. med. M. O. Bruker, bioverlag gesundleben

sich aber dem Bewußtsein der Menschen, da es in Millionen Einzelschicksale aufgespalten ist und sich außerdem jeder daran gewöhnt hat, daß es ganz "normal" ist, daß "man" sich nie ganz wohl fühlt und seine Krankheit hat wie jeder andere. Kranksein ist nicht mehr die Ausnahme, sondern eine Selbstverständlichkeit. Die Radioaktivität bedeutet die Bedrohung der Grundexistenz *der Menschheit überhaupt;* das Fabriknahrungsmittel ist mehr der Zerstörer der Gesundheit *des Einzelmenschen* in der Gegenwart; zusätzlich wird die Zukunft eine ständig steigende Bedrohung des Menschen, der Tiere und der Pflanzen durch die Giftstoffe in Nahrung, Wasser, Boden und Luft bringen.

Die praktische Vorbeugung und Behandlung ernährungsbedingter Zivilisationskrankheiten

Wir haben nun genügend Einzelheiten kennengelernt, um verstehen zu können, daß in der immer stärker werdenden Denaturierung der Nahrung der Grund für die ernährungsbedingten Zivilisationskrankheiten liegt, und besitzen nun das Rüstzeug, um zusammenfassend darzustellen, wie eine Kost zusammengesetzt sein soll, um mit Sicherheit diese Erkrankungen zu verhüten.

1. Vollkornbrot und Vollkornprodukte

Die Auszugsmehlprodukte (z.B. Weißbrot, Graubrot) werden durch *Vollkornprodukte* (z.B. Vollkornbrot) ersetzt. Dadurch ist der Vitamin-B-1-Gehalt garantiert.

2. Frischkost und Frischkornbrei

Ein gewisser Teil der Nahrung wird in naturbelassener Form genossen. Dieser sogenannte *Frischkostanteil* besteht zu etwa 2 Dritteln aus rohen, als Salate zubereiteten Gemüsen und etwa einem Drittel aus rohem Obst. Dazu kommt der *Frischkornbrei.*

Zubereitung der Frischkost

Unter der Erde gewachsen:

Schwarzwurzeln: fein gerieben, vermengt mit süßer Sahne und Kokosraspeln

Möhren: gerieben, mit geriebenen Äpfeln, Nüssen und Zitronen oder als Salat mit feingeschnittener Zwiebel, Öl, Zitrone, Schnittlauch und Petersilie vermengt.

Rote Bete: fein gerieben, mit Äpfeln, Zitrone, saurer Sahne und Nüssen vermengt.

Rote Bete mit Kürbis: Äpfel, Nüsse, etwas saure Sahne.

Sellerie: fein gerieben, mit Nüssen, süßer Sahne oder wie bei Möhren.

Steckrüben: fein gerieben, mit Sahne, Zitrone, Öl, grüner Petersilie.

Rettich oder Radieschen: mit grüner Petersilie (Veränderung mit Tomaten), Zwiebeln, Schnittlauch.

Pastinaken: fein gerieben, Zitrone, süße Sahne, geriebenen Nüssen oder wie bei Möhrensalat (siehe oben).

Topinambur: grob reiben, etwas Öl und Nüsse.

Über der Erde gewachsen

Kohlrabi: mit Öl, grüner Petersilie oder mit süßer Sahne und geriebenen Nüssen.

Blumenkohl: fein gerieben mit süßer Sahne, geriebenen Nüssen oder Kokosraspeln.
Weißkohl: fein gewiegt, mit Öl, Zitrone oder Obstessig, Schnittlauch, Petersilie, schwarzem Pfeffer.
Rotkohl: fein gewiegt, mit Öl, Zitrone, Äpfeln, Veilchenpulver.
Gurken: mit der Schale, feine Scheiben, mit saurer Sahne oder Yoghurt oder Obstessig, Dill, Petersilie, Schnittlauch, Öl (Veränderung mit Tomaten), Borretsch, schwarzem Pfeffer.
Blattsalat und Endivien: etwas zerschnitten, mit Sahne, Öl, Zitrone oder Obstessig, grünen Kräutern (Dill, Kresse, Schnittlauch, Petersilie, Zitronenmelisse, Fenchel, Borretsch). *Veränderung:* feingeschnittener Sauerampfer, Spinat untermengen.
Feldsalat: Öl oder Sahne, Obstessig oder Zitrone.
Spinat: in feine Streifen geschnitten, vermengen mit Öl, Zitrone, Zwiebeln.
Sauerkraut: etwas schneiden, vermengen mit feingeschnittenen Zwiebeln, Öl, Kümmel, Porree, geriebenem Meerrettich.
Tomaten: Öl und Obstessig, evtl. Zwiebeln.
Obstsalat: Äpfel, Bananen, Apfelsinen, geriebene Nüsse, Weinbeeren, zerschnittene Pflaumen.

Falls die Mahlzeit auch gekochte Bestandteile enthält, soll die Frischkost auf alle Fälle zuerst gegessen werden.

Die Frischgemüse werden vorteilhaft so zusammengestellt, daß sie zur Hälfte aus Pflanzenteilen bestehen, die in der Erde wachsen, also aus Wurzelteilen, und zur anderen Hälfte aus Pflanzenteilen, die über der Erde wachsen, also vorwiegend aus Blatteilen. Durch die Kombination der verschiedenartig zusammengesetzten Wurzeln und Blätter kommt eine harmonische Ergänzung der einzelnen Teile zustande.

Hier ist das Rezept des Frischkornbreies:

Er wird aus einer Mischung von Roggen und Weizen (erhältlich im Reformhaus, in der Mühle oder beim Bauern) oder aus einer Mischung von Roggen, Weizen, Gerste, Hafer, Hirse, wie es in Waerland's Kruska zusammengestellt ist (erhältlich im Reformhaus), hergestellt. Von dieser Mischung werden 3 Eßlöffel durch eine alte Kaffeemühle, in einem Mixapparat oder in einer Getreidemühle*) grob geschrotet. *Das Mahlen muß je-*

---

*)Getreidemühlen erhalten Sie in Reformhäusern, Naturspeiseläden oder direkt beim biovertrieb gesundleben, 8959 Hopferau-Heimen 50. Beschreibungen von verschiedenen Getreidemühlen finden Sie in der Broschüre »Gesundheit ist kein Zufall«, die sie bei den gleichen Vertriebsstellen erhalten.

desmal frisch vor der Zubereitung vorgenommen werden.

Dabei spielt es keine Rolle, ob die Getreidemühle mit Mahlsteinen oder einem Stahlmahlwerk arbeitet.

Nicht auf Vorrat mahlen! Das gemahlene Getreide wird mit ungekochtem kaltem Leitungswasser zu einem Brei gerührt und 12 Stunden stehengelassen. Die Wassermenge wird so berechnet, daß nach der Quellung nichts weggegossen zu werden braucht. Nach 12 Stunden wird dieser Brei genußfähig gemacht durch Zusatz von frischem Obst (je nach Jahreszeit), Zitronensaft, 1 Teelöffel Honig (nur manchmal; regelmäßig Honig kann Karies erzeugen), 1 Eßlöffel Sahne, geriebenen Nüssen, nach Art des Bircher-Benner Müslis.

Solange verfügbar, sollte man immer einen Apfel hineinreiben und sogleich untermischen, bevor er braun wird. Der geriebene Apfel macht den Frischkornbrei besonders luftig und wohlschmeckend.

Statt dieser Zubereitung kann der Körnerbrei auch mit Joghurt, Milch oder Sauermilch zubereitet werden. In diesem Fall müssen die anderen Zusätze wegbleiben, da die Kombination bei Darmempfindlichen Unverträglichkeit hervorrufen kann. Es ist ohne Belang, zu welcher Tageszeit dieser Brei genossen wird.

Auch die Zubereitung nach Dr. Evers ist zu empfehlen:

3 Eßlöffel Roggen oder Weizen (keine Mischung) werden über Nacht (etwa 12 Stunden) mit ungekochtem kaltem Wasser eingeweicht. Am Morgen werden die Körner in einem Sieb mit frischem Wasser gespült. Tagsüber bleiben sie trocken stehen. In der zweiten Nacht werden sie wieder mit Wasser übergossen, am nächsten Morgen wieder gespült. Dieser Vorgang wird so lange fortgesetzt (im Durchschnitt 3 Tage), bis die Körner keimen und die Keimlinge ca. 1/3 cm lang sind. In der Keimzeit sollen die Körner möglichst bei Zimmertemperatur stehen (d.h. nicht zu kalt und nicht zu warm). Diese gekeimten Körner können mit Zutaten versehen werden, wie beim Frischkornbrei angegeben. Sie sind gründlich zu kauen.

Der Ratschlag, Roggen und Weizen getrennt zum Keimen aufzustellen, beruht darauf, daß die beiden Getreidearten verschieden lange Keimzeiten haben. Der Weizen keimt etwas rascher als der Roggen.

Wieviel Frischkost?

Das Verhältnis des Frischkostanteils zur Gesamtnahrungsmenge ist abhängig von dem Grad des Gesundheitswunsches des Einzelnen. Je mehr Frischkost, um so größer ist die vorbeugende und heilende Wirkung. Bei bestimmten Erkrankungen und bei besonders schweren Krankheitsformen kann es nötig werden, für eine gewisse Zeit reine Frischkost zu genießen. Die Dauer der strengen Frischkostzeit richtet sich nach der Art und Schwere der Erkrankung und nach ihrem Verlauf. Im allgemeinen gilt die Regel, je schwerer die Krankheit, um so natürlicher die Nahrung.

Für denjenigen, der sich noch für einigermaßen gesund hält und der noch keine sichtbaren und feststellbaren Krankheitserscheinungen aufweist und der sich aus vorbeugenden Gründen "gesund" ernähren will, mag es genügen, wenn etwa ein Drittel der Nahrung aus Frischkost besteht. Diese Regel ist natürlich ungenau und entspricht der ebenso allgemeinen, aber häufig gestellten Frage, wieviel Frischkost "man" essen soll. Denn ein Mensch, der sich gesund fühlt und bei dem noch keine krankhaften ernährungsbedingten Schäden nachweisbar sind, kann doch bereits erhebliche krankhafte Veränderungen in sich tragen. Z.B. kann ein Gallensteinträger völlig beschwerdefrei sein; der Stein ist aber durch die gesündeste Ernährung nicht mehr rückbildungsfähig. Auch die dem Herzinfarkt vorausgehende Veränderung kann sich dem Nachweis bis zum Eintritt des einschneidenden Ereignisses entziehen. Deshalb ist es eigentlich nicht richtig, wenn man den Gütegrad der Nahrung vom augenblicklichen Befinden abhängig macht.

Mit der Frischkost wird der Gehalt an wasserlöslichen Vitaminen garantiert.

3. Naturbelassene Fette

Der Frischkostanteil wird mit *naturbelassenem Öl* und Obstessig oder Zitrone und Sahne und Gewürzen zubereitet. Der Ölanteil garantiert den Gehalt an fettlöslichen Vitaminen und hochungesättigten Fettsäuren. Der zusätzliche Genuß von *Naturbutter* erhöht die Sicherheit.

4. Einschränkung der Fabrikzucker

Um die Verträglichkeit des Frischkostanteils und des Vollkornbrotes zu garantieren, ist die mehr oder weniger starke *Einschränkung aller Fabrikzuckerarten* zu raten. Bei besonders Empfindlichen ist für einige Wochen völlige Vermeidung von Fabrikzucker, gekochtem Obst und Säften jeder Art notwendig, um mit Sicherheit jede Unbekömmlichkeit auszuschalten und den Kranken von der guten Verträglichkeit von Vollkornbrot und Frischkost zu überzeugen. Wenn der Kranke dann später Süßigkeiten ißt und danach Beschwerden bekommt, ist er auf Grund eigener Erfahrung überzeugt, daß nicht das Rohe oder das Vollkornbrotgericht daran schuld ist, sondern der Fabrikzucker. Hat er am eigenen Leib einmal die Erfahrung gemacht, so wird ihm keiner mehr die Zusammenhänge auszureden vermögen.

5. Möglichst wenig Fabriknahrungsmittel

Eine *weitgehende Einschränkung anderer Fabriknahrungsmittel,* von Konserven, industriell hergestellten Fetten u.a.m. ist vorteilhaft. Grundsätzlich gilt für diese Nahrungsmittel ähnliches wie für die Auszugsmehle und den Fabrikzucker; da sie aber meist nicht regelmäßig und nicht in großen Mengen verzehrt werden, kommt ihnen auch nicht die große Bedeutung bei der Entstehung der Zivilisationskrankheiten zu wie den Auszugsmehlen und dem Fabrikzucker. Aber als zusätzliche Schädigungsmittel können sie doch eine beträchtliche Rolle spielen.

Sonst alles erlaubt

Die übrige Kost soll *abwechslungsreich* sein. Was nicht verboten ist, ist erlaubt. Falls die Gesamtkost biologisch vollwertig ist, ist der Vezehr von Fleisch und Wurst unnötig. Eine Einschränkung von Käse, Milchprodukten und Eiern ist auf jeden Fall vorteilhaft, in vielen Krankheitsfällen ist sogar ihre völlige Vermeidung nötig. Daß tierische Produkte zur Deckung des Eiweißbedarfs nicht nötig sind, falls obige Richtlinien beachtet werden, wurde oben ausführlich belegt.

Fanatismus schadet nur

Oft wird die Frage gestellt, *wieviel* Kuchen oder Süßigkeiten oder mit *Fabrikzucker* gesüßte Speisen "man" essen dürfe. Wer aufmerksam den bisherigen Ausführungen gefolgt ist, wird verstehen, daß es darauf keine allgemein gültige Antwort gibt. Man könnte wohl sagen, daß auch hier die Grenzziehung abhängig ist von dem Grad des Gesundheitswunsches. Ein Mensch, der sich vollwertig im obigen Sinne ernährt und sich nicht durch frühere jahrzehntelange zivilisatorische Mangelkost bereits unabänderliche Schäden zugezogen hat, wird kaum durch ein ab und zu genossenes Stück Kuchen oder ein Stück Schokolade einen gesundheitlichen Schaden nehmen. Die übrige Kost gibt diesem Menschen soviel Gesundheit, daß diese Ausnahmen keinen Schaden anzurichten vermögen. Nach dem gesunden Menschenverstand ist dies eigentlich selbstverständlich. Trotzdem erscheint es notwendig, dies eigens auszusprechen, damit der Hinweis auf die Schädlichkeit des Fabrikzuckers nicht manchen zu der übertriebenen Schlußfolgerung verleitet, daß jedes Krümchen schädlich wäre. Daß dies allderdings bei besonders Empfindlichen und Schwerkranken der Fall sein kann, haben wir gesehen. Da Fanatismus aus einseitiger Intoleranz entspringt und jede Intoleranz Fanatismus in sich birgt, erschwert er in jedem Fall die Erreichung des Ziels.

Persönliches zur Zuckerfrage

Aber noch aus einem anderen Grund ist es notwendig, vor einer fanatischen Auslegung zu warnen. Ich muß mich ständig gegen den Vorwurf wehren, ich sähe in einseitiger Weise nur die Schäden durch Fabrikzucker. Dieser falsche Eindruck ist verständlich und läßt sich leicht erklären, denn bisher wurde die Schädlichkeit des raffinierten Zuckers immer bagatellisiert und aus verständlichen Gründen von Interessengebundenen und ihren Mitläufern abgestritten. Demgegenüber war es notwendig, daß ein Mutiger einmal auf dieses Versäumnis aufmerksam machte. Da aber aus der Werbepsychologie bekannt ist, daß ein einmaliger Hinweis ohne Wirkung bleibt, ist es auch bei der Gesundheitsaufklärung nötig, immer wieder dasselbe so lange zu wiederholen, bis es schließlich jeden oft genug erreicht hat. Genauso wie die Zuckerwerbung dem Menschen pausenlos ins Ohr bläst, daß "Zucker zaubert", muß die Gesundheitsaufklärung ebenso unentwegt klarmachen, daß isolierter Zucker Krankheit herbeizaubert.

Nimmt es einen wunder, wenn derjenige, der dieses undankbare Geschäft übernommen hat, in den Geruch kommt, ein fanatischer Zuckergegner und monoman zu sein? Als gelassener Mensch, der die Gesetze dieses Lebens kennt, kann mich dieser Vorwurf nicht verwunden. Die Tatsache, daß ich dies klar und nüchtern sehe und offen mit einem verständnisvollen Lächeln ausspreche, ist wohl schon Beweis genug.

Der Arzt verbietet nicht, er gibt Ratschläge

Im Gespräch über die Schädlichkeit des Fabrikzuckers wird immer wieder die Frage gestellt: "Sie sind also ganz gegen den Zucker?" oder "Sie verbieten also den Zucker vollständig?". Aus diesen Formulierungen geht eigentlich schon hervor, daß der Fragende über das Wesen der Gesundheitsaufklärung und der ärztlichen Beratung falsche Vorstellungen hat. Ein Arzt hat nichts zu erlauben und nichts zu verbieten; denn er ist nicht der Vorgesetzte des Kranken. Er gibt Ratschläge auf Grund seines Wissens. Es wird sich kaum ein Kranker finden, der das Rauchen aufgibt, weil der Arzt es "verbietet". Es ist aber wohl möglich, viele Raucher soweit zu bringen, daß sie das Rauchen aufgeben, wenn ihnen die Zusammenhänge zwischen dem Rauchen und ihrer Krankheit und die Wirkung auf das vegetative Nervensystem anschaulich klargemacht werden. Ob der Kranke dann das Rauchen läßt oder nicht, muß völlig in sein Belieben gestellt werden. Wenn er eine Krankheit hat, die keine Aussicht auf Besserung hat, solange er raucht (z.B. Magengeschwür, sogenannte Gastritis, Verkrampfung der Herzgefäße), bitte ich ihn, nicht wieder meine Sprechstunde aufzusuchen, falls er sich nicht entschließe, das Rauchen aufzugeben; wenn er einen anderen Arzt fände, der ihm trotz weiteren Rauchens hülfe, möchte er doch so freundlich sein, mir dessen Adresse mitzuteilen, da ich seine Methode erfahren möchte.

Der Kranke hat freie Entscheidung

Im Grundsatz ist es mit anderen Genußmitteln genau dasselbe. Daher beruht auch beim Fabrikzucker die Aufgabe des Arztes nur darin, dem Kranken die Wirkungen des Fabrikzuckers anschaulich zu erklären. Nach der Vermittlung des nötigen Wissens ist es dann die Sache des Kranken selbst, die nötigen Schlüsse daraus zu ziehen. Verwertet er seine neuen Erkenntnisse, so hat er gesundheitliche Vorteile, tut er es nicht, dann behält er eben seine Beschwerden und muß die Folgen tragen. Man kann niemand zu seinem Glück zwingen. Bis zu welchem Grad der Kranke die Ratschläge befolgt, ob streng oder nur teilweise, liegt ebenfalls in seiner freien Entscheidung. Der Arzt bleibt immer nur Ratgeber; darin allerdings muß er größte Geduld und Ausdauer üben. Ein einmaliger Rat genügt selten, da der Kranke von den vielen Personen seiner Umgebung, von den "Experten" in Zeitung, Radio und Fernsehen ständig das Gegenteil hört und irre gemacht wird. Die beste Hilfe sind oft andere Kranke, die durch Weglassen des Fabrikzuckers bereits schlagartige Beseitigung ihrer vorher unbeeinflußbaren Beschwerden erzielt haben. "Wer heilt, hat recht."

Krankheitsvorbeugung beginnt spätestens am Tag der Empfängnis

Für die Behandlung bereits eingetretener ernährungsbedingter Schäden gelten dieselben Ernährungsregeln wie für die Vorbeugung. Je früher die richtige Ernährung einsetzt und je konsequenter sie durchgesetzt wird, um so sicherer kann das Auftreten der Krankheiten verhütet werden. Für die werdende Mutter ist es am besten, wenn sie sich spätestens vom Tag der Empfängnis ab an die gegebenen Ernährungsrichtlinien hält. Siehe »Biologischer Ratgeber für Mutter und Kind«*). Daß es für das heranwachsende Geschöpf auch dann schon zu spät sein kann, um die Schäden durch vorausgegangene Fehlernährung der Mutter und der vorigen Generation auszugleichen, haben wir bei der Besprechung der Bernásek'schen Versuche gesehen.

Eigene Erfahrung in Klinik und Praxis

Seit 1938 wurden diese Ernährungsrichtlinien in meiner ärztlichen Praxis und seit 1947 außerdem an den Kranken des Krankenhauses Eben-Ezer in Lemgo und seit 1977 im Krankenhaus Lahnhöhe in Lahnstein systematisch durchgeführt und ausgewertet. Die an über 30.000 klinischen und ambulanten Patienten erzielten außergewöhnlichen Heilerfolge bedeuten die praktische Bestätigung dessen, was die theoretischen Erwägungen über die Nahrungsveränderung im Laufe der letzten hundert Jahre und die Ergebnisse der wissenschaftlichen Nahrungsforschung erwarten ließen: Die Zahnkaries und Parodontose, die Stuhlverstopfung, die Leber- und Gallenerkrankungen, ein Teil der Magen-Darm-Erkrankungen, die Fettsucht, die meisten Erkrankungen des Bindegewebes und Bewegungsappa-

*) Dr. M. O. Bruker/I. Gutjahr,
bioverlag gesundleben, 8959 Hopferau-Heimen

rates, die Arteriosklerose mit Herzinfarkt und Thrombose und bis zu einem gewissen Grade der Krebs lassen sich durch eine Vollwertkost im dargestellten Sinne verhüten und je nach Stadium heilen. Die Hauptursachen liegen in den denaturierten Nahrungsmitteln, unter denen die Auszugsmehle und der Fabrikzucker die wesentliche Rolle spielen. Bei Erkrankungen, die bisher jeder anderen Behandlung getrotzt haben, sind mit dieser Ernährung ungeahnte Heilerfolge zu erzielen. Selbst in weit fortgeschrittenen Stadien praktisch unheilbarer Erkrankungen ist oft noch ein Stillstand oder sogar noch eine gewisse Besserung zu erzielen.

Statistische Erhebungen an Pfleglingen der Anstalt Eben-Ezer

Gleichzeitig konnte ich die Wirkung dieser Ernährung auf den Gebißzustand in einem groß angelegten zweiten Experiment zeigen. 506 Pfleglinge der Anstalt Eben-Ezer für Geistesschwache und Epileptiker bekamen sei 1947 als Brot ausschließlich Vollkornbrot. Außerdem wurde darauf geachtet, daß möglichst wenig Auszugsmehlprodukte als Teigwaren verwendet wurden. Fabrikzucker wurde erheblich eingeschränkt. Vor dem Hauptgericht gab es eine Frischkostzulage als Obst oder in Salatform, oder sie wurde als Beimengung von Rohgemüse in das gekochte Gemüse zugegeben. Dies ist eine Darreichungsform, die in Großküchen bei Gemeinschaftsverpflegung eine Frischkostzulage ohne großen Aufwand an Mühe und Personal ermöglicht. Erst in den letzten Jahren wurde die tägliche Verabreichung eines Frischkornbreies eingeführt. Da ein Teil der Pfleglinge auch Urlaub erhielt und durch Besuche und Päckchen in den Besitz von Eßwaren kam, die sonst gemieden wurden, war die Durchführung der Ernährungsgrundsätze nicht so strikt möglich wie bei den Versuchen im Krankenhaus. Trotzdem bestand in der Ernährung der Anstaltspfleglinge im Vergleich zur übrigen Bevölkerung ein erheblicher Unterschied, und zwar gerade bezüglich der Auszugsmehle und des Fabrikzuckers.

Die Auswertung des statistischen Materials zeigte eindeutig, daß der Befall mit Zahnkaries um so geringer war, je länger die einzelnen Pfleglinge in der Anstalt lebten, bzw. um so stärker, je länger sie vorher außerhalb der Anstalt gelebt hatten. Insgesamt ergab sich, daß von den 506 Untersuchten 213 ein völlig intaktes Gebiß hatten, also 41 Prozent, und weitere 74, das sind 14 Prozent, ein fast intaktes Kauorgan, so daß sich die hohe Prozentzahl von 55 Prozent der Untersuchten mit gesunden Zähnen fand. Wenn man sich vergegenwärtigt, daß nach den Statistiken der Kariesbefall sonst schon bei Zehnjährigen mit 98 Prozent angegeben wird, so ist die Prozentzahl von 55 Prozent Zahngesunden unter den anders ernährten Pfleglingen ein eindrucksvolles Ergebnis. Bei einer kleinen Gruppe von 3- bis 6jährigen Pfleglingen war der Unterschied noch augenfälliger: 90 Prozent hatten ein intaktes Gebiß, die restlichen 10 Prozent hatten nur an 2 bis 4 Kauflächen einen Schaden. Demgegenüber gibt Dr. Schnitzer einen Kariesbefall von 97 Prozent bei 3- bis 6jährigen in der freien Bevölkerung an. Unter den 7- bis 10jährigen fanden sich in der Anstalt 60 Prozent mit gesunden Zähnen, von den restlichen 40 Prozent hatte die Hälfte nur an 2 bis 4 Kauflächen Schäden, und nur 20 Prozent hatten mehr als 4 Gebißschäden. Auch hier steht ein 98prozentiger Kariesbefall der Gleichaltrigen in der freien Bevölkerung gegenüber. Es ist zwar bekannt, daß Geistesschwache durchschnittlich weniger von Karies befallen sind als geistig Normale; trotzdem lagen die Zahlen der Zahngesunden in Eben-Ezer signifikant über dem Durchschnitt üblich ernährter Schwachsinniger.

Die Aktion Mönchweiler

In diesem Zusammenhang sei noch auf ein ähnliches Experiment hingewiesen, das der

Zahnarzt Dr. Schnitzer im Jahr 1964 begonnen hat und das als “Aktion Mönchweiler” bekannt geworden ist.

In der kleinen Gemeinde Mönchweiler im Schwarzwald hat er sämtliche Zähne der Kinder registriert und anschließend einen Aufklärungsfeldzug über die Ursachen der Zahnkaries begonnen. Die Eltern und Geschäftsleute wurden durch Vorträge und Rundschreiben und die Kinder durch Unterricht in der Schule darüber aufgeklärt, daß Auszugsmehle und Fabrikzucker die Hauptursachen der Zahnkaries sind. Die Aktion wurde durch praktische Anleitung in der Herstellung von Vollkorngerichten und der Zubereitung vitalstoffreicher Kost unterstützt, und für das Angebot von Vollkornbrot und Vollkorngebäck durch Anleitung und Unterrichtung der Bäcker wurde gesorgt. Nach 5 Jahren war folgender Rückgang erfolgt: Vollständig erfaßte Jahrgänge:

10–14jährige = 36,5 Prozent Rückgang
6–10jährige = 31 Prozent Rückgang

Freiwillig erfaßte Jahrgänge:
(Rückgang, der bei echtem Interesse aller Eltern erzielt werden kann)

3–6jährige = 86,5 Prozent
1–3jährige = 100 Prozent

Aufruf zur Mitarbeit

Alle sind zur Mitarbeit aufgerufen, die die Bedrohung der biologischen Existenz des Menschen erkannt haben und sich der Gefahr für ihre eigene Gesundheit und der hohen Verantwortung für die Gesundheit der Familie und Mitmenschen bewußt sind. Im besonderen Maße gilt dies für jeden, der beruflich und außerberuflich mit den Problemen der biologischen Existenz des Menschen, dem natürlichen Kreislauf der belebten Substanzen, den Fragen gesunden Lebens in der Familie und in der großen menschlichen Gemeinschaft Berührung hat.

Ausbildung zum Gesundheitsberater (GGB)

Um allen Menschen, die an der Weitergabe des Gesundheitswissens interessiert sind, eine fachliche Ausbildung zu sichern, wurde die Gesellschaft für Gesundheitsberatung e. V. (GGB) in Lahnstein gegründet. Die GGB ist ein gemeinnütziger Verein. Sie ist die einzige Organisation, die in dieser Form *unabhängig* von wirtschaftlichen Interessengruppen ausbildet und informiert. Diese Gesellschaft bildet Gesundheitsberater aus, die dann an ihrem Wohnort selbständig Vorträge halten und Beratungen durchführen können. Die Ausbildung erstreckt sich auf drei einwöchige Seminare, ein Praxisseminar sowie dem Heimstudium der entsprechenden Literatur. Nach bestandener Abschlußprüfung erhält er das Zertifikat *des Gesundheitsberaters (GGB).*

Warum die Öffentlichkeit so wenig erfährt

Aufklärung über Ernährungsfragen wird erschwert

Was nützen die Ergebnisse mühsamer und fleißigster Forschung, wenn es nicht gelingt, sie bekannt zu machen und in die Praxis umzusetzen! Denn mindestens so gefährlich wie die direkten Schäden durch die Industrialisierung der Nahrung ist das *Nichtwissen um diese Gefahren.* Die tägliche Erfahrung in der Sprechstunde zeigt, daß es eine vordringliche Aufgabe ist, für die Verbreitung des Wissens um die Ursachen der Zivilisationskrankheiten zu sorgen. Denn es findet sich kaum ein Kranker, der je etwas davon gehört hat, daß seine Krankheit durch Auszugsmehle, Fabrikzucker und Kunstfette verursacht sein könnte, auch wenn er noch so lange krank ist und durch noch so viele Behandlungen hindurchgegangen ist. Der Unbefangene mag nun glauben, daß angesichts dieser Erkenntnisse die praktische Durchführung einer wirkungsvollen Krankheitsvorbeugung ein leichtes sei; man brauchte die Ergebnisse der wissenschaftlichen Forschung nur zu veröffentlichen, und in kurzer Zeit wären durch Zeitungen, Rundfunk und Fernsehen alle Menschen auf dieser Erde über diese Zusammenhänge unterrichtet. Er weiß nicht, daß rasche Verbreitung von neuen wissenschaftlichen Forschungsergebnissen nur für solche gilt, die in klingende Münze umzusetzen sind. Wird ein chemischer Stoff entdeckt, durch dessen industrielle Auswertung ein gutes Geschäft zu erwarten ist, finden sich nicht nur Geldgeber, um die Herstellung dieses Stoffes zu ermöglichen, auch die Massenmedien stellen sich gerne für die Vorbereitung des Marktes durch einträgliche Reklame zur Verfügung. Erkenntnisse aber, die nicht durch Herstellung einer Arznei oder eines Apparates in ein finanzielles Geschäft einmünden, finden außer bei einigen Idealisten, die für weltfremd gehalten werden, keine Befürworter. Die Publikationsorgane bleiben ihnen verschlossen. Mit Gesundheit ist kein Geschäft zu machen.

Schon ehe die Möglichkeit besteht, daß neue Erkenntnisse der medizinischen Forschung in die weltweite Laienpresse gelangen, müssen sie die Instanz der Auseinandersetzung in der wissenschaftlichen Fachpresse durchlaufen. Aber selbst im Vorfeld dieses Filters stellen sich einer vorbeugenden Gesundheitsaufklärung unüberwindliche Schwierigkeiten und massive Abwehrmaßnahmen entgegen, die einem naiven Betrachter zunächst ganz unverständlich erscheinen. So stieß z.B. der Versuch, meine klinischen Erfahrungen über die Zusammenhänge zwischen Unverträglichkeit von Vollkornbrot und Fabrikzucker in der medizinischen Fachpresse zu veröffentlichen, auf einmütige Ablehnung bei allen verantwortlichen Schriftleitern.

Diese Tatsache stimmt um so nachdenklicher, als es sonst in der Wissenschaft üblich ist, neue Thesen zur Diskussion zu stellen und durch ihre Veröffentlichung die Nachprüfung zu ermöglichen, selbst wenn sie noch unglaubwürdig erscheinen und den althergebrachten Vorstellungen widersprechen.

Durch Diskussion und Nachprüfung versuchte früher eine nicht interessengebundene freie Wissenschaft aus These und Antithese die Synthese zu erarbeiten. Dafür, daß dies auf dem Gebiet der Prophylaxe nicht geschieht und eine Erörterung der Probleme durch Verhinderung der Veröffentlichung im Keime erstickt wird, müssen natürlich gewichtige Gründe vorliegen. Es erscheint daher wichtig, diese Hintergründe näher zu beleuchten, auch wenn dazu der Mut nötig ist, heiklen Themen nicht auszuweichen.

Peinliche Fragen nach den Hintergründen

Eine Reihe von Fragen drängen sich hier auf: Ist es möglich, daß die Zusammenhänge zwischen den erwähnten Krankheiten und Nahrungsfaktoren trotz der erdrückenden Beweislast überhaupt nicht gesehen werden? Geschieht dies aus mangelndem Wissen, oder werden die Tatsachen zwar gesehen, aber ihre Bedeutung nicht in vollem Umfang erkannt? Oder wird die Rolle dieser Nahrungsfaktoren zwar in vollem Umfang erkannt, aber die Verbreitung des Wissens und die Durchführung praktischer Maßnahmen verhindert? Geschieht dies dann aus Leichtfertigkeit oder gar, so peinlich die Frage ist, mit voller Absicht? Wenn ja, welches sind die Motive, und in welchen Kreisen sind die Akteure zu suchen?

Gehen wir den Hindernissen nach, die auf dem Nahrungsgebiet einer echten Prophylaxe im Wege stehen, so gibt uns schon das erste Gespräch mit dem Kranken einen Hinweis. Bei vielen chronisch Kranken, die zum erstenmal von den geschilderten Zusammenhängen zwischen Ernährung und Krankheit erfahren, stößt man auf Zweifel und Ablehnung. Sie sagen: Wir können es nicht glauben, daß es so ist; denn wenn es so wäre, wäre es verbrecherisch, wenn man die Menschen darüber nicht unterrichten würde. Aus diesem Umstand, daß sie offensichtlich nicht unterrichtet werden, folgern aber die Kranken, daß es nicht wahr sein könne, daß zwischen Krankheit und Ernährung die erwähnten Zusammenhänge bestehen.

Ernährung und Weltanschauung

Gelingt es trotzdem, seine Zweifel zu überwinden, und führt er eine entsprechende Kostumstellung durch und erlebt er die ungeahnte Wirkung an seinem Befinden, so ist er von diesem eindrucksvollen Erlebnis so erfüllt, daß er sich gedrängt fühlt, Bekannte und Verwandte zu seiner Lebensweise zu bekehren. Dabei stößt er meist entweder auf heftigen Widerstand oder auf Gleichgültigkeit und mitleidige Haltung etwa in dem Sinne: "Ach, du armer Irrer, bist einem Sektierer auf den Leim gekrochen; aber wir lassen dich ruhig gewähren, denn jeder hat irgendwo einen Stich." Diese ablehnende Haltung ist ihm unverständlich, da er meint, andere müßten durch sein Erlebnis ebenso beeindruckt sein wie er selbst. Da er nicht berücksichtigt, daß die anderen nicht die systematische Ernährungsaufklärung durchgemacht haben wie er selbst und auch die Wirkung einer Vollwertkost an sich selbst noch nicht erlebt haben, daß also seine Erkenntnisse für die anderen etwas völlig Fremdes und Unverständliches darstellen, tut er ihre

Ablehnung mit der Bemerkung ab: "Die anderen *wollen* ja gar nicht."

Diese Erklärung, daß die Menschen gar keine Gesundheitsratschläge wollten, ist völlig unzutreffend. Die Beschäftigung mit diesem Fragenkomplex ergibt nämlich, daß ihr ablehnendes Verhalten einzig und allein mangelndem Wissen entspringt und nicht auf fehlendem Willen beruht. Da sie überall und immer über die Ernährung dieselben falschen alten Meinungen hören, die seit Jahrzehnten der eine dem anderen gedankenlos nachredet, kommt der einzelne gar nicht auf die Idee, daß es ihm auf diesem Gebiet an richtigen Kenntnissen fehlen könnte. Er hält seine Vorstellungen auf dem Ernährungsgebiet - und in ähnlicher Weise auch auf allen anderen Gebieten - für so unfehlbar richtig, da ja alle so denken, daß er es gar nicht für möglich hält, daß sie falsch sein könnten. Und deshalb begegnet der Normalbürger jedem, der sich anders ernährt als der Durchschnitt, mit Mißtrauen und Ablehnung. Er sieht nur das Abwegige daran und stellt sich instinktiv dagegen. Da er von dem anderen weiß, daß er krank war, hält er nun dessen veränderte Lebensweise ebenfalls für ein Zeichen seiner Krankheit; zuerst, denkt er, war jener nur körperlich krank, und nun hat es ihn auch auf dem geistigen Gebiete erwischt.

Auf diese Weise kommt es zustande, daß sich 2 Gruppen herausbilden, die sich gegenseitig nicht mehr verstehen. Der rückständige Durchschnittsbürger hält denjenigen, der durch die Erfahrungen seiner Krankheit zu einer modernen Vollwertkost gefunden hat, für einen bemitleidenswerten Irregeleiteten. Und der Fortschrittliche unterstellt dem an der veralteten Tradition Festhaltenden mangelnden guten Willen. In Wirklichkeit unterscheiden sich beide Gruppen nur durch die verschiedenen Grade des Wissens.

Um zu der Erkenntnis zu gelangen, daß vitalstoffreiche Vollwertkost der beste Garant für die Verhütung ernährungsbedingter Zivilisationskrankheiten ist, ist eben nicht nur das entsprechende Einzelwissen über die Bedeutung und Wirkung der Vitalstoffe nötig, sondern auch die Einsicht, daß das Wesen alles Lebendigen mit physikalischen und chemischen Methoden allein niemals bis ins letzte erfaßt werden kann. Da einseitige Spezialwissenschaftler in dieser letzten Behauptung ein Zeichen der Unwissenschaftlichkeit sehen, weil sie aus einer bestimmten "Weltanschauung" entspringe, leiten sie daraus den weiteren falschen Schluß ab, daß diejenigen Menschen, die sich um eine gesunderhaltende Ernährung bemühen, aus der Ernährung eine Weltanschauung machten. Deren Bemühen um richtige Ernährung soll durch die Behauptung, sie stelle für diese Menschen einen Religionsersatz dar, auf die Stufe des wissenschaftlich nicht Ernstzunehmenden gestellt, in den Bereich des sektiererischen Glaubens verwiesen und dadurch abgewertet werden.

Dieser Eindruck, als sei für die Fortschrittlichen die Ernährung eine Sache der Weltanschauung, hat durchaus seine Berechtigung; denn um das Neue zu begreifen, ist die Erkenntnis nötig, daß die einseitige mechanistische Weltanschauung uns in die bedenkliche Situation gebracht hat, in der die Menschheit heute steckt. Es ist aber eine unfaire Methode, neue Erkenntnisse dadurch abwerten zu wollen, daß man sie als weltanschaulich orientiert bezeichnet und dabei den Begriff Weltanschauung mit einem leicht verächtlichen Nebenton gebraucht, etwa in dem Sinn: "Die machen ja aus der Ernährung eine Weltanschauung". Dies sind dieselben Vorwürfe, die auch den Reformern gemacht werden, obwohl es gar nicht möglich ist, irgendeine Sache zu reformieren, ohne daß eine neue geistige Konzeption zugrundeliegt. Auf der anderen Seite ist es verständlich, daß für die im althergebrachten Stil sich Ernährenden die Ernährung nichts Besonderes bedeutet, während für die, die durch eine Ernährungsumstellung von einer schweren

Krankheit genesen sind, die Ernährung zu einer zentralen Lebensfrage geworden ist. So erklärt es sich, daß viele der Menschen, die durch solche Erlebnisse stark beeindruckt wurden, den Drang haben, sich anderen mitzuteilen und dadurch auf Personen, die Ernährungsfragen völlig gleichgültig gegenüberstehen, einen fanatischen und absonderlichen Eindruck machen. Denn in unserer durch Massenmedien nivellierten Zeit wird jeder, der sich nicht in den ausgetretenen Geleisen des Herkömmlichen bewegt, als Außenseiter gestempelt, um ihn abzuwerten.

Es liegt in der Natur der Sache, daß sich auch in denjenigen Kreisen, die die Unhaltbarkeit der alten Theorien erkennen, die sich für eine Erneuerung einsetzen und mit Hingabe und Begeisterung der Verbreitung des einmal als richtig Erkannten widmen, wie überall Fanatiker finden, die im Glauben, einer guten Sache zu dienen, durch Überspitzung mehr schaden als nützen. Denn ihre manchmal einseitige Betrachtungsweise, die durch Überwertung von nebensächlichen Einzelheiten das Wesentliche übersieht, kann leicht von den Gegnern benutzt werden, um die neuen Erkenntnisse im ganzen als unglaubwürdig abzutun.

Abwehrwaffe gegen neue Erkenntnisse: Abstempelung als "Reformer", "Außenseiter", "Sektierer"

Dies kann nicht offen genug ausgesprochen werden, da ein wesentliches Hindernis für die Verbreitung der neuen Ernährungslehre darin liegt, daß das begeisterte Eintreten mancher Laien für eine vitalstoffreiche Nahrung mit Sektierertum gleichgesetzt wird. Dies gilt vor allem für die sogenannten Reformer, die gerne in Bausch und Bogen als Fanatiker gestempelt werden, so daß es heute schon fast eine Beleidigung, mindestens eine Abwertung bedeutet, in den Topf der Reformer geworfen zu werden. Dies geht soweit, daß selbst eine Aufklärung über die zentrale Bedeutung der Vollgetreide mit dem Hinweis abgewertet wird, der Aufklärer sei wohl ein Reformer, d.h. ein nicht ernstzunehmender Mann. Wenn ein Wissenschaftler auf Grund unwiderlegbarer Tatsachen für etwas eintritt, das zufällig auch in Reformkreisen vertreten wird, genügt schon diese Tatsache, um alles, was er sonst noch vorbringt, als außenseiterisch unglaubwürdig zu machen. In Wirklichkeit ist es vorwiegend der Reformbewegung zu danken, daß das Wissen um die Gefahren einer denaturierten Nahrung und sonstiger lebensfeindlicher Umstände überhaupt erhalten blieb und daß für seine Verbreitung gesorgt wurde. Man sucht es auch als etwas Abwertendes hinzustellen, daß in diesen verpönten Reformkreisen sich viele Idealisten sammeln, die in uneigennütziger Weise für etwas eintreten, das ihnen keinen materiellen Vorteil bringt. Es ist kennzeichnend für unsere Zeit, daß solche Menschen, die den materiellen Gewinn nicht zur Richtschnur ihres Handelns machen, als Idealisten abgestempelt werden, womit ausgedrückt werden soll, daß sie nicht ernst zu nehmen und ihre Schlußfolgerungen unwissenschaftlich seien.

Mißbrauch des Begriffs "wissenschaftlich"

Dabei darf nicht übersehen werden, daß mit dem Begriff "Wissenschaftlichkeit" ein großer Mißbrauch getrieben wird. Zahlreiche Resultate, die als streng "wissenschaftlich" bezeichnet werden, entpuppen sich als höchst unwissenschaftlich, da sie nur Teilergebnisse unnatürlicher Versuchsanordnungen darstellen, denen der Bezug zum Ganzen fehlt. So gilt es z.B. als wissenschaftlich, wenn in einer Krankenernährung nur diejenigen Vitamine berücksichtigt werden, die schon chemisch nachweisbar und identifiziert sind, während das Rechnen mit all denjenigen Vitaminen, deren Existenz aus biologischen Versuchen sicher ist, die aber noch nicht isoliert sind, als unwissenschaftlich bezeichnet wird.

Die Verhältnisse liegen genau umgekehrt: Die Nichtberücksichtigung von Faktoren, deren Einbeziehung die Versuchsanordnung zu kompliziert machen würde, ist unwissenschaftlich. Da aber im Bereich des Lebendigen immer komplizierteste Beziehungen vorliegen, kann es in diesem Bereich nicht die Exaktheit geben wie in der Physik und Chemie, den klassischen Fächern der Naturwissenschaft. Und da das Objekt der medizinischen Wissenschaft der lebendige Mensch ist, kann das Kriterium der Wissenschaftlichkeit in diesem Bereich nicht dasselbe sein wie in den exakten Naturwissenschaften.

Eine Beschränkung der medizinischen Forschung auf rein naturwissenschaftliche Methoden muß deshalb logischerweise als unwissenschaftlich bezeichnet werden, da sie der Vielfalt der Gegebenheiten nicht gerecht wird. Es kann deshalb immer wieder beobachtet werden, daß diejenigen, die am meisten die Forderung der Wissenschaftlichkeit erheben, im medizinischen Bereich am weitesten von ihrer Erfüllung entfernt sind, während diejenigen, denen Unwissenschaftlichkeit vorgeworfen wird, weil sie bei der Erforschung des Details die Ganzheit im Auge behalten, in Wirklichkeit der Wissenschaftlichkeit viel näher stehen.

Es ist zwar Ziel und Aufgabe der Wissenschaft, weiter zu forschen, bis vielleicht eines Tages alle Wirkstoffe nachgewiesen sind, die für die Gesunderhaltung des einzelnen Individuums und der Generationen notwendig sind. Solange dies aber noch nicht geschehen ist, hat der Wissenschaftler nicht das Recht, die Forderung nach "natürlichen" und "ganzheitlichen" Lebensmitteln als das Produkt "philosophischer und magischer Vorstellungen von Natürlichkeit" zu bezeichnen, die "mit Inbrunst geglaubt und mit Fanatismus verkündet werden".

Die Masse des Volkes hat nicht die Möglichkeit, dies zu erkennen. Sie läßt sich in dem ehrfürchtigen Glauben an die Wissenschaft, die in vielen Bereichen nur eine gefährliche Scheinwissenschaft ist, täuschen.

Von denjenigen, die die Zusammenhänge zwischen Ernährung und den ernährungsbedingten Zivilisationskrankheiten erkannt haben, wird immer wieder die anklagende Frage gestellt: "Warum wird das Volk nicht aufgeklärt?" Da hier sehr vielseitige Kräfte am Werk sind, ist darauf keine einfache Antwort zu geben.

Das Volk hängt zäh an einstigen Lehren

Das Wissen in Ernährungsfragen, das heute im Volke vorhanden ist, entspricht genau den Vorstellungen der alten Ernährungslehre, wie sie jahrzehntelang täglich durch das Sprachrohr der Ärzte in das Volk eingeschleust wurden. Auch die Ernährung, wie sie heute noch in den meisten Krankenhäusern geübt wird, entspricht diesem veralteten "Denken in Kalorien und isolierten Nährstoffen". Dies trägt dazu bei, daß die breite Masse diese Ernährung für richtig hält; der einfache Mann kommt gar nicht auf die Idee, daß ein Krankenhaus, von dem er annimmt, daß es jeweils auf dem neuesten Stand des technischen Fortschrittes steht, auf dem Ernährungsgebiet rückständig sein könne. Was es dort zu essen gibt, muß doch seine Richtigkeit haben, genauso wie er vertrauensvoll annimmt, daß auch die übrige Behandlung zu seinem Besten sei.

Krankenhausernährung rückständig

Wir kommen aber an der peinlichen Feststellung nicht vorbei, daß vor allem in Krankenhäusern die Ernährung im argen liegt. Namhafte Kliniker haben gewagt, dies auszusprechen. In "Vitamine und ihre klinische Anwendung" (Stepp - Kühnau - Schröder) schreibt Schröder: "Die Berechnungen ergaben, daß eine ganze Reihe von Krankendiäten so wenig Aneurin enthält, daß der Mindestbedarf nicht oder kaum gedeckt wird." Die großen Fortschritte in der Diagnostik und Therapie auf chemischem und physikalischem Gebiet stehen in einem immer größer werdenden Kontrast zu der Rückständigkeit auf dem Gebiet der Ernährungsbehandlung. Einerseits wird die neueste Medikamentenspezialität verordnet, auf der anderen Seite wird der Erfolg durch Verstoß gegen die einfachsten Regeln der modernen Ernährungslehre vereitelt. Für viele Krankenhäuser gilt heute die Regel: Je perfektionierter der Betrieb in medizinischer Hinsicht ist, um so stiefmütterlicher wird der diätische Teil der Therapie gehandhabt.

Folgen der Spezialisierung

Geht man den Ursachen weiter nach, warum dies so ist, so stößt man auch hier wiederum auf mangelndes Wissen. Diese Unkenntnis ist z.T. durch die unheilvolle Spezialisierung in der Medizin verursacht. Die nachteiligen Auswirkungen beginnen bereits beim Medizinstudium. Die Ausbildung der Ärzte auf der Universität ist in dieser Hinsicht völlig unzureichend. Der Medizinstudent erlebt den kranken Menschen in der Klinik aufgeteilt nach Fächern: Augen, Ohren, Nase, Unterleib, Haut, Bewegungsorgane, Psyche, innere Organe und chirurgische Fälle. Aber einen Spezialisten, der für die ernährungsbedingten Zivilisationskrankheiten in den einzelnen

Fachgebieten zuständig wäre, gibt es nicht, wie überhaupt die *echte* Ursachenforschung in der Ausbildung zu kurz kommt. (Bakterien, Klima, Kälte, Wärme sind keine echten Ursachen, sondern nur Bedingungen.)

So vermittelt zwar der für das einzelne Organ zuständige Teilarzt, der die Studenten ausbildet, das für sein Fachgebiet vollkommenste Wissen; er kommt aber nicht auf den Gedanken, daß auch auf seinem Fachgebiet Ernährungsfragen eine Rolle spielen könnten. Und wenn er darauf käme, könnte er sich bei keinem Spezialisten Rat holen, weil es diesen nicht gibt. Lediglich in den vorklinischen Semestern wird in der physiologischen Chemie ein Wissen vermittelt, das in seiner vorwiegend analytischen Methode zu den Vorstellungen der alten Ernährungslehre geführt hat, die noch zu stark in der Kalorienlehre, in der Bedeutung der drei Grundnährstoffe und der einzelnen Vitamine steckengeblieben ist. In der klinischen Ausbildung fehlt der zuständige Ernährungswissenschaftler.

So erklärt es sich auch, daß jeder einzelne Hochschullehrer sein Bestes gibt und daß trotzdem das Wesentliche nicht geschieht, ohne daß jemand dafür verantwortlich ist.

Bessere Ausbildung der Ärzte auf dem Ernährungsgebiet wäre vordringlich

Hier kann nur die *Schaffung von klinischen Lehrstühlen* eine wirkliche Abhilfe schaffen. Behandlungen ernährungsbedingter Zivilisationskrankheiten muß genauso ein Lehrfach werden wie dasjenige der Augenkrankheiten usw. Angesichts des lawinenartigen Anwachsens dieser Krankheiten wäre dieses klinische Fachgebiet, das heute noch nicht existiert, das wichtigste und grundlegendste. Auf diese Weise würde allmählich eine Ärzteschaft herangebildet, die nun ihrerseits dem Volk das Wissen vermitteln könnte.

Mangelndes Wissen ist der Hauptgrund, weshalb in Klinik und Sprechstunde wenig Ernährungsaufklärung betrieben wird und sie meist in der primitiven und falschen Empfehlung von Weißbrot, Zwieback, Kartoffelbrei, Traubenzucker und dem Verbot von "schweren" Speisen, über die die falschesten Vorstellungen bestehen, steckenbleibt.

Rezeptschreiben ist bequemer als Ernährungsberatung

Ein weiterer Grund, weshalb diätetische Fragen vielfach zweitrangiger Natur sind, liegt in dem mangelnden Interesse vieler Ärzte an Ernährungsfragen. Allerdings ist dies oft wiederum eine Folge der Unsicherheit, wenn kein ausreichendes Wissen auf diesem Gebiet vorhanden ist. Auch der Zeitmangel spielt hier eine gewisse Rolle. Die Besprechung von Ernährungsfragen ist zeitraubender als ein Rezept zu schreiben.

Schließlich hört man oft die resignierende Begründung, der Patient halte sich ja doch nicht an die Vorschriften; wozu solle sich der Arzt mit umständlichen Ernährungsrichtlinien abgeben; außerdem empfinde der Kranke diätetische Ratschläge immer als unbequem. Wenn es um die ernste Frage der Gesundheit geht, muß der Arzt auch den Mut haben, unbequeme Ratschläge zu geben. Der Kranke unterzieht sich ja auch unangenehmen Operationen, wenn ihm die Notwendigkeit genügend klargemacht wird.

Es darf auch ausgesprochen werden, daß die Vernachlässigung diätetischer Fragen dem Ansehen des ärztlichen Standes in den letzten Jahrzehnten erheblich geschadet hat. Der Kranke kann selten beurteilen, wie weit die arzneilichen und die anderen ärztlichen Behandlungsmaßnahmen richtig sind, dagegen bemerkt er die mangelnden Kenntnisse in der diätetischen Beratung oft sehr gut, und das Vertrauen ist gefährdet. Es dürfte nicht vorkommen, daß der Kranke, der sich mit Ernährungsfragen beschäftigt, richtigere und umfassendere Kenntnisse hat als der

Arzt. Die rapide Zunahme ernährungsbedingter Zivilisationskrankheiten veranlaßt aber viele Kranke zum Selbststudium. Eine einheitliche Auffassung von diätetischen Verordnungen ist daher unbedingt notwendig und würde der mißlichen Situation ein Ende bereiten, daß jeder Arzt andere - bei ein und derselben Krankheit oft sogar genau entgegengesetzte - Ernährungsratschläge gibt. Was Prof. *Schulten* in "Der Arzt" mit den Worten ausdrückt: "Wir könnten viele Menschen heilen und retten, wenn jeder Arzt die entsprechenden Kenntnisse hätte", gilt in vollem Maße für das Ernährungsgebiet.

Der Vorsitzende der schweizerischen Gesellschaft für Präventivmedizin Prof. *Mohler* drückt die gegenwärtige Situation mit den Worten aus: Es sei erstaunlich, wie wenig die Ärzte über Ernährungsfragen informiert seien.

Das Zuckerproblem als Zeichen der Zeit

Der oft zitierte Spruch Max Plancks, "Irrlehren der Wissenschaft brauchen 50 Jahre, bis sie durch neue Erkenntnisse abgelöst werden, weil nicht nur die alten Professoren, sondern auch ihre Schüler aussterben müssen", hat auch noch heute seine Gültigkeit, obwohl man doch annehmen müßte, daß in dem perfektionierten System der modernen Nachrichtenübermittlung durch die Massenmedien eine grundlegende wissenschaftliche Entdeckung nur Stunden brauchte, bis sie sich über den ganzen Erdball verbreitet hätte. Daß aber auf dem Ernährungsgebiet der Spruch Max Plancks noch zu Recht besteht, ist ein Beweis dafür, daß die Vertreter der alten Ernährungslehre dieses Gebiet noch monopolistisch dirigieren. Persönliche Erlebnisse, die diesen Tatbestand beleuchten, seien in diesem Zusammenhang berichtet.

Als ich meine klinischen Beobachtungen über die nachteiligen Wirkungen des Fabrikzukkers sämtlichen einschlägigen medizinischen Zeitschriften anbot, stieß ich, wie bereits erwähnt, auf eine einheitliche Front entschiedener Ablehnung jeder Veröffentlichung. Diese Ablehnungen sind für denjenigen nicht verwunderlich, der das Wesen unserer Zeit begriffen hat. Da es um die Frage geht, warum es nicht gelingt, dem Wissen um die Zusammenhänge zwischen Nahrung und Krankheiten zur rascheren Verbreitung zu verhelfen, und welche Kräfte und Motive dahinterstecken, kommt es in diesem Zusammenhang nicht so sehr auf die Tatsache der Ablehnung der Veröffentlichung an, sondern auf deren Begründung. Einige dieser Begründungen sollen hier angeführt werden, da sie einen Blick hinter die Kulissen erlauben und zeigen, gegen welche Widerstände gekämpft werden muß, wenn eine Eindämmung des Gesundheitsverfalls erreicht werden soll.

Auch in der Fachpresse wird die Meinung manipuliert

Am einfachsten macht es sich eine Zeitschrift, die das Manuskript lediglich als "nicht zweckmäßig" bezeichnet. Für eine andere Zeitschrift entscheidet das Wort des ärztlichen Schriftleiters: "Ich glaube, daß mit einer Veröffentlichung Ihre Absicht, zur Einschränkung des Zuckerverbrauches und Vermehrung der Vitaminzufuhr beizutragen, nicht erreicht würde." Diese Argumentierung würde etwa dasselbe bedeuten, wie wenn man einem Nikotingeschädigten erst gar nicht den Rat geben würde, das Rauchen aufzugeben, weil er es wahrscheinlich doch nicht unterließe. Außerdem hat der Schriftleiter das Wesentliche der Fabrikzuckerfrage nicht begriffen, wenn er meint, es sei nur ein Vitaminproblem.

Wenn es aber darum ginge, ein neues Medikament anzupreisen, dann würden auch Beobachtungen am Kranken genügen, um eine Publikation zu erreichen, gleichgültig ob die spätere Nachprüfung positiv oder negativ ausfiele. Prophylaktische Ernährungsprobleme entsprechen nicht den Vorstellungen "exakter Wissenschaft", sofern es sich nicht um isolierte Stoffe handelt.

Wieder eine andere Zeitschrift begründet die Ablehnung damit, daß in der Publikation wörtlich zitierte Sätze aus dem Buch "Die Vitamine und ihre klinische Anwendung" von Stepp-Schröder-Kühnau gebracht würden, das in weitesten Kreisen bekannt sei. Dagegen ist einzuwenden, daß das wörtliche Zitieren unerläßlich war, um die daraus für die richtige Ernährung gezogenen Schlußfolgerungen über jeden Zweifel zu erheben. Außerdem ist es leider eine Tatsache, daß die für das Verständis des Problems um den Fabrikzucker und die Auszugsmehle wichtigen Einzeltatsachen nicht genug bekannt sind. Wenn sie genügend bekannt wären, stände es mit der Krankenernährung heute schon ganz anders.

Wie nötig es ist, wörtlich zu zitieren, geht aus der Ablehnungsbegründung einer anderen Zeitschrift hervor, in der der zuständige Schriftleiter schreibt: "Diesen Beweisen vermag ich tatsächlich keinen überzeugenden Charakter zuzuerkennen. Viele der von Ihnen zitierten Ergebnisse wurden im Tierversuch gemacht. Man kann aber nicht die Ergebnisse solcher Versuche auf den Menschen übertragen, ohne eigene Untersuchungen dazu anzustellen." Daß der Schriftleiter die Arbeit nicht richtig gelesen hatte, geht daraus hervor, daß er meine an vielen Tausenden von

Menschen gewonnenen Beobachtungen überhaupt nicht erwähnt, obwohl sie nicht, wie gerügt, am Tier, sondern am Menschen gemacht wurden. Außerdem ist zu bedenken, daß die gesamte Ernährungslehre, sowohl die alte wie die neue, vorwiegend auf Tierversuchen aufgebaut ist. Wenn der Tierversuch aber die alte Ernährungslehre widerlegt, dann ist der Tierversuch plötzlich nicht mehr beweiskräftig. Dieses Messen mit zweierlei Maß widerspricht aber den Regeln der Wissenschaftlichkeit.

Noch absurder ist die Begründung der Ablehnung bei einer anderen Zeitschrift. Prof. R. schreibt: "Es wird Ihnen nicht fremd sein, daß über die große Verbreitung gesundheitlicher Störungen diametral entgegengesetzte Faktoren als maßgeblich in den Vordergrund gestellt werden. Ich denke z.B. an jene, die die Konservierungsmittel anschuldigen, dann an alle die, welche die seelischen Belastungen psychosomatisch interpretierend zum Anlaß sämtlicher gesundheitlicher Störungen unserer Tage machen wollen, ich denke an alle die, die dem Cholesterinreichtum der Butter die Schuld geben. Andere beschuldigen den Lärm, und jetzt kommen Sie schließlich und beschuldigen auch noch den Zucker. Wovon sollte sich der Mensch unserer Zeit überhaupt noch ernähren, wenn alle diese Standpunkte einer wissenschaftlichen Kritik standhielten? Wir dürften dann alle nicht mehr leben."

Diese kleine Auslese der Begründungen möge genügen, um den Ernst des Problems zu erkennen. Dadurch soll allen Illusionen nüchtern begegnet werden, die etwa darin bestehen könnten, daß der harmlose Bürger ebenso wie der für eine Besserung der Volksgesundheit sich Einsetzende sich der irrigen Vorstellung hingibt, es sei leicht, die Abwehrmauer durch Aufklärung durchbrechen zu können. Voraussetzung für jeden Aufklärungserfolg ist das Wissen um alle gegnerischen Kräfte, die den Erfolg zu verhindern suchen.

Die Macht der Interessengruppen

Der *Hauptwiderstand* gegen die Durchsetzung und Verbreitung der Erkenntnisse der modernen Ernährungslehre in Ärzte- und Laienkreisen geht aber zweifellos von *wirtschaftlichen* Kreisen aus und hat ganz nüchterne finanzielle Hintergründe. Es wurde bereits darauf hingewiesen, daß ursprünglich die Herstellung der sogenannten konzentrierten Kohlenhydrate, in erster Linie der Auszugsmehle und des Fabrikzuckers, aber auch die Erzeugung anderer Fabriknahrungsmittel ("tote" Fette) durch die Nahrungsmittelindustrie nach den Weisungen und Richtlinien der alten Ernährungslehre erfolgte. So trifft ursprünglich weder die Industrie ein Vorwurf noch die Vertreter der alten Ernährungslehre, die nach dem damaligen Stand der Wissenschaft im besten Glauben handelten. Inzwischen haben sich aber gewaltige Änderungen vollzogen. Einmal haben die modernen Ernährungsforscher erkannt, daß es gerade die früheren, falschen Vorstellungen sind, die zu den schweren Gesundheitsschäden führen, und zum anderen hat sich die Nahrungsmittelindustrie zu einem wirtschaftlich mächtigen Faktor entwickelt. Die Verhältnisse haben sich um 180 Grad gedreht: Nicht mehr die Ernährungswissenschaft gibt Richtlinien für die Herstellung gesunder Nahrungsmittel, sondern die Nahrungsmittelindustrie bestimmt heute infolge ihrer ungeheuren Machtposition, was für Nahrungsmittel hergestellt werden; und diejenigen Vertreter der herkömmlichen Ernährungsphysiologie, die sich für ihre Interessen einspannen lassen, werden in den Vordergrund gestellt.

Gesundheitsfragen werden nicht auf wissenschaftlicher und ärztlicher, sondern auf politischer Ebene entschieden.

Diese im Laufe von Jahrzehnten sich allmählich und unmerklich abspielende Entwicklung hat schließlich zu dem Zustand geführt, daß gesundheitliche Interessen im politischen Kräftespiel den wirtschaftlichen Interessen nachgeordnet sind. Die *Fragen der Gesundheit* werden keineswegs mehr vorrangig auf medizinischer, ärztlicher und wissenschaftlicher Ebene entschieden, sondern sie haben sich zu einem rein politischen Faktum entwickelt. Und hier gilt die rücksichtslose Regel: Wer die Macht hat, entscheidet. Und so werden seit Jahrzehnten alle Fragen, bei denen gesundheitliche und wirtschaftliche Interessen sich gegenüberstehen, *immer gegen die Gesundheit und stets für die Interessen der Wirtschaft* entschieden. Ein früherer Vorsitzender des Gesundheitsausschusses im Bundestag sagte zwar: "Was gesundheitlich falsch ist, kann niemals wirtschaftlich richtig sein." Leider blieben bis heute die politischen Handlungen von der weitschauenden Weisheit dieses Spruches unberührt.

Es liegt in der Art unseres höchst reformbedürftigen, parlamentarischen Systems begründet, daß gesundheitspolitische Entscheidungen durch Interessengruppen beeinflußt werden können.

Das Volk wird durch Scheinaufklärung abgelenkt

Die breite Masse des Volkes hat keine Ahnung von diesen Vorgängen, und diejenigen, die sie ahnen, können das Spiel, das gut getarnt hinter den Kulissen vor sich geht, nicht durchschauen. Diskussionen um diese heiklen Fragen zeigen immer wieder, daß die harmlosen Menschen es nicht für möglich halten, daß die wahren Ursachen des katastrophalen Gesundheitsverfalls Experten zwar bekannt sind, daß sie aus wirtschaftlichen (= politischen) Gründen aber nicht genannt werden dürfen. So wird der politische Trick angewendet, daß mit großem Aufwand zur Beruhigung der Massen eine Scheinaufklärung stattfindet, die an den wahren Ursachen vorbeiredet, um keinem der mächtigen Interessenverbände zu nahe zu treten.

Es muß daher offen ausgesprochen werden, daß die bisherige Erfolglosigkeit, dem unaufhaltsamen Fortschreiten der Zivilisationsschäden Halt zu gebieten, nicht daran liegt, daß die Ursachen nicht genügend erforscht wären, und auch nicht daran, daß etwa das nötige Geld fehlt, um neue Forschungszentralen zu errichten, die endlich "das dunkle Rätsel der Zivilisationskrankheiten" zu lösen sich bemühen sollten.

Die beschämendsten Beispiele für ungenügende Aufklärung aus wirtschaftlichen Rücksichten liefern der Tabak und der Alkohol. Aufklärung wird vom Staat nur begrenzt getrieben, weil er weder sein Gesicht verlieren, noch den Industrien weh tun will. Eine Politik, die den überragenden Vorteil erkannt hätte, der in der Gesundheit eines Volkes liegt, und sich nicht von der kurzsichtigen Rücksicht auf Interessengruppen leiten ließe, würde die Milliarden Steuereinnahmen durch Tabak und Alkohol um ein Mehrfaches durch geringere Sozialleistungen wieder einsparen.

Nicht so durchsichtig wie auf dem Genußmittelgebiet sind die Widerstände gegen eine Volksaufklärung über Gesundheitsschäden auf dem Nahrungsmittelsektor. Es ist verständlich, daß die Nahrungsmittelindustrie die riesigen Investitionen mit allen Mitteln zu verteidigen sucht. Ihre Repräsentanten stützen sich in ihrem Abwehrkampf, mit dem sie jede Aufklärung zu ersticken sucht, auf Vertreter der alten Ernährungslehre. Diese wiederum berufen sich auf ältere wissenschaftliche Ergebnisse, obwohl diese heute durch neue Erkenntnisse (s.o.) überholt sind. So werden z.B. klinische Beobachtungen nicht oder nicht genügend berücksichtigt, während rein physiologisch-chemische Laboratoriumsuntersuchungen einseitiger Art überbewertet werden. Zudem sind viele physiologisch-chemische Laboruntersuchungen nicht langfristig genug und entsprechen nicht den jahrzehntelangen "Ernährungsversuchen" der einzelnen Völker. Schließlich werden Untersuchungen in Forschung und Klinik, die mit Laboratoriumsergebnissen nicht übereinstimmen, nicht zur Kenntnis genommen bzw. als unbequem totgeschwiegen.

Soll eine breit angelegte Aufklärung des Volkes über den Zusammenhang von Fehlernährungen und Zivilisationskrankheiten, insbesondere über die zentrale Rolle der Auszugsmehle und des Fabrikzuckers, durchgeführt werden, so ist es auch notwendig, genauestens die Methoden zu kennen, die die Nahrungsmittelindustrie anwendet, um jede Aufklärung zu verhindern oder unwirksam zu machen.

Abwehrmethoden der Zuckerindustrie

Unter den Nahrungsmittelindustrien hat insbesondere die *Zuckerindustrie* systematische Methoden entwickelt, an denen das Prinzip studiert werden kann:

1. Offene Reklame

Durch offene Reklame mit pseudo-wissenschaftlichem Anstrich wird dem Volk pausenlos eingehämmert, daß Fabrikzucker gesundheitsfördernd sei. "Zucker zaubert - nimm deshalb mehr." Hierbei werden tatsächlich gültige, wissenschaftliche Fakten aus dem Zusammenhang gerissen und so durch Verschweigen anderer

Fakten nach Art der Reklame falsche Vorstellungen geweckt. Die Tatsache, daß alle Kohlenhydrate über die Zuckerstufe abgebaut werden und jede Körperzelle als Energiequelle Traubenzucker benötigt, benutzt die Zuckerindustrie in geschickter Weise, um dem Volk einzureden, daß der Mensch viel isolierten Fabrikzucker brauche. Leider geben namhafte Wissenschaftler ihren Namen für diese Reklame her, in der es u.a. heißt: “Im grünen Blatt der Pflanze entsteht aus der Lichtkraft der Sonne der Zucker. Als wirksamer Energiestoff ist er lebenswichtig.” Oder: “Zucker ist aus Sonnenlicht im grünen Blatt der Pflanze entstanden. Zucker macht kräftig und aktiv. Zucker stärkt die Nerven. Zucker ist so gut, wie er schmeckt; Zucker erhält die Lebensfreude. Zucker ist reinster Kraftspender der Natur, lebensnotwendig für den schaffenden Menschen.” Der Leser zieht daraus, wie beabsichtigt den Schluß, daß diese Aussagen auch für den Genuß des isolierten Fabrikzuckers gelten, weil er den komplizierten Unterschied zwischen der physiologischen Wirkung isolierter Zuckerstoffe und natürlicher süßer Lebensmittel nicht wissen kann.

2. Getarnte Werbung

Dasselbe geschieht in noch größerem Umfange durch getarnte Reklame in Form gesundheitlicher Ratschläge, ohne daß der Leser erkennen kann, daß es sich um Artikel handelt, die im Auftrage der Zuckerindustrie geschrieben sind. Sowohl die offene wie die getarnte Werbung geschieht pausenlos unter Einsatz riesiger Geldmittel. So konnte man z.B. jahrelang im feuilletonistischen Teil der Tageszeitungen Artikel lesen, in denen es hieß: "Der Kinderarzt empfiehlt..."

Dort wurde behauptet, daß Zucker das beste Mittel wäre, wenn Kinder keinen Appetit hätten und wenn sie blaß aussähen. Man konnte dort lesen, daß Kinder überhaupt möglichst viel Zucker brauchten, da sie "ein natürliches Verlangen auf Zucker" hätten und da sie sich mehr bewegen als Erwachsene und dergleichen mehr. Da diese Artikel dann mit Dr. ... unterschrieben waren, mußte der Leser annehmen, daß es sich bei dem Schreiber um einen berühmten Kinderarzt handle. In Wirklichkeit stammten diese Artikel von einem Nichtarzt, meistens von Dr. Thomas Geerdes.

Als ich wegen dieser gesundheitsgefährdenden Irreführung der Öffentlichkeit bei den Zeitungsredaktionen um die Adresse des Arztes bat, der solche gemeingefährlichen Ratschläge gäbe, erfuhr ich, daß diese Artikel nicht von Ärzten stammten, sondern von der Reklameabteilung der Zuckerindustrie und daß es sich um Reklameartikel handeln sollte. Da sie aber weder im Reklameteil der Zeitung erschienen noch als Anzeige gekennzeichnet waren, wie es gesetzliche Vorschrift ist, war der Tatbestand der Irreführung der Öffentlichkeit und des Verstoßes gegen das Gesetz gegen unlauteren Wettbewerb gegeben.

Manche gesundheitlichen Ratschläge sind in die Form eines Quiz oder einer Sportreportage und dergleichen gegossen, ohne daß diese Artikel als Reklame kenntlich gemacht sind. Manchmal erstrecken sich die Artikel mit Bildern in Fortsetzungen über mehrere Seiten; nur auf der ersten Seite ist klein in einer Ecke "Anzeige" zu lesen; auf den folgenden Seiten ist an der Aufmachung nichts mehr vom Reklamecharakter zu erkennen.

Als ich die Zeitschriften auf das Unrechtmäßige dieses Verfahrens hinwies, erschienen manche dieser als gesundheitliche Ratschläge getarnten Artikel statt mit dem Hinweis "Anzeige" mit einem durch Strahlenkranz umgebenen Z. Dieses Z sollte den Hinweis "Anzeige" ersetzen mit der Begründung, an dem Z könne der Leser erkennen, daß es sich nicht um ernst gemeinte gesundheitliche Ratschläge handele, sondern um Reklame. In Wirklichkeit hat der Leser keine Ahnung, was für ein Spiel mit seiner Gutgläubigkeit und Unkenntnis der gesetzlichen Regelungen getrieben wird. Bei Umfragen, die ich veranstaltete, stellte sich heraus, daß nicht ein einziger Leser unter Tausenden erkannt hatte, daß es sich um eine versteckte Werbung der Zuckerindustrie handelte. Und keiner wußte, daß Reklame als solche erkennbar gemacht werden muß. Alle befragten Leser waren der naiven Ansicht, daß eine Zeitung nichts drucken dürfe, was nicht wahr wäre; wenn Fabrikzucker schädlich wäre, dürfte eine Zeitung keinen Artikel bringen, in dem der Zukker als das gesundheitsfördernste Mittel gepriesen würde, gleichgültig ob als Reklame erkennbar oder in getarnter Form. In Wirklichkeit ist natürlich auch jede offene Reklame darauf abgestellt, daß der Leser im stillen die Werbung doch für bare Münze nimmt und das Gefühl hat, daß er ernstlich etwas versäume, wenn er den angepriesenen Artikel nicht sofort erwerbe. In eindringlicher Weise sind diese psychologischen Verhältnisse in dem interessanten Buch "Die geheimen Verführer" von Vance Packard, Econ-Verlag, dargestellt, dessen Lektüre jedem zu empfehlen ist, der sich gegen den Sog der modernen Werbung wappnen will.

Es ist aber ein grundsätzlicher Unterschied, ob die einzelnen Firmen den Konkurrenzkampf für Rasierapparate, Waschmaschinen oder sonstige Gebrauchsartikel in einer anständigen und notwendigen Werbung austragen oder ob ein Artikel, der gesundheitsschädliche Wirkungen hat, in gefährlicher Weise als gesundheitsfördernd dargestellt wird. Hier liegen eindeutig Übergriffe der Industrie in den ärztlichen Sektor vor, die wegen ihrer gesundheitsschädlichen Wirkung von der Ärzteschaft nicht stillschweigend hingenommen werden dürfen.

Die Zuckerindustrie schaltet den Rechtsanwalt ein

Nachdem ich mich in diesem Sinne an die Schriftleiter der Zeitungen und Zeitschriften gewandt hatte, bekam ich von Rechtsanwalt Holste, der die Interessen der Zuckerindustrie vertritt, ein Schreiben, das wegen seines grundsätzlichen Charakters im Wortlaut hier wiedergegeben werden soll.

Martin Holste (24a) Hamburg1, d. 14. 12. 60
Rechtsanwalt Ballindamm 37/III
Herrn Dr. med. M. Bruker
Facharzt für innere Krankheiten
-Eben-Ezer-Krankenhaus
Lemgo/Lippe

Sehr geehrter Herr Dr. Bruker!
Die Wirtschaftliche Vereinigung Zucker e.V., Bonn und ei-

ne Gruppe der in diesem Verband zusammengeschlossenen Zuckerfabriken in der Bundesrepublik haben mich gebeten, Ihnen Nachstehendes mitzuteilen:

1. Bei aller Würdigung der Freiheit von Lehre, Forschung und Wissenschaft können die von Ihnen seit einiger Zeit in der Bekämpfung des Zuckers wegen dessen angeblicher Gesundheitsschädlichkeit angewendeten Mittel nicht gebilligt werden.
2. Sie schreiben Firmen der werbungstreibenden Wirtschaft, Zeitungs-, Zeitschriftenredaktionen und Verleger unmittelbar an und fordern zur Einstellung der Werbung für Zucker auf unter Bezugnahme auf

a) Schädigung der Volksgesundheit
b) angebliche strafbare trügerische Werbung im Sinne § 3 UWG
c) Schadensersatzpflicht der Verbreiter der Zuckerwerbung
d) Strafbarkeit und Staatsanwaltschaft, die sich für diese “Machenschaften” interessiere
e) Vermeidung von “unangenehmen Weiterungen” und
f) zum Teil unter Berufung auf eine eigene wissenschaftliche Stellungnahme in einem Sonderdruck in der Zeitschrift “Diaita” Nr. 56 unter dem Titel “Die Schlüsselstellung des Zuckers in der Pathogenese”, in der Sie einen ärztlichen Erfahrungsbericht über Verabreichung von zukkerfreier Kost an Patienten Ihrer Klinik geben.

3. Damit verletzen Sie die Rechte der Zuckerfabrikanten auf ungestörte Ausübung ihrer eingerichteten und ausgeübten Gewerbebetriebe. - Letztere sind nach § 823 BGB geschützte Rechtsgüter.
4. Sie werden daher um Mitteilung gebeten, ob Sie bereit sind, ohne Inanspruchnahme der Gerichte diesen unter 2.

aufgeführten Teil Ihrer Betätigung in Zukunft einzustellen.
5. Es liegen mir bereits Urteile vor, in denen Vortragsreisende wegen gleichartiger Äußerungen und Betätigungen zur Unterlassung und zum Schadensersatz verurteilt sind.
6. Falls Ihnen eine persönliche Unterredung zum Zwecke der Festlegung der erlaubten von der unerlaubten Betätigung erwünscht ist, wird um Angabe eines Ihnen erwünschten Orts und der Ihnen erwünschten Zeit höflich gebeten.

Mit vorzüglicher Hochachtung
gez. Unterschrift

Es besteht kein Zweifel, daß die Zuckerindustrie mit diesem Vorgehen massiv in ärztliche Belange eingreift, indem sie den Arzt, der auf gesundheitsschädliche Wirkungen des Fabrikzuckers hinweist, mit gerichtlichem Verfahren bedroht. Wenn auch nach dem Gesetz die Zuckerfabrikanten selbstverständlich ein Recht auf ungestörte Ausübung ihrer eingerichteten und ausgeübten Gewerbebetriebe haben, während demgegenüber die groteske Tatsache besteht, daß die Gesundheit des Einzelmenschen keinen solchen gleichartigen gesetzlichen Schutz genießt, so konnte ich in meiner Antwort darauf hinweisen, daß nach § 19 der Ärzteordnung die Ärzteschaft berufen ist, u.a. auch für die Einhaltung und Hebung der Gesundheit des Volkes zu wirken. Es gehört also mit zu den Aufgaben der Ärzte, einer

Werbung, die die Gesundheit zu schädigen geeignet ist, entgegenzutreten. Dies ergibt sich auch aus der Berufsordnung für die deutschen Ärzte § 1, wonach der Arzt zum Dienst an der Gesundheit des einzelnen und der Gesamtheit berufen ist, wobei er eine durch Gesetz und Berufsordnung geregelte, öffentliche Aufgabe erfüllt.

Ein Rechtsanwalt äußert sich dazu:
"Wenn andererseits der Zuckerkonsum unter allen Umständen auch auf Kosten der Gesundheit der Verbraucher gefördert werden soll und wenn dann diese Werbung zudem noch im Mantel einer ärztlichen Beurteilung auftritt, so handelt es sich um eine unlautere Werbung im Sinne des Gesetzes gegen den unlauteren Wettbewerb, da nicht nur die einzelnen Mitbewerber, sondern auch die sonstigen Marktbeteiligten und die Allgemeinheit geschützt sind. Eine Werbung, die im Mantel der Gesundheitsförderung auftritt und in sich unrichtig ist, muß als unlauter und gegen die guten Sitten im Sinne § 1 dieses Gesetzes betrachtet werden. Denn nach juristischer Auffassung ist bei der Beurteilung der Frage, ob eine Werbung dem Anstandsgefühl "aller Gerecht- und Billigdenkenden" widerspricht und damit sittenwidrig ist, von der Auffassung der Personen auszugehen, die über die betreffenden Vorgänge ein Urteil haben können. In Fragen, in denen die Volksgesundheit eine Rolle spielt, ist in erster Linie die wissenschaftliche und ärztliche Erkenntnis entscheidend."

Demnach konnte ich in meiner Antwort dem Rechtsanwalt ohne jede Einschränkung versichern, daß ich weder in der Vergangenheit das geringste über Fabrikzucker ausgesagt habe, was nicht wissenschaftlich und durch ärztliche Erfahrung gesichert ist, noch dies in Zukunft je tun werde.

Da in dem darauf sich entwickelnden Briefwechsel von seiten der Zuckerindustrie behauptet wurde, es gäbe keine medizinische Literatur, in der die Schädlichkeit des Fabrikzuckers nachgewiesen sei, habe ich die Broschüre "Der Zukker als pathogenetischer Faktor *) gesammelte Forschungsergebnisse als Basis für umwälzende Erneuerungen der Diätetik", verfaßt, die im Helfer-Verlag E. Schwabe, Bad Homburg v.d.H., erschienen ist. Wer diese Zusammenstellung gelesen hat, wird die Ansicht nicht mehr aufrechterhalten können, daß die Schädlichkeit des Fabrikzuckers nicht wissenschaftlich nachgewiesen sei.

Die Art, wie die Zuckerindustrie immer wieder versucht, mich durch Drohung über den Rechtsanwalt von der Erfüllung meiner ärztlichen Pflicht abzuhalten, geht am eindrücklichsten aus dem Briefwechsel hervor. Ich halte es daher für das einfachste, einen meiner Antwortbriefe mitzuteilen. Ein Blick der ahnungslosen Öffentlichkeit hinter die Kulissen des Machtkampfes Industrie gegen Gesundheit erscheint

---

*) Jetzt unter dem Titel: "Krank durch Zucker"

angesichts der drohenden Gesundheitskatastrophe unerläßlich. Nur so können dem Volk die Augen geöffnet werden, wo die Hindernisse liegen, die einer Gesundung des Volkes in den Weg gelegt werden.

Ein Antwortbrief zeigt den Kampf hinter den Kulissen

Der Verfasser schrieb am 8. Juni 1965 an den Rechtsanwalt der Zuckerindustrie:

8. Juni 1965
Sehr geehrter Herr Rechtsanwalt Holste!
Für Ihr Antwortschreiben vom 19. Mai danke ich Ihnen. Da Sie kein Mediziner, sondern Jurist sind, kann ich Ihnen zwar die zahlreichen Unrichtigkeiten - soweit sie medizinische Tatsachen betreffen - nicht für übel nehmen. Im Interesse der ernsten Sache der Volksgesundheit wäre es aber doch vorteilhaft, sich von einem medizinischen Sachverständigen beraten zu lassen, soweit es sich um medizinische Fragen handelt. Im einzelnen möchte ich mich an Ihre Einteilung halten.

1. Die Klage von medizinischer Seite, daß über medizinische Probleme in der Massenpresse vielfach entstellt und unverantwortlich Bericht erstattet wird, ist absolut berechtigt. Gerade diese Auswüchse, die wirklich eine ernste Gefährdung der Volksgesundheit bedeuten, waren der Anlaß, weshalb der Arbeitskreis Gesundheitskunde gegründet wurde. Eine seiner Hauptaufgaben ist es, durch verantwortliche Sachkenner diesen unverantwortlichen Thesen in der Massenpresse entgegenzutreten. Die gesundheitsschädlichen Ratschläge kann man gerade auf dem Gebiet

der Ernährung täglich in der Presse lesen, und in diesem Sektor muß es leider ganz offen ausgesprochen werden, daß es gerade die industrielle Werbung ist, die hier am unverantwortlichsten vorgeht. Wenn Sie auch in Absatz 4 auf den Unterschied zwischen Werbung und Berichterstattung über wissenschaftlich-medizinische Forschungsergebnisse hinweisen, so darf dies niemals so verstanden werden, daß die Werbung eine Art Freibrief hat, in dem sie ohne Rücksicht auf die Schädigung der Volksgesundheit alles behaupten darf, wenn es nur nicht gegen das Gesetz gegen unlauteren Wettbewerb verstößt. Einzelheiten siehe Absatz 4. Ihr Hinweis, daß vielfach ganz unverantwortliche Thesen in Umlauf gesetzt werden, die eigentlich ohne Gefährdung der Volksgesundheit nicht in Umlauf gesetzt werden dürften, trifft in klassischer Weise für die gesamte Zukkerwerbung zu. Sie könnten sich hier ein großes Verdienst um die Volksgesundheit erwerben, wenn Sie die Wirtschaftliche Vereinigung Zucker soweit beeinflussen könnten, daß sie auch ihrerseits in ihrer Werbung sich an diese Forderungen halten würde.

2. Sie äußern die Ansicht, daß die Bundesärztekammer mit der Überschrift "Ursachen des Herzinfarktes geklärt" nicht einverstanden wäre. Hierzu in zunächst zu vermerken, daß die Bundesärztekammer eine Standesorganisation ist, die mit wissenschaftlichen Auseinandersetzungen überhaupt nichts zu tun hat. Trotzdem hat die Bundesärztekammer schon im Jahre 1960 die Entgleisungen der Zuckerreklame eindeutig mißbilligt. Sie schreibt dort wörtlich in einem an Professor Cremer gerichteten Brief am 15.7.1960:
"Ich bitte, von seiten der Deutschen Gesellschaft für Ernährung zu prüfen, welche ihr geeignet erscheinenden Gegenmaßnahmen eingeleitet werden können, um diesem m. E. unverantwortlichen Gewinnstreben von Industrieunternehmen recht bald Einhalt zu gebieten. Es ist zu bedauern, daß es immer noch wieder Möglichkeiten gibt, zum Scha-

den der Gesundheit unseres Volkes und hier insbesondere unserer Kinder Geld zu verdienen."

Wenn Sie sich nun schon 30 Jahre so intensiv wie ich in wissenschaftlicher und klinischer Forschung mit den ernährungsbedingten Zivilisationsschäden beschäftigt hätten und wenn Sie als Sachverständiger einen gleichermaßen in diesen Fragen Erfahrenen zu Rate ziehen, so wird er Ihnen sofort bestätigen, daß die Überschrift "Ursachen des Herzinfarktes geklärt" absolut gerechtfertigt ist. Es ist sicher verständlich, daß diese Überschrift für die Nichtfachleute überraschend klingen mag. Die Überschrift soll ja auch überraschend klingen, damit die Menschen hellhörig werden und endlich etwas prophylaktisch gegen die ständig zunehmende Häufigkeit des Herzinfarktes und der Arteriosklerose getan wird. Wenn irgendwelche Journalisten, die von medizinischen Problemen keine Ahnung haben, in Illustrierten auf Sensation machen durch Überschriften wie "Krebserreger entdeckt", so möchte ich einen Vergleich dieser Elaborate mit den Veröffentlichungen eines verantwortungsvollen Arztes, dem es um Hilfestellung für die irregeleitete Bevölkerung geht, eindeutig zurückweisen. Ich lege Ihnen meine Originalarbeit, wie sie in der "Ärztlichen Praxis" erschienen ist, bei mit dem Titel "Arteriosklerose – auch ein Kohlenhydratproblem". Wenn Sie diese Arbeit gründlich studieren, werden Sie erkennen, daß es hier keineswegs um "monomane abseitige Verabsolutierungen" geht. Der Wissenschaftler, dem es um die Wahrheitsfindung geht, darf natürlich keine Rücksicht darauf nehmen, ob die Forschungsergebnisse für bestimmte Wirtschaftszweige nachteilig sind oder nicht. So steht für den Arzt die Gesundheit des einzelnen und der Gesamtheit immer als Richtschnur vor ihm, während natürlich für die Industrie wirtschaftliche Interessen ausschlaggebend sind.

3. Ich bin vollständig Ihrer Meinung, daß es unverantwortlich ist, "wissenschaftlich unvollkommen gesicherte The-

sen in Massenblättern dem notgedrungenermaßen völlig unkritischen Publikum vorzutragen." Wenn Sie meine wissenschaftlichen Arbeiten gründlich studieren, so werden Sie feststellen, daß nur Tatsachen vorgetragen werden, die in gründlicher wissenschaftlicher Arbeit gewonnen sind. Die Ansicht des Oberlandesgerichtes München ist vor allem auf meine klinischen Beobachtungen über die Wirkung des Fabrikzuckers anzuwenden: Wenn das OLG München sogar nur verlangt, daß die medizinischen Probleme in Laboratorien und klinischen Versuchen in einem *begrenzten* Kreise ausreichen sollen, bevor es vertretbar erscheine, damit vor das Laienpublikum zu treten, so können Sie den Grad meines Verantwortungsbewußtseins daran ermessen, daß ich erst nach 15 Jahren klinischer Erprobung nicht an einem begrenzten Kreis, sondern an vielen Tausenden von Kranken an die Öffentlichkeit getreten bin.

4. Was den Wahrheitsgehalt der Werbung betrifft, so bin ich Ihnen außerordentlich dankbar, daß Sie zugeben, daß bei den Behauptungen der Werbung von vornherein ein gewisser Prozentsatz abzuziehen sei. Es ist bekannt, daß die Werbung es mit der Wahrheit nie ganz genau nimmt. Wenn dieses Vorgehen sich auch eingebürgert hat und stillschweigend hingenommen wird, so liegen doch die Verhältnisse sofort anders, wenn durch die unwahren Behauptungen der Werbung ein Schaden an der Gesundheit des einzelnen auftritt. Selbst wenn man der Werbung in dieser Beziehung eine gewisse Großzügigkeit zubilligen wollte, trifft dies auf keinen Fall mehr zu, wenn die Werbung nicht als Werbung erkennbar ist. Daß dies bei der Zuckerwerbung meistens der Fall ist, d.h., daß sie nicht als Werbung erkennbar ist, habe ich durch Umfragen, die ich wöchentlich in meinem Patientenkreis fortsetze, einwandfrei feststellen können. Wenn ich etwas von der Schädlichkeit des Fabrikzuckers sage, wird mir immer entgegnet: "Aber ich habe in der Zeitung doch gelesen, daß der Zucker so gut

sein soll." Wenn ich dann darauf aufmerksam mache, daß es sich doch um eine Reklame für Zucker gehandelt hätte, wird immer wieder geantwortet, nein, es habe sich um gesundheitliche Ratschläge gehandelt. Auf die exakte Frage: "Haben Sie denn nicht erkannt, daß das Reklame ist?", kommt prompt die Antwort:

"Nein, auf die Idee bin ich überhaupt nicht gekommen, denn sonst hätten sie doch keinen gesundheitlichen Ratschlag geben dürfen." Es trifft also keineswegs zu, daß der Laie so kritisch ist, daß er hinter diesen gesundheitlichen Ratschlägen eine Werbung der Industrie vermutet. Diese Art der Werbung, die nicht als Werbung erkennbar ist, da der Werbende sich ja nicht zu erkennen gibt, war ja überhaupt der Anlaß, daß es notwendig wurde, das Publikum aufzuklären, daß der Fabrikzucker nicht so harmlos ist, wie es der Bürger täglich in der Zeitung lesen kann.

Auf keinen Fall aber kann ich Ihr Argument billigen, daß die Schädlichkeit der Werbung anders zu beurteilen sei als die Schädlichkeit einer ärztlichen Ansicht. Der Schaden, der durch die Werbung hervorgerufen wird, die es mit der Wahrheit nicht so genau zu nehmen braucht, ist natürlich unendlich viel größer als der Schaden, der etwa durch eine falsche ärztliche Ansicht zustande kommen könnte. Dies geht schon einfach daraus hervor, daß den wirtschaftlichen Kreisen, die die Reklame treiben, fast unbeschränkte finanzielle Mittel zur Verfügung stehen, um eine pausenlose Reklame zu treiben, während dem Arzt nur Fachzeitschriften oder Zeitschriften, die sich mit dem Gesundheitssektor beschäftigen, offenstehen. Damit wird nur ein sehr kleiner Leserkreis erreicht und auch nur außerordentlich selten. Dazu kommt, daß nur wenige Zeitungen und andere Massenmedien den Mut haben, ab und zu etwas von neuen wissenschaftlichen Forschungen zu veröffentlichen, wenn es bestimmten wirtschaftlichen Kreisen unangenehm wäre. So steht also das Unheil, das durch die Werbung angerich-

tet wird, zu dem, das durch falsche ärztliche Behauptung zustande käme, ungefähr wie unendlich zu eins.
In Wirklichkeit aber kommt so ein Fall praktisch überhaupt nie vor, daß unrichtige ärztliche Behauptungen in die Presse kommen, wenn man von etwaigen Soldschreibern absieht, die sich bereitfinden, für Reklamezwecke unrichtige Behauptungen zu unterstützen.
Schließlich ist es ein erheblicher Irrtum, wenn Sie meine Veröffentlichungen, die eine Zusammenstellung wissenschaftlicher Forschungsergebnisse vorwiegend anderer Forscher sind, mit "Ihre Thesen" bezeichnen. Ich habe überhaupt nie irgendwo eine "These" aufgestellt, sondern lediglich von Forschungsergebnissen berichtet und allerdings auch die Schlußfolgerungen für die praktische Anwendung gezogen. Falls Sie meine letzte Arbeit "Arteriosklerose - auch ein Kohlenhydratproblem" genau durcharbeiten, werden Sie zugeben müssen, daß von einer These keine Rede sein kann, sondern daß hier Forschungsergebnisse bekanntgegeben und Schlußfolgerungen gezogen werden.
5. Ich habe nirgends behauptet, daß der Fabrikzucker die einzige Ursache des Herzinfarktes sei. Wenn jemand beim Lesen des Artikels in der "Deutschen Wochenzeitung" zu der Auffassung kam, der Fabrikzucker sei die einzige Ursache der Herzinfarktes, so hat er diesen Artikel sicher nicht aufmerksam gelesen oder ihn mißverstanden. Ich hatte der Deutschen Wochenzeitung damals mein Manuskript, das im "Naturarzt" mit der Überschrift "Herzinfarkt und Arteriosklerose durch Fabrikzucker und entkeimtes Mehl" erschien, auf deren ausdrücklichen Wunsch übersandt. Die Zeitung teilte mir aber mit, daß dieser Artikel viel zu lang sei und ganz erheblich zusammengestrichen werden müsse. Es ist klar, daß durch solche Streichungen das Problem nicht mehr von allen Seiten gleichmäßig beleuchtet ist. Daß dies natürlich gar nicht in meinem Sinne ist, werden

Sie verstehen. Am liebsten würde ich das Problem natürlich sehr ausführlich in der Presse behandeln. Aber schließlich ist dies bei allen Veröffentlichungen so. Wenn ich über Zucker schreibe, kann ich natürlich nur die Probleme berühren, die mit Zucker zusammenhängen, und nicht alle anderen Probleme auch noch.

Zu Ihrer Beruhigung möchte ich Ihnen aber den Text des Originalmanuskriptes geben, wie Sie es im "Naturarzt" wörtlich nachlesen können. Es heißt dort: "Soweit die auf dem Ernährungssektor liegenden Ursachen der Arteriosklerose und des Herzinfarktes. Daß darüber hinaus auch noch andere Faktoren, wie der Bewegungsmangel und ganz besonders der Tabak, die Zigarette und die Zigarren, eine sehr erhebliche ursächliche Rolle spielen, ist den Lesern des "Naturarztes" aus anderen Aufsätzen hinreichend bekannt." Und in der Arbeit "Arteriosklerose - auch ein Kohlenhydratproblem" heißt es wörtlich: "Im Rahmen des Themas, bei dem es um die Rolle der Kohlenhydrate bei der Entstehung der Arteriosklerose geht, soll auf andere ätiologische Faktoren wie Bewegungsmangel, psychischer Streß, Genußmittel, endokrine Störungen, konstitutionelle Momente, chemische Agentien und anderes mehr nicht eingegangen werden. Als ergänzende Faktoren spielen sie sicher eine gewisse, wenn auch untergeordnete Rolle."

Aus diesen Sätzen geht ganz eindeutig hervor, daß ich nie behauptet habe, der Fabrikzucker sei die einzige Ursache des Herzinfarktes. Für die Weglassung ist die Redaktion verantwortlich. Trotzdem bin ich nicht Ihrer Ansicht, daß es unzulässig sei, bei einer Arbeit über den Herzinfarkt und Fabrikzucker den Fabrikzucker in den Vordergrund stellen zu dürfen. Dies ist bisher ja jahrzehntelang einseitig mit dem Fett gemacht worden. In all den Arbeiten, in denen über den Zusammenhang von Fett und Arteriosklerose gesprochen wird, wird immer das Fett einseitig in den Vordergrund gestellt. Es ist selbstverständlich, daß bei einer Arbeit über den Fabrikzucker dieser nun in den Vordergrund gestellt werden muß.

6. Sie meinen, der Ausdruck "Gesundheitskatastrophe, die über die zivilisierten Völker hereingebrochen ist", sei ein Ausdruck oder eine Erfindung von mir, womit ich ein Schreckgespenst an die Wand malen wolle. Daß Sie über das Ausmaß der Gesundheitskatastrophe als Jurist, der nicht täglich mit medizinischen Fragen zu tun hat, nicht genügend orientiert sind, mag ich als Arzt entschuldigen. Dies ist aber zugleich ein Beweis, wie wenig die breite Masse des Volkes über das Ausmaß des Gesundheitsverfalls der zivilisierten Völker orientiert ist. Wenn Sie schreiben: "Der objektive gesundheitsstatistische Befund des gegenwärtigen Zustands der Volksgesundheit läßt für solche Formulierungen keinen Raum", so erinnert diese Formulierung zwar an die amtlichen Verharmlosungen und Bagatellisierungen. Diese Beruhigungspillen, die von Zeit zu Zeit aus politischen und anderen Gründen ins Volk lanciert werden, sind ein weiterer Beweis dafür, wie notwendig es ist, daß das Volk über den wahren Stand der Dinge aufgeklärt wird. Es ist zwar hier nicht der Raum, um Ihnen mit Zahlen Belege zu geben. Da aber Ihre Sachberater Sie in dieser Beziehung falsch beraten haben, möchte ich Ihnen das Studium folgender Werke empfehlen, aus denen die Tatsache der "Gesundheitskatastrophe" mit erschreckender Deutlichkeit hervorgeht: "Zivilisationsbedingte Krankheiten und Todesursachen, ein medizinisches und politisches Problem" von Prof. Kollath, Haug-Verlag. Reicht es nicht aus, daß 97 % der 10jährigen Schulkinder von Zahnkaries befallen sind, um von einer Gesundheitskatastrophe sprechen zu dürfen? Genügt es nicht, wenn berichtet wird, daß von 300 Soldaten im Durchschnittsalter von 22 Jahren 77 % Merkmale einer Schlagaderverhärtung aufweisen? Bedeutet es nichts, wenn die gesetzlichen Krankenkassen berichten, daß ihre 11 Millionen Pflicht-

mitglieder (ohne Rentner) in den letzten Jahren durchschnittlich an 4,5 Millionen Tagen wegen Rheumatismus arbeitsunfähig waren und darüber hinaus während rund 300 000 Tagen Krankenhausbehandlungen notwendig wurde? Die Träger der Rentenversicherungen haben 1960 von insgesamt 550 000 abgeschlossenen stationären Heilbehandlungen allein 109 162 wegen rheumatischer Krankheiten gewährt. Von den rund 1 1/4 Millionen Rheumatikern von der versicherten Bevölkerung wurden jährlich "nur" etwa 20 000 wegen dieses Leidens vorzeitig berufs- und erwerbsunfähig (siehe "Gesichertes Leben", Zeitschrift der LVA, November/Dezember 1963). Der Sozialminister von Niedersachsen, Partsch, gab auf einer Gebietstagung in Hannover folgende erschütternde Zahlen: Die um 6 Jahre vorgeschobene Durchschnittsgrenze der Frühinvalidität minderte das Sozialprodukt unseres Volkes um 12 %, derzeit um 36 Milliarden jährlich; der hohe Krankenstand bedeutet eine weitere Einbuße um 12 Milliarden DM, ungerechnet die hohen Krankenhauskosten. Es wäre ein leichtes, mit weiteren Zahlen über die Zunahme der einzelnen Krankheiten aufzuwarten, aus denen eindeutig hervorgeht, daß über die zivilisierten Völker eine Gesundheitskatastrophe hereingebrochen ist. In "Rechtssoziologische Betrachtung zur toxischen Gesamtsituation" sagte Professor Dr. Dr. E. Fechner: "Wir sehen, wie wichtig es ist, der Verharmlosungspropaganda ... ein energisches Halt zu gebieten. Auf der Berliner Tagung des Weltärztebundes ... wurde gesagt, die heutige Konsumwerbung treibe ein frivoles Spiel mit der gesteigerten Suggestibilität der Heranwachsenden und erniedrige sie zu Verbraucherrekruten".

7. Es bedeutet für die Laienwelt keine Beunruhigung, wenn sie über die wahren Ursachen der zunehmenden Gefäßerkrankungen und des Herzinfarktes orientiert wird. Im Gegenteil, die Beunruhigung tritt immer nur solange auf, als Unklarheit über die wahren Ursachen herrscht. Jeder

weitere Stein, der zur Klärung der Ursachen beiträgt, bedeutet die Möglichkeit, vorbeugend etwas gegen die Krankheit zu unternehmen. Es ist auch nicht einzusehen, weshalb die Laienwelt sich durch Inanspruchnahme ärztlicher Hilfe nicht helfen könnte. Denn wenn jeder Arzt über die Zusammenhänge zwischen Ernährung und Atherogenese genügend Kenntnisse hat, wird sich dies in der ärztlichen Beratung für die Vorbeugung und Behandlung von Gefäßkrankheiten günstig auswirken. Meine auf streng wissenschaftlicher Basis beruhenden Veröffentlichungen als überspitzte Thesen zu bezeichnen, habe ich schon oben als unberechtigt nachgewiesen.

8. Auch jetzt kann ich mit ruhigem Gewissen Ihnen nochmals bestätigen, daß ich wie bisher auch in Zukunft auf dem Gebiet des Fabrikzuckers keine Äußerung tun werde, die nicht streng wissenschaftlich zu belegen ist. Ich kann in meinen Veröffentlichungen nicht die geringste Spur erkennen, die mit meiner Zusicherung nicht in Einklang steht. Für denjenigen allerdings, der keine Fachliteratur besitzt, mögen natürlich viele meiner Hinweise aus der Literatur neu sein. Ich möchte Sie aber bitten, mir einen Satz aus meinen Schriften mitzuteilen, für den es keine wissenschaftlichen Belege gibt.

9. Sie stoßen sich an der Veröffentlichung unserer Korrespondenz. Da ich aber nicht als Einzelperson, sondern als Mitglied des wissenschaftlichen Rates des Arbeitskreises Gesundheitskunde in der Aufklärungsarbeit stehe, geht automatisch der gesamte Schriftverkehr durch Rundbriefe an sämtliche Mitglieder des Arbeitskreises Gesundheitskunde. Damit hat automatisch die gesamte Presse Zugang zu diesen Schriften, die im Dienste der Volksgesundheit stehen. Schließlich braucht die Zuckerindustrie die Veröffentlichung nicht zu fürchten, wenn ihre Sache eine gute ist. Und eine faire Auseinandersetzung kann für die Wahrheitsfindung nur vorteilhaft sein, und es ist nicht einzuse-

hen, weshalb die Öffentlichkeit sich daran nicht beteiligen soll, wo es doch um die Gesundheit des einzelnen, also um eine sehr ernste Sache geht, an der jeder interessiert ist.

10. Sie müssen meine Ausführungen in "Volksgesundheit" 2/65 entweder selbst nicht gelesen haben oder sie gründlich mißverstanden haben. Denn sonst wäre es nicht zu entschuldigen, daß Sie mir eine so dumme Behauptung zumuten, daß der Fabrikzucker auch ein "Krebserreger" sein könne. Der Krebs ist eine Stoffwechselerkrankung und hat niemals einen Erreger. Falls in Krebsgeschwülsten Erreger gefunden werden, so sind sie eine Begleiterscheinung, aber niemals die Ursache. Das ist heute ein sicheres Wissen. Demnach habe ich so etwas Dummes auch nicht behauptet. Welche wichtige Rolle der Zucker in der Krebsentstehung spielt, bitte ich Sie in meiner Broschüre "Zucker und Gesundheit" (Schwabe-Verlag, Bad Homburg) nachzulesen. Sowohl an dieser Stelle, wie auch an allen anderen Stellen, wo ich Bezug nehme, werden Sie nichts von einem Krebserreger finden können. Die außerordentlich exakten wissenschaftlichen Arbeiten von Professor Leupold können nicht als "aufgestellte Behauptungen" bezeichnet werden. Demnach sind auch meine Hinweise auf diese Zusammenhänge keine "aufgestellten Behauptungen", sondern wissenschaftlich nachgewiesene Tatsachen. Sie werden sicher verstehen, daß ich Ihre medizinischen Irrtümer und Ihre niedrige Einschätzung meiner medizinischen Kenntnisse nur deshalb mit Gelassenheit hinnehme, weil aus Ihren Ausführungen deutlich hervorgeht, daß Sie von diesen komplizierten medizinischen Problemen als medizinischer Laie wirklich keine Ahnung haben.

Ihr Vergleich des Zuckergenießers mit dem Opiumesser ist übrigens gar nicht so abwegig, wie Sie denken. Dieser Vergleich beleuchtet tatsächlich schlagartig die wirklich bestehende Verzerrung des Lebensbildes. Das bisher gewohnte Bild zeichnet den Zuckergenuß als das "Normale". Es ist

daher eine wichtige Aufgabe, zu zeigen, daß die bisherige Vorstellung von der Harmlosigkeit des Zuckers genauso eine Verzerrung des realen Lebens ist wie die Suggestion, daß erst der Alkohol und der Tabak den wahren Mann ausmachen. Schließlich irren Sie in der Annahme, daß es niemals vorkomme, daß jemand den Fabrikzucker isoliert löffelweise sich in den Hals gießt. Ich könnte Ihnen aus meiner Sprechstunde zahlreiche Fälle zeigen, wo dies der Fall ist, sogar schon bei kleinen Kindern, wo echte Suchtanfälle wie bei anderen Genußmitteln vorkommen. Es ist auch eine Verkennung des Problems, wenn Sie meinen, daß es darum gehe, daß die Menschen Zucker isoliert zu sich nehmen; ob sie den isolierten Zucker isoliert oder nicht isoliert zu sich nehmen, ist für das Problem ohne Belang. Welch grundsätzlicher Unterschied im Genuß vom isolierten Zucker (natürlich in anderen Speisen) gegenüber den Genuß von zuckerhaltigen Kohlenhydraten besteht, war das Anliegen meiner Broschüre "Zucker und Gesundheit". Ich glaube, daß bei genauem Studium dieser Schrift Ihnen dieser Unterschied sicher deutlich werden wird. Ganz hervorragend beleuchtet wird das Problem in der eben erschienenen Schrift von Dr. Schnitzer: "Gesunde Zähne von der Kindheit bis ins hohe Alter", Bircher-Benner Verlag, Bad Homburg, dessen Studium Ihnen sicher größere Klarheit auch für das Zuckerproblem bringen wird.
Mit vorzüglicher Hochachtung
Dr. M. O. Bruker
Facharzt für innere Krankheiten
Chefarzt des Krankenhauses Eben-Ezer

Die Aufklärung des Volkes über die Schäden durch Fabrikzucker wird noch dadurch sehr erschwert, daß sich die Zuckerindustrie auf "Experten" aus der überholten, alten Ernährungslehre beruft, die entweder aus Mangel an Fachkenntnissen oder aus finanziellen Vorteilen, aus persönlichen Rücksichten oder aus politischen Gründen bagatellisierende oder beschönigende Gutachten und Urteile für den Fabrikzucker abgeben.

Auch auf dem Zuckersektor werden gesundheitspolitische Entscheidungen durch Interessengruppen oder wirtschaftliche Rücksichten beeinflußt. So wurde lange Zeit die Werbung der Zuckerindustrie für vermehrten Zuckerverbrauch vom Staat unterstützt, da sich in der Bundesrepublik durch langfristige Lieferverträge mit Cuba ein Zuckerberg angehäuft hatte. Für den Vorrang wirtschaftlicher Interessen ist dies ein eindeutiges Beispiel.

Es wäre aber leichter, ein gesundes Volk zu regieren als ein krankes.

Die Presse nimmt oft Rücksicht auf finanzkräftige Werbekunden

Die Presse, der Rundfunk und das Fernsehen stehen meist den finanzmächtigen Industrien offen, nicht aber im selben Maße denjenigen Ärzten und anderen Personen, die sich um die Hebung der Volksgesundheit bemühen, soweit der gesundheitliche Ratschlag sich auf einen Industriezweig direkt oder indirekt umsatzmindernd auswirken könnte. So werden z.B. aufklärende Artikel über die Entstehung von Zahnkaries durch Fabrikzucker von der Presse nicht veröffentlicht, um die einträgliche Reklame der Zukkerindustrie nicht zu verlieren.

Jahrelang versuchte ich, entsprechende Artikel in illustrierte Zeitungen zu bringen, um über meine klinischen Erfahrungen zu berichten. Die Illustrierten lehnten alle mit derselben Begründung ab: Ich möchte doch verstehen, daß sie aus finanziellen Gründen gewisse Rücksichten nehmen müßten.

Die Zuckerindustrie beeinflußt den Schulunterricht

Die Zuckerindustrie hat z.B. jeder Schule der Bundesrepublik kostenlos ein Buch zugesandt “Zucker, ein Grundnahrungsmittel und seine Geschichte”, das als Unterrichtsgrundlage empfohlen wurde. Als Reklametrick wird in der Einleitung gesagt, daß Wissenschaftler von Rang, wie Nobelpreisträger Dr. Otto von Warburg, bei der Herausgabe kritisch mitgewirkt oder Material zur Verfügung gestellt hätten, so daß der Lehrer annehmen muß, diese Personen würden die Reklame unterstützen.

Andererseits hatte ich als Unterrichtsgrundlage für die Lehrer eine Schrift verfaßt “Die Stellung der isolierten Kohlenhydrate (Feinmehle und Fabrikzucker) in der modernen Ernährungslehre" und die Kultusministerien im Interesse der Volksgesundheit um Einführung in den Schulen gebeten. Es wurde mir erlaubt, mich selbst an die einzelnen Schulen zu wenden, da Lehrmittelfreiheit bestehe. Daß eine Einzelperson und selbst der "Arbeitskreis Gesundheitskunde" nicht die finanziellen Mittel an der Hand hat, eine solche Aktion, die Millionen kostet, durchzuführen, ist selbstverständlich. Demgegenüber bedeuten diese Summen für die Zuckerindustrie keine wesentliche Belastung. Dies ist nur ein Beispiel unter vielen, wie die finanziellen Machtmittel der Industrie verwandt werden, um die Volksmeinung zu lenken bis in die staatlichen Einrichtungen der Schule hinein.

Als Beispiel des Fabrikzuckers haben sich die wirtschaftlichen Gesichtspunkte besonders markant darstellen lassen. Für alle anderen Fabriknahrungsmittel gilt im Grundsatz dasselbe. Als Ursache für die ernährungsbedingten Zivilisationskrankheiten fallen sie aber nicht so sehr ins Gewicht, da sie nicht in so riesigen Mengen verzehrt werden.

Ablenkung durch Scheinursachen

Die Menschen haben sich im Laufe der Zeit

daran gewöhnt, sich mit Scheinursachen für die unheimlichen Zivilisationskrankheiten vertrösten zu lassen. Jeder, der noch nichts von den Zusammenhängen zwischen den geschilderten Nahrungskomponenten und den betreffenden Erkrankungen weiß, wird verständlicherweise die Entstehung dieser Erkrankungen anderweitig zu erklären suchen. Tatsächlich ist es kennzeichnend, daß über die Ursachen gerade der oben beschriebenen Erkrankungen in der Literatur die unglaubwürdigsten Angaben anzutreffen sind. Man merkt jeweils dem Kapitel "Ätiologie" (= Krankheitsursachen) an, daß über die wahren Ursachen Unklarheiten bestehen, wodurch es zur Konstruktion von Zusammenhängen kommt, die manchmal an den Haaren herbeigezogen erscheinen oder mit dem gesunden Menschenverstand in Widerspruch stehen.

Wenn man die angegebenen Ursachen genau analysiert, so lösen sie sich teilweise in unscharfe und nichtssagende Begriffe auf; man denke in diesem Zusammenhang an "klimakterisch bedingte" Störungen, bei denen die Wechseljahre als Ursache angegeben werden, und an die Unlogik der "Verbrauchs-, Verschleiß- und Alterskrankheiten." Wenn eine Erkrankung in den Wechseljahren auftritt, so ist sie ja nicht durch die Wechseljahre bedingt, d.h. das betreffende

Lebensalter und die damit in Zusammenhang stehenden innersekretorischen Umstellungen sind niemals die Ursache der Krankheit, höchstens lassen sich die Einzelsymptome so erklären. Daß die eine Frau in der Umstellungszeit krank wird und die andere nicht, muß natürlich Ursachen haben; diese liegen aber immer in der Vergangenheit. Die frühere Lebensführung ist entscheidend dafür, ob in den Wechseljahren, die lediglich einen Zeitbegriff darstellen, Störungen auftreten oder nicht. Dadurch, daß "Wechseljahre" mal als Zeitbegriff, mal bereits als Krankheitsbegriff ("es sind eben die Wechseljahre") benutzt werden, kann man sich unmerklich um das Aufsuchen der wahren Ursachen herumdrücken.

Als Beispiel sei ein kleiner Abschnitt aus einer Abhandlung über die Ursachen rheumatischer Krankheitsbilder zitiert, aus dem zwischen den Zeilen das Nichtwissen um die eigentlichen Ursachen deutlich spürbar wird.

Es heißt da wörtlich:

"Entsprechend der Vielfalt der rheumatischen Krankheitsbilder sind auch die Ursachen sehr unterschiedlich. Eine Entstehung durch Bakterien ist nur für das vorwiegend beim Kind und Jugendlichen auftretende rheumatische Fieber erwiesen. Eine wichtige Rolle spielt ferner Vererbung. Für die verschiedenen rheumatischen Abnutzungskrankheiten an den Gelenken und an der Wirbelsäule bei älteren Menschen kann z.B. eine einseitige berufliche Belastung von Muskeln und Gelenken, vielleicht auch ein Mangel an Übung und regelmäßiger Bewegung ursächlich bedeutungsvoll sein. Bei allen rheumatischen Erkrankungen ist die Veranlagung sicher ein wichtiger Krankheitsfaktor. Sie ist bei bestimmten Erkrankungsformen wissenschaftlich nachgewiesen. Beseht eine Veranlagung, mag sie erblich sein oder nicht, kann einseitige berufliche Tätigkeit - vor allem wenn sie mit plötzlicher Abkühlung und Durchnässung (Schwitzen, Zugluft, überhitzte oder zu kühle feuchte Räume) verbunden ist - leicht zu vorzeitigen Schäden am "Bewegungsapparat" führen. Es kann also jeder dazu veranlagte Mensch von Rheumatismus befallen werden."

In diesen wenigen Zeilen werden die Begriffsverwechslungen besonders deutlich: Bakterien, Nässe, Kälte, Schwitzen, Vererbung, Abnutzung durch körperliche Belastung und Untätigkeit werden in der Verlegenheit als "Ursachen" angesehen, während sie doch nur die Rolle der Auslösung und unwesentlichen Teilbedingungen spielen, bzw. bereits Zeichen dafür sind, daß der zivilisatorisch Geschädigte den Umwelteinflüssen nicht mehr gewachsen ist.

An der Parodontose zeigt sich das Groteske der üblichen Erklärungen in besonders krasser Weise. Wenn sie unter die Aufbrauchskrankheiten gehörte, würde es bedeuten, daß der betreffende Mensch seine Zähne zuviel benutzt hätte, so daß sie sich deshalb frühzeitig verbraucht hätten. Aber niemand wird diese unsinnige Erklärung ernst nehmen. Aber genauso absurd wäre die gegenteilige Annahme, die man immer wieder hört, daß der Zahnfleisch- und Kieferschwund durch zu geringe oder einseitige Belastung zustandekäme. Alle diese Erklärungen, die mechanische Momente als Ursache angeben, sind ein verstecktes Zeichen, daß die wahren Ursachen nicht erkannt sind. Nachdem die Forschung es als absolut zweifelsfrei nachgewiesen hat, daß die Parodontose und die am Skelettsystem parallel gehenden degenerativen Veränderungen (Arthrosen, Bänderschäden, Bindegewebsdegenerationen an der Wirbelsäule) ernährungsbedingt sind, läßt sich die in der Literatur übliche Ansicht, daß es sich um Verschleißkrankheiten handle, kaum anders als mit dem Nichtwissen der wahren Ursachen erklären.

Es erscheint in diesem Zusammenhang auch der Hinweis notwendig, daß bei Infektionskrankheiten oft die Krankheitserreger als die "Ursache" angegeben werden, während sie nur *eine* der Krankheitsbedingungen darstellen. Dies gilt vor allem für die häufigen banalen Infekte, die in unexakter Weise als "Erkältungen" bezeichnet werden. Auch die Kälte ist ebenso wenig die Ursache der "Erkältung", wie das Virus oder ein anderer Erreger: "Le bacille n'est rien, le terrain est tout."

Die Infektanfälligkeit und die mangelnde Widerstandskraft gegen die Infekte ist die eigentliche "Ursache" der Zunahme der "Grippen". Dahinter steckt aber als "Ur-"sache die denaturierte Nahrung. Der Beweis ist leicht zu erbringen: Die Infektanfälligkeit verschwindet mit Sicherheit, wenn die Auszugsmehle durch Vollkornprodukte ersetzt werden und der Fabrikzucker aus der Nahrung entfernt wird und wenn für genügende Zufuhr von Frischgemüse und naturbelassenen Fetten gesorgt wird. Der Behandlungserfolg kann, wie Erfahrungen an Tausenden, besonders an Kindern, gezeigt haben, garantiert werden.*)

Zur Verschleierung der wahren Krankheitsursachen bietet sich auch der Blutdruck als "Ausrede" an. So muß sowohl der hohe wie der niedrige Blutdruck häufig als Erklärung für die Krankheitsentstehung herhalten, obwohl schon bei oberflächlicher Betrachtung leicht erkennbar ist, daß die Veränderung des Blutdrucks niemals Krankheits*ursache,* sondern immer Krankheitssymptom ist. Die Ursache des Herzinfarktes liegt niemals in erhöhtem Blutdruck, wie man immer wieder in wissenschaftlichen Abhandlungen lesen kann, sondern die Schädlichkeiten, die die

---

*) Siehe Band 7: Erkältet? bioverlag gesundleben, 8959 Hopferau-Heimen

Gefäßveränderungen verursachen, die ihrerseits zum Herzinfarkt führen, sind natürlich dieselben, die auch zum hohen Blutdruck führen.

Diese Annahme von Ursachen, die auf einer Begriffsunschärfe beruht, trägt in hohem Maße dazu bei, daß kein ausreichendes Verlangen besteht, den echten Ursachen auf den Grund zu gehen.

Zweifellos spielt der lange Zeitraum, der für die Entwicklung dieser Degenerationserscheinungen nötig ist, bei der Verschleierung der Zusammenhänge eine Rolle. Der Hauptgrund aber, weshalb bei fast allen Krankheiten, die durch falsche Ernährung verursacht sind, an der Ursache herumgerätselt wird, unhaltbare Spekulationen aufschießen oder die Ursachen als noch unbekannt angegeben werden, liegt in der fehlerhaften Grundkonzeption der alten Ernährungslehre, die die Möglichkeit einer so weitreichenden Wirkung fehlender Nahrungsfaktoren nicht genügend erkannt hat, da ihre Sicht durch die Überbewertung der Kalorien verschleiert ist. Vor allem gilt dies für Spätwirkungen von Faktoren, die noch nicht isoliert und differenziert werden konnten.

Denaturierte Nahrungsmittel, natürliche Lebensmittel und die Vernebelungstaktiken der Interessengruppen

Zur leichteren Verständigung wurde für alle Eingriffe in das natürliche Gefüge eines ursprünglichen "lebendigen" Lebensmittels der Begriff der *"Denaturierung"* geschaffen. Er umfaßt die mechanischen Eingriffe der Pressung, Zerkleinerung, Abtrennung einzelner Teile ebenso wie die Veränderung durch Erhitzung, Konservierung und Präparierung. Da die moderne Ernährungsforschung genug Beweise gesammelt hat, daß jeder derartige Eingriff die Möglichkeit mit sich bringt, daß Wirkstoffe bekannter und unbekannter Art dabei verloren gehen bzw. das Mengenverhältnis der einzelnen Stoffe untereinander sich verschieben kann, besteht durchaus die Berechtigung, für diesen Eingriff in die Ganzheit des natürlichen Lebensmittels zur Vereinfachung der Verständigung einen Sammelbegriff, eben den der Denaturierung, zu schaffen. Dieser prägnante Begriff macht das Grundsätzliche auch dem Nichtfachmann leicht verständlich. Die technisch gewonnenen Nahrungskonzentrate oder Isolate und vitalstoffarme oder -freie Nährstoffe bilden als denaturierte Nahrungsmittel den Gegensatz zu den naturbelassenen oder natürlichen Lebensmitteln. Leider wurde versucht, den Begriff der Denaturierung als magischen Glauben an eine "Natürlichkeit", die es gar nicht gäbe, hinzustellen. Denaturierung ist aber als klarer Begriff auf dem Nahrungsmittelsektor im obigen Sinne geschaffen, er ist aber nicht als Gegensatz zu "Natürlichkeit überhaupt" gedacht. Deshalb treffen auch die Einwände gegen die "natürlichen" Lebensmittel nicht das Wesentliche, wenn der Begriff "natürlich" mit der Begründung abgelehnt wird: "Kein Mensch käme auf den Gedanken, etwa aus Rücksicht auf Natürlichkeit im Winter auf Kleidung oder Heizung zu verzichten." Der Mensch mit "natürlichem" Menschenverstand begreift aber sicher, was mit einem natürlichen Lebensmittel im Gegensatz zu einem Fabriknahrungsmittel gemeint ist. Der Kampf gegen den Begriff des "Natürlichen" wird unter dem Motto geführt: "Es ist natürlich, daß natürlich das Natürliche heute nicht mehr natürlich ist." Geht es um die Aufdekkung der Hindernisse, die der Volksaufklärung in Nahrungsfragen entgegengestellt werden, so ist es von Vorteil, zu erkennen, daß diese Kampfansage als bewußte Waffe gegen die Volksaufklärung geschaffen wurde. Dem entwertenden Urteil über die "Fabriknahrungsmittel" soll damit begegnet werden.

Es sind noch andere Methoden entwickelt, um

die Verbreitung des Wissens über "ernährungsbedingte Zivilisationskrankheiten" zu verhindern. Sie beruhen vorwiegend auf dem Grundsatz, Unwesentliches zu überhöhen, um vom Wesentlichen abzulenken, oder auf dem Prinzip, den Weg des geringsten Widerstandes zu gehen. Immer aber ist nicht ausreichendes Wissen von der Existenz ernährungsbedingter Zivilisationskrankheiten und ihren hauptsächlichen Ursachen daran beteiligt. So stand vor kurzem in einer medizinischen Zeitschrift: Es gäbe 2000 Krankheiten; von 350 inneren seien 70 ursächlich geklärt. Die ursächlich ungeklärten sind stark verdächtig, daß sie in die Rubrik der Zivilisationskrankheiten gehören, deren Ernährungsbedingtheit noch nicht erkannt ist.

Die unscharfen Gesundheitsprogramme der politischen Parteien

Auch bei den gesundheitspolitischen Programmen der einzelnen *politischen Parteien* und der Gesundheitsbehörden kommt in den unscharfen Formulierungen allgemeiner Art deutlich die Unkenntnis über die Zusammenhänge zwischen denjenigen Krankheiten, die Schuld an den sozialen Problemen tragen, und den Fabriknahrungsmitteln zum Ausdruck. Wäre ein konkretes Einzelwissen vorhanden, würden auch konkrete Vorschläge gemacht.

Die Vorschläge bewegen sich entweder in Allgemeinplätzen oder in Empfehlungen von unwesentlichen Maßnahmen, die auf die in Frage kommenden Massenerkrankungen keinerlei Einfluß haben. Man kann da so Allgemeines lesen wie: "Man habe für gesunde Arbeitsverhältnisse in allen Berufstätigkeiten zu sorgen." In Wirklichkeit sind die Arbeitsverhältnisse in hygienischer und anderer Beziehung von Jahrzehnt zu Jahrzehnt durch die technischen Errungenschaften verbessert worden, und trotzdem nehmen die degenerativen Krankheiten ständig zu. "Man habe der immer bedrohlicheren Gesundheitsbelastung der Frauen entgegenzuwirken." Wie verheißungsvoll klingt es, daß "Aufgaben des Gesundheitsschutzes, der Gestaltung gesunder Umweltbedingungen und der bestmöglichen Hilfe zur Heilung und Linderung von Krankheiten der Vorrang vor wirtschaftlichen und gesellschaftlichen Sonderinteressen jeder Art gebühre." Aber wie sieht es in der Wirklichkeit aus? Genau das Gegenteil wird von den Parteien praktiziert.

Was nützt der ständige Ruf nach Weiterentwicklung "vorbeugender Gesundheitspflege" durch Vorsorgeuntersuchungen, wenn den Untersuchenden das nötige Wissen um die Bedeutung der Ernährungsfragen fehlt und die falsche Aufklärung im Sinne der alten Ernährungslehre weiter erfolgt, die die fatale Situation überhaupt heraufbeschworen hat! Man hat dann zwar sein Gewissen beruhigt, und es sieht so aus, als geschähe etwas Wesentliches; an der Wurzel wird das Übel aber nicht bekämpft.

Dasselbe gilt für die Schwangerenberatung, Mütterberatung, die zahnärztlichen Vorsorgeuntersuchungen. Sie werden nicht nur erfolglos bleiben, sondern durch Vortäuschung, es geschähe etwas Grundsätzliches, sogar gefährlich sein, solange das notwendige Wissen um die wahren Ursachen fehlt.

So notwendig die sinnvolle Gestaltung der Freizeit, die Leibesertüchtigung durch Sport, der Unfallschutz, Reinhaltung der Luft, Strahlenschutz, die Lärmbekämpfung, das Wohnen in gesunder Umgebung ist, eine Eindämmung der Arteriosklerose, des Herzinfarktes, der Thrombose, der Arthrosen, der Infektanfälligkeit, des Gebißverfalls, der Lebererkrankungen und Gallensteine, der Fettsucht und des Krebses ist dadurch nicht zu erzielen. Dies kann nicht oft genug wiederholt werden, um das Ausweichen auf untaugliche Methoden am untauglichen Objekt zu erschweren.

Verwechslung von Vorbeugung und Früherfassung

Ein ebenso leidiges Kapitel ist die teils bewußte, teils unbeabsichtigte Verwechslung von Prophylaxe und Früherfassung bzw. Frühbehandlung von Krankheiten. *Die Früherkennung ist keine Prophylaxe, sie setzt sogar mangelnde Prophylaxe voraus.*

Es haben schon politische Tagungen über Gesundheitsprophylaxe stattgefunden, auf denen kein Wort über echte Prophylaxe der Volksseuchen fiel, sondern auf denen nur Probleme der Früherfassung der Krankheiten erörtert wurden. Die Hintergründe dafür wurden schon erwähnt: Echte Prophylaxe setzt den Mut voraus, auf Schäden, die durch bestimmte Industriezweige entstehen, offen hinzuweisen. Da dies politisch inopportun erscheint, unterbleibt es.

Der Bürger soll zwar selbst für seine Gesundheit sorgen; der Staat muß aber die Voraussetzungen schaffen

Derselben Ausweichpolitik entspringt es, wenn die aktive Aufklärung über Schäden durch Fabriknahrungsmittel mit der Begründung abgelehnt wird, jeder Bürger habe selbst für seine Gesundheit zu sorgen. Es sei nicht Aufgabe des Staates, durch Gesetze und Verordnungen den einzelnen zur gesunden Lebensführung zu zwingen. Diese Formulierung ist zweifellos richtig, sie lenkt aber geschickt von der entscheidenden Aufgabe des Staates ab, nämlich dafür zu sorgen, evtl. auch durch Gesetz und Verordnungen, daß dem Bürger Möglichkeit zur gesunden Lebensführung gegeben wird. Wenn der Staat schon nicht bereit wäre, für die Herstellung eines gesunderhaltenden Brotes zu sorgen bzw. die Herstellung eines krankmachenden Graubrotes gesetzlich zu verbieten, so könnte er wenigstens die Bevölkerung über diese krankmachende Wirkung der Auszugsmehlprodukte unterrichten. Erst wenn der einzelne Bürger nach ausreichender laufender Aufklärung diese Möglichkeit, gesünder zu leben, nicht ergreift, besteht die These zu recht, daß der Staat den einzelnen Bürger nicht zwingen könne.

Die Schaffung gesunder Lebensbedingungen ist Aufgabe des Staates. Dies gilt in besonderem Maße dann, wenn es dem einzelnen nicht mehr selbst möglich ist (z.B. Schutz vor Radioaktivität). So vernachlässigt der Staat in krasser Weise seine Pflicht auf dem Gebiet der radioaktiven Bedrohung, indem er nicht nur die Aufklärung der Bevölkerung über die radioaktiven Gefahren durch die Errichtung von Atomreaktoren in dicht besiedelten Wohngebieten versäumt oder sogar aktiv unterdrückt, sondern in einseitiger Vertretung der Interessen finanzkräftiger Wirtschaftsgruppen das Volk sogar bewußt falsch informiert. Ebenso hat der Staat die Pflicht der Aufklärung, wenn zu erkennen ist, daß das ganze Volk - durch Reklame irregeführt - invalide wird und die wirtschaftliche Existenz gefährdet ist. Auch dieser Forderung gegenüber werden Ausflüchte ins Feld geführt, Aufklärung sei wirkungslos, da der einzelne sich doch nicht danach richte und nicht bereit sei, von seinen Gewohnheiten abzugehen.

Auch diese Einwände sind nicht stichhaltig: Die heute üblichen Fehler in der Lebenshaltung und speziell in der Ernährung sind das Produkt jahrzehntelanger pausenloser "Umerziehung" der Menschen durch Reklame und durch Thesen der herkömmlichen Ernährungsphysiologie, die sich nun leider als falsch herausgestellt haben. Warum sollte durch richtige Unterrichtung nicht im Laufe der Jahre eine ebensolche Umerziehung der Eßgewohnheiten zum Richtigeren hin erzielt werden wie bisher zum Falschen hin? Die ärztliche Erfahrung spricht in diesem Sinne.

Die Zahl der Menschen, die nach einer gesünderen Lebensführung suchen, ist außerordentlich groß; ebenso groß sind aber auch die Verwirrung und Unsicherheit und Unwissenheit auf diesem Gebiet. Auch hier spielt die mangelnde

Aufklärung von seiten des Staates eine wesentliche Rolle. Der einfache Mann auf der Straße hält das, was der Staat zuläßt, für richtig. Wie oft kann ich in der Sprechstunde die naive Ansicht hören: "Wenn das, was in der Zuckerreklame gesagt wird, gesundheitsschädlich wäre, würde der Staat doch etwas dagegen unternehmen." Natürlich ist dieses naive Vertrauen des Menschen zum "Staat" ein Zeichen, daß er nicht hinter die Kulissen sieht; aber es wird sich doch auf die Dauer rächen, wenn der "Staat" sich nicht um die Erhaltung des in ihn gesetzten Vertrauens bemüht. Versucht z.B. der Arzt, dem drohenden Herzinfarkt vorzubeugen, indem er auf die Schädlichkeit des Rauchens hinweist, begegnet er immer wieder ähnlichen Einwänden. Der Kranke sagt, er glaube nicht, daß das Rauchen so schädlich sei; denn wenn es so wäre, könnte der "Staat" doch nicht die Reklame erlauben; außerdem habe er in der Zeitung gelesen, ein Fachmann habe festgestellt, daß die Schädlichkeit des Rauchens wissenschaftlich noch nicht bewiesen sei. Auch dieser Kranke unterliegt einem Glauben an falsche Wissenschaftlichkeit; er weiß nicht, daß es auch Professoren gibt, die wirtschaftliche Interessen vertreten, und er ist außerstande, verkappte Reklame als solche zu erkennen; er hält sie im Ernst für gesundheitliche Ratschläge und sieht in seiner Ahnungslosigkeit darin Bemühungen Fremder um seine Gesundheit.

Während das Beispiel des Tabaks ganz deutlich zeigt, daß es nicht nur mangelndes Wissen sein kann, das den Staat von einer Aufklärung über die Gesundheitsschädlichkeit des Rauchens oder von einem Verbot der Werbung abhält, ist dies für den Nichteingeweihten beim Fabrikzucker nicht so deutlich zu erkennen. Beim Fabrikzucker halten sich Unkenntnis und wirtschaftliche Interessen die Waage.

Groteske Volksbelehrung

Zu welchen grotesken Empfehlungen das Nichterkennen der Ernährungsursachen vieler Zivilisationskrankheiten führen kann, geht neuerdings aus manchen Aufsätzen der sogenannten Medizinaljournalisten hervor. Es ist für den Journalisten schwer, Volksbelehrung zu treiben, wenn ihm bestimmte Ursachengebiete, wie es für die meisten das Nahrungsgebiet ist, fremd sind. Es soll kein Vorwurf sein, daß den meisten die nötigen Kenntnisse auf dem Ernährungsgebiet fehlen; man dürfte dann aber auch keine Volksbelehrung treiben. Nur so ist es zu erklären, daß kürzlich der Vorschlag gemacht wurde, man solle den Gebärmutterkrebs prophylaktisch durch den Slogan “Frauen lieben saubere Männer" bekämpfen. Glaubt der Schreiber im Ernst, daß der Unterleibskrebs häufiger geworden ist, weil die Männer schmutziger wurden?

Die Ausflucht mit der Angst

Als weiterer Einwand wird von derselben Seite vorgebracht, Aufklärung erzeuge Angst. Man solle den Menschen die Angst nehmen. Vom psychologischen Standpunkt aus ist es sehr richtig, daß durch Angstmachen allein der Mensch kaum zu einer gesünderen Lebensführung zu bringen ist. Das Wichtigste ist die Vermittlung des Wissens, wie z.B. die Nahrung beschaffen sein muß, damit der Mensch gesund bleibt. Dies läßt sich aber nicht durchführen, ohne zugleich zu sagen, was droht, wenn es falsch gemacht wird; eine nüchterne Aufklärung über die Ursachen der Krankheiten bedeutet keine Angstmacherei, ist aber zur Erreichung des Zieles, Krankheiten zu vermeiden, unerläßlich.

Es ist auch eine Umkehrung der Tatsachen, wenn behauptet wird, die Zunahme der Krankheiten werde durch Angstmacherei hervorgerufen. Das Primäre war die Zunahme der Zivilisationskrankheiten und nicht die Angst vor ihnen. Angst setzt immer Unsicherheit voraus, und das beste Mittel, der Angst zu begegnen, ist das Wissen um die Ursachen. Denn nur so ist es möglich, der Gefahr zu begegnen und Vorbeugung zu treiben. Das Gegenteil ist also richtig, echte Aufklärung schafft keine Angst, sondern bringt Sicherheit.

Gesundheitspolitische Maßnahmen zur Verhütung ernährungsbedingter Zivilisationskrankheiten

Als Schlußfolgerung aus dem bisher Dargestellten ist logischerweise abzuleiten, daß der sichere Weg zur spürbaren Verringerung der ernährungsbedingten Zivilisationskrankheiten und damit zur Lösung der sozialen Probleme in einer Verbreitung des Wissens über die Ursachen dieser Krankheiten besteht. Auf Grund der erwähnten wissenschaftlichen Forschungsergebnisse und meiner ärztlichen Beobachtungen in Klinik und Praxis sind zur Erreichung dieses Ziels folgende Maßnahmen erforderlich:

1. Als Gegengewicht gegen die bisher geübte jahrzehntelange einseitige Unterrichtung des Volkes durch die finanzmächtige Nahrungsmittelindustrie ist eine *jahrelange tägliche Aufklärung der Bevölkerung mittels Fernsehen, Rundfunk und Tagespresse über die zwei Hauptverursacher der ernährungsbedingten Zivilisationsschäden, die Auszugsmehle und den Fabrikzucker, und über die gesunderhaltende Wirkung von Vollkornprodukten, naturbelassenen Fetten, rohem Gemüse, Obst und unpasteurisierter Milch notwendig.*

2. Erst an zweiter Stelle ist eine *Unterrichtung über die anderen wichtigen Krankheitsursachen* im Leben der zivilisierten Völker in das systematische Aufklärungsprogramm einzubeziehen; dies gilt für das verunreinigte Wasser, die verpestete Luft, die Radioaktivität, den Lärm, den Bewegungsmangel, die giftigen Schädlingsbekämpfungsmittel, die durch einseitige Mineraldüngung krank gewordenen Böden, die psychischen Belastungen und anderes mehr. Die sicher notwendige Aufklärung auch über diese Punkte muß aber unter allen Umständen zweitrangig sein, um die Vorrangigkeit der Ernährungsprobleme eindeutig zu dokumentieren. Die pausenlose Aufklärung muß allmählich erreichen, daß es zum selbstverständlichen Wissen eines jeden gehört, daß jede Gesundheitsplanung von vornherein zum Scheitern verurteilt ist, wenn nicht Auszugsmehlprodukte durch Vollkornprodukte ersetzt werden und der Genuß des Fabrikzuckers erheblich reduziert wird.

3. In derselben Weise ist die Schuljugend durch entsprechenden Unterricht zu unterweisen. Auch diese Aufgabe kann nicht ohne weiteres gelöst werden, da zuerst die Voraussetzung, nämlich die *Schulung der Lehrer* in der neuen Ernährungslehre erfüllt werden muß. Die notwendige Unterrichtung der Lehrer kann z.B. in Kur-

sen stattfinden, die auf Veranlassung des Gesundheitsministeriums in Zusammenarbeit mit den einzelnen Kultusministerien eingerichtet werden. Eine Unterweisung der Schuljugend in Gesundheitsfragen nach den neuesten Gesichtspunkten soll zur obligaten Aufgabe der Schule gehören.

4. *Die Unterrichtung der Ärzte über Prophylaxe durch gesunde Ernährung* muß in den Studienplan der medizinischen Hochschule eingebaut werden. Dieses Lehrfach darf nicht in den Händen der physiologischen Chemiker liegen, sondern muß von Ernährungsfachleuten, die auch praktische Erfahrungen haben, unterrichtet werden. Auch in den Fortbildungskursen muß dieses Wissen den Ärzten vermittelt werden.

5. *Diese Aufgaben sind nur mit staatlicher Billigung und Hilfe zu lösen.* Da bisher die Interessenpolitik jeden Erfolg verhinderte, ist eine Einflußnahme auf politische Entscheidungen notwendig, indem wirtschaftlich unabhängigen politischen Persönlichkeiten das nötige Wissen vermittelt wird. Bei Benutzung der Massenmedien und der Einschaltung der Schulen wäre nur ein geringer finanzieller, materieller und personeller Aufwand notwendig, da die geistigen Impulse nur von wenigen wissenden Persönlichkeiten ausgehen und von ihnen getragen werden. Die

Hilfe des Staates hätte vorwiegend darin zu bestehen, daß er einen Schutz gegen die übermächtigen Kräfte der Nahrungsmittelindustrie gewährte, indem er die Ärzte und Persönlichkeiten, die sich in idealistischer Weise für die Gesundheitsprophylaxe einsetzen, gegen die Angriffe der Industrie in Schutz nimmt bzw. durch gesetzliche Maßnahmen diesen Schutz schafft. Auch dieses Ziel wird nur mit Hilfe von politischen Parteien erreicht werden, was wiederum Wissen um die Probleme in diesen Kreisen voraussetzt.

6. Falls es gelingt, das nötige Wissen an die verantwortlichen Stellen heranzutragen, würde sich als zwangsläufige Konsequenz ergeben, daß *eine gesetzliche Regelung der Werbung für diejenigen Fabriknahrungsmittel, deren gesundheitlicher Schaden einwandfrei nachgewiesen ist* (Auszugsmehle, Fabrikzucker), im Rahmen des Lebensmittelgesetzes erfolgen muß.

Selbsthilfe schon jetzt möglich

Sie, lieber Leser, brauchen nicht mehr zu warten, bis der Staat diese Notwendigkeiten verwirklicht hat. Sie sollten auch nicht so lange warten, denn es könnte bei der heutigen Sach- und Interessenlage inzwischen allerhand schmutziges Wasser den Rhein hinunterfließen und für Ihre Gesundheit zu spät sein. Vor allem sind Sie selbst ja nun schon genügend informiert, um alles innerhalb Ihrer Möglichkeiten Liegende für Ihre eigene Gesundheit und die Ihrer Familie zu tun. Als Hilfe möge Ihnen die folgende Zusammenfassung der zweckmäßigen Maßnahmen dienen:

A. An die Stelle bisheriger Brote, Gebäcke und Nahrungsmittel aus Weiß- und Graumehlen (Auszugsmehlen) treten Vollkornbrote, Vollkorngebäck und sonstige Vollkornprodukte aus frisch gemahlenem Korn.

B. Einmal täglich wird ein Frischkornbrei (mit Obst, Milch, Nüssen) aus 2-3 Eßlöffeln selbst frisch gemahlenem Getreide gegessen. Selbst bereitete Vollkorngerichte und Vollkorngebäcke werden aus selbst gemahlenem Vollkornmehl hergestellt*).

C. Alle Gemüse werden wie die Salate frisch,

unerhitzt und mit sogenannten kaltgepreßten Pflanzenölen zubereitet täglich genossen.

D. Wenn Einkaufsquellen verfügbar, werden Gemüse, Salate und Obst aus biologischem, giftfreiem Anbau verwendet.

E. Milch wird in der Regel roh (unerhitzt, unpasteurisiert, un-uperisiert etc.) genossen (Vorzugsmilch).

F. Weggelassen werden: Alle Fabrikzuckerarten und damit versetzte Produkte, alle Auszugsmehle (Weiß- und Graumehle) und damit versetzte Produkte, Fabrikfette und alle Säfte (gleich, ob frisch oder konserviert).

Diese einfachen Maßnahmen genügen bereits, Ihre Gesundheit und die Ihrer Familie auf eine sichere Basis zu stellen.

Die innere Sicherheit, die eine nicht mehr dem Zufall überlassene, sondern wohlfundierte konstitutionelle Gesundheit vermittelt, ermöglicht uns erst den vollen Genuß des Lebens und das volle Auskosten der phantastischen Erlebnismöglichkeiten, die unsere heutige Hochzivilisation zu bieten vermag.

---

*) Siehe Seite 389:
Getreidemühlen erhalten Sie in Reformhäusern, Naturspeiseläden oder direkt beim biovertrieb gesundleben, 8959 Hopferau-Heimen 50. Beschreibungen von verschiedenen Getreidemühlen finden Sie in der Broschüre »Gesundheit ist kein Zufall«, die sie bei den gleichen Vertriebsstellen erhalten.

Register

G

H

I

K

L

M

N

O

Ernährungsbehandlung bei Leber-, Galle-, Magen- und Darmerkrankungen

168 Seiten, Best.-Nr. 84068 (früher: Leber, Galle, Magen, Darm)

Die Leber ist Ihr zentrales Stoffwechselorgan. Bekommt sie denaturierte (unnatürlich) gemachte Rohstoffe, kann sie auch nur fehlerhaft zusammengesetzte Wirkstoffe an die einzelnen Körperorgane weiterleiten. Diese werden dann, genau wie die Leber, in ihren Funktionen gestört und diese Funktionsstörung macht sich durch Formveränderung und Schmerzen bemerkbar.

Erkältet?

166 Seiten, Best.-Nr. 84078 (früher: Nie mehr erkältet)

Jeder zivilisationsernährte Mensch ist heute ein- oder mehrmals im Jahr »erkältet«.
Erkältungen rühren jedoch in der Regel nicht von Kälte, sondern einem Hitzestau her. Und, die mangelnde Infektabwehr durch ein gestörtes Immunsystem tut ihr übriges. Bazillen und Bakterien gab es schon immer. Durch Fehlernährung wird jedoch die Abwehrkraft des Körpers erheblich gestört und dann läuft die Nase oder Sie quält ein Husten.

Rheuma – Ursache und Heilbehandlung

184 Seiten, Best.-Nr. 84088
(früher: Rheuma – Ischias – Arthritis – Arthrose)

Jeder 5. leidet heute an Erkrankungen des Bewegungsapparates. Dies bedeutet für die Kranken: ständige Beschwerden, starke Schmerzen und hohe Kosten für Kuren und Medikamente. Die wirklichen Ursachen und die wirksame Heilbehandlung beschreibt dieses Buch und ermöglicht sogar im späten Stadium das Fortschreiten der Erkrankung zu verlangsamen oder sogar zum Stillstand zu bringen und schmerzfrei zu leben.

Biologischer Ratgeber für Mutter und Kind

308 Seiten, Best.-Nr. 84098

Wenn Sie vorhaben Kinder zu bekommen oder schon welche haben: hier finden Sie endlich alle Informationen, wie Sie Ihr Kind von Anfang an gesund aufziehen und ernähren können.
Gesundheit beginnt bei den Eltern schon vor Zeugung und setzt sich fort mit dem Stillen und anschließend vollwertiger Ernährung. Auch zu Fragen wie Impfung, Zahnkrankheiten und Allergien nehmen die Autoren Stellung.

Diabetes und seine biologische Behandlung

124 Seiten, Best.-Nr. 81098

Auch wenn es die offizielle Medizin noch nicht wahrhaben will: Durch konsequente Umstellung der Ernährung auf Vollwertkost bestehen bei der Zuckerkrankheit (diabetes mellitus) echte Heilungschancen. Dies kann, je nach Schweregrad der Erkrankung, bis zur völligen Unabhängigkeit von Tabletten und Spritzen führen.

Vorsicht Fluor!

270 Seiten, Best.-Nr. 81118

Die Industrie bemüht sich, zusammen mit Wissenschaftlern, der Bevölkerung einzureden, die Einnahme von Fluor und Fluoridierung von Trinkwasser senke die Zahnkaries. Dieses Buch entlarvt die Drahtzieher und ihre Motive, zeigt die Schädlichkeit des giftigen Fluors auf und weist den Weg zur wahren Zahngesundheit.

Aufmerksamkeiten

190 Seiten, Best.-Nr. 81128

365 Zitate, Sprüche, Aphorismen – für jeden Tag des Jahres einen – die aufmerksam und nachdenklich machen und motivieren, sind gute Begleiter im Leben.

Vom Kaffee und seinen Wirkungen

13 Seiten, Best.-Nr. 81188

Wer regelmäßig Kaffee trinkt, bringt Herz und Kreislauf durcheinander. Kein Wunder, wenn eines Tages der Kreislauf streikt. Aber auch zahlreiche andere Nebenwirkungen beschreibt Dr. Bruker. Nach dem Lesen dieser Kleinschrift werden Sie den Genuß von Kaffee (wie von Rauchen oder Alkohol) als Handlung wider besseren Wissens verstehen.

Ärztliches Memorandum zur industriellen Nutzung der Atomenergie

16 Seiten, Best.-Nr. 81018

Als verantwortlich weiter- und vorausdenkender Arzt zeigt Dr. M. O. Bruker Ihnen anschaulich auf, warum gerade die Atom- oder Kernenergie die »schmutzigste« Form aller bekannten Energieformen ist. Wenn Sie leicht lesbare und verständliche Hintergrundinformationen suchen, um mitreden zu können, dann informieren Sie sich doch einmal durch diese preiswerte Kleinschrift.

Tonkassetten und Bücher

Wie kann ich meine Gesundheit erhalten?

Best.-Nr. 82016
In diesem 1 1/2 Stunden-Vortrag erläutert Dr. Bruker die ernährungsbedingten Zivilisationskrankheiten. Wie sie entstehen, wie sie geheilt werden können, und vor allen Dingen, wie Sie sie vermeiden können. Mit genauen Anleitungen für Ihre tägliche Ernährung, die sie schon ab morgen befolgen können, wenn Sie wirklich an der Erhaltung Ihrer Gesundheit interessiert sind.

Die lebensbedingten Krankheiten und ihre Heilung

Best.-Nr. 82026
Zu den lebensbedingten Erkrankungen rechnet Dr. Bruker die Krankheiten, die durch eine falsche geistige Haltung und Lebenseinstellung entstehen.

Homöopathie

Best.-Nr. 82036
Dr. M.O. Bruker, ein erfahrener Homöopath, erklärt den Unterschied zwischen Homöopathie und anderen Behandlungsmethoden. Sie erfahren genau, was Homöopathie eigentlich ist.

Getreidemühlen-Informationen

Gesundheit ist kein Zufall

72 Seiten, Best.-Nr. 81218, von G.D. Fischer
Diese Broschüre enthält alles Wissenswerte über Getreidemühlen, sowohl mit Stahl- wie auch mit Steinmahlwerk. Die gängigsten Mühlen sind abgebildet und beschrieben: Preise, Leistung und alle wichtigen Daten.

Süß – aber gefährlich

John Yudkin, 343 Seiten, Best.-Nr. 84118
Der Zucker-Report. Professor Yudkin untersucht in diesem Buch die Wechselwirkung zwischen Zuckerkonsum und den typischen Zivilisationskrankheiten. Dabei stellt er fest: Hätte irgendeine andere Substanz auch nur annähernd jene schädliche Wirkung wie Zucker, dann wäre sie schon längst mit einem Bann belegt worden. Außerdem hat der Körper – physiologisch gesehen – nicht den geringsten Bedarf an Zucker.

Telephonnummer.
Cassetten
Kühlschrank
Säfte
Margarine